"十二五"职业教育国家规划教材
经全国职业教育教材审定委员会审定
高职高专机电类专业规划教材
（电子信息类专业）

电子CAD技术

第2版

主　编　熊建云
副主编　吴晓艳
参　编　刁金霞
主　审　车亚进

机械工业出版社

本书从实际应用角度出发，以项目为载体，把电子产品从原理图到PCB设计的工作过程整合成9个项目，每个项目采用若干个任务驱动教学，详细讲解了用Protel 99 SE进行简单电路原理图设计、原理图元器件的制作、复杂电路原理图的绘制、PCB手工及自动化设计和元器件封装的制作及管理。

本书根据PCB绘图员职业岗位群的需要，以原理图和PCB设计能力的培养为核心，把电子CAD绘图员职业资格培训内容融入书中，根据学习性工作任务整合教材内容，便于实现教、学、做一体化。

本书可作为高等职业院校电子信息类专业的教材，也可作为电子CAD绘图员职业资格培训和电子工程技术人员参考用书。

为方便教学，本书配有电子课件、习题解答、模拟试卷等，凡选用本书作为教材的学校，均可来电索取，咨询电话：010－88379375，Email：cmpgaozhi@sina.com。

图书在版编目（CIP）数据

电子CAD技术/熊建云主编. —2版. —北京：机械工业出版社，2014.11（2023.1重印）

“十二五”职业教育国家规划教材　高职高专机电类专业规划教材.电子信息类专业

ISBN 978-7-111-48404-2

Ⅰ.①电…　Ⅱ.①熊…　Ⅲ.①印刷电路－计算机辅助设计－高等职业教育－教材　Ⅳ.①TN410.2

中国版本图书馆CIP数据核字（2014）第250493号

机械工业出版社（北京市百万庄大街22号　邮政编码100037）

策划编辑：于　宁　责任编辑：于　宁　王宗锋　曹雪伟

版式设计：霍永明　责任校对：闫玥红

封面设计：马精明　责任印制：张　博

北京雁林吉兆印刷有限公司印刷

2023年1月第2版第7次印刷

184mm×260mm・13.25印张・317千字

标准书号：ISBN 978-7-111-48404-2

定价：33.00元

凡购本书，如有缺页、倒页、脱页，由本社发行部调换

电话服务	网络服务
服务咨询热线：010-88379833	机工官网：www.cmpbook.com
读者购书热线：010-88379649	机工官博：weibo.com/cmp1952
	教育服务网：www.cmpedu.com
封面无防伪标均为盗版	金书网：www.golden-book.com

前言

现代电子设计的核心是EDA技术。EDA（Electronic Design Automation，电子设计自动化）技术是以计算机为工作平台，融合应用电子技术、计算机技术、智能化技术而研制成的电子CAD通用软件包。利用EDA工具，可以将电子产品从电路设计、性能分析到设计出IC版图或PCB版图的整个过程都在计算机上自动处理完成，从而减少了大量手工设计中繁复的劳动，并且保证了设计的规范。EDA技术的设计理念已普及到中小企业和相关的职业院校。因此EDA技术已成为高等职业院校电子信息类专业学生必须掌握的技能之一。Protel设计系统是一套建立在IBM兼容PC环境下的EDA电路集成设计系统，由于其高度的集成性与扩展性，已成为世界PC平台上最流行的EDA软件之一。

本书是2007年2月出版的《Protel 99 SE EDA技术及应用》一书的第2版。本书从实际应用角度出发，以项目为载体，把电子产品从原理图到PCB设计的工作过程整合成9个项目，每个项目采用若干个任务驱动教学，详细讲解了用Protel 99 SE进行简单电路原理图设计、原理图元器件的制作、复杂电路原理图的绘制、PCB手工及自动化设计和元器件封装的制作及管理。

本书具有“以社会需求为导向，以培养学生的实际应用能力为目标”的特点。本书根据PCB绘图员职业岗位群的需要，以原理图和PCB设计能力的培养为核心，把电子CAD绘图员职业资格培训内容融入书中，根据学习性工作任务整合教材内容，便于实现教、学、做一体化。

本书由廊坊职业技术学院刁金霞编写项目1和项目6，四川信息职业技术学院吴晓艳编写项目2、项目5和项目7，四川信息职业技术学院熊建云编写项目3、项目4、项目8、项目9和附录。全书由熊建云任主编、吴晓艳任副主编，零八一电子集团四川长胜机器有限公司车亚进任主审。

本书可作为高等职业院校电子信息类专业的教材，也可作为电子CAD绘图员职业资格培训和电子工程技术人员参考用书。

本书中所有元器件符号及电路图符号采用的是Protel 99 SE软件的符号标准，有些与国家标准不符，特提醒读者注意。部分元器件对应关系参照附录C。

由于编者水平有限，书中难免有疏漏、错误和不足之处，恳请广大读者批评指正。

编　者

目录

项目 1

初识 Protel 99 SE

项目描述

本项目介绍 Protel 99 SE 的安装与启动、Protel 99 SE 的界面认识与文件管理。通过本项目的学习，学会安装 Protel 99 SE，掌握 Protel 99 SE 的启动和关闭的方法以及设计数据库文件的建立和设计数据库文件的管理。

任务 1.1 Protel 99 SE 的安装与启动

任务描述

在计算机的 C 盘根目录下“Program Files”文件夹中安装 Protel 99 SE 及其补丁软件 Protel 99 SE Service Pack 6，并用不同的方法启动和关闭 Protel 99 SE。

任务目标

学会安装 Protel 99 SE；掌握启动和关闭 Protel 99 SE 的方法。

任务实施

本任务简单介绍 Protel 99 SE 的组成、特点及运行环境，重点介绍 Protel 99 SE 的安装步骤、启动和关闭的方法。

1.1.1 Protel 99 SE 的概述

随着计算机技术的飞速发展，各个行业无不在寻求计算机技术的支持，特别是电子信息制造业。利用计算机进行产品设计的 CAD 软件也日益丰富，使产品设计人员能够高效率地进行各自领域的产品分析、设计等工作。

EDA（Electronic Design Automation，电子设计自动化）技术是以计算机为工作平台，融合应用电子技术、计算机技术、智能化技术最新成果而研制成的电子 CAD 通用软件包。利用 EDA 工具，可以将电子产品从电路设计、性能分析到设计出 IC（集成电路）版图或 PCB（印制电路板）版图的整个过程都在计算机上自动处理完成。

与此同时，EDA 软件在功能上也日益增强和完善，目前进入我国并具有广泛影响的 EDA 软件有 Protel、EWB、PSPICE、OrCAD、PCAD、Viewlogic、PowerPCB 等，这些软件都有较强的功能，其中很多软件都可以进行电路设计与仿真，同时还可以进行 PCB 自动布局布线以及输出多种网表文件与第三方软件接口。Protel设计系统是一套建立在IBM兼容PC环境下的EDA电路集成设计系统，由于其高度的集成性与扩展性，已成为世界PC平台上最流行的EDA软件之一。

Protel 99 SE是基于Windows环境下的EDA软件，它是一个完整的全方位电路设计系统，包括电路原理图设计、PCB设计、PCB自动布线、可编程逻辑器件设计和模拟/数字信号仿真等功能模块，并具有Client/Server（客户/服务器）体系结构，同时还兼容一些其他设计软件的文件格式，如OrCAD、PSPICE、EXCEL等。Protel 99 SE软件功能强大、界面友好、使用方便，它最具代表性的功能是电路原理图设计和PCB设计，其主要特点如下所述。

（1）Smart Doc（智能文档）技术　将所有与同一设计相关的文档都存在一个综合设计数据库文件（*.ddb）中，使用户进行文件管理更加方便。

（2）Smart Team（智能设计组）技术　设计组内的所有成员都可以通过网络同时访问同一设计数据库文件，可以对其中的文档进行独立操作，组管理员可以对组内成员进行权限设置，使设计组的工作更加协调。

（3）Smart Tool（智能工具）技术　将设计中要用到的设计工具都集成在一个设计环境中，在不同的设计界面中，设计工具也有所不同。

（4）完善的布线规则　PCB布线规则的多种复合选项和在线规则检查都可以由设计参数进行控制，这使得印制电路板的设计交互性更加友好，设计效率更高。

（5）层堆栈管理　用户可以设计多层印制电路板（32个信号层，16个电源/地线层，16个机械层）。

（6）3D预览　用户在制板之前可以预览到PCB的三维效果图。

（7）增强的打印功能　通过修改打印设置可以进行打印控制。

（8）方便易用的帮助系统　在工具栏中的小问号按钮提供主题帮助，在状态栏中的帮助按钮提供自然语言问题帮助。

（9）同步设计　原理图和印制电路板之间的设计变化可以实现同步更新。

（10）高级数字、模拟混合信号仿真　可以进行高级数字、模拟混合信号仿真。

（11）丰富的向导功能　设计向导非常丰富，使设计过程更加清晰，设计者工作更加轻松。

1.1.2　Protel 99 SE的安装

安装Protel 99 SE是学习这个应用软件的第一步。为了发挥软件的最佳性能，运行Protel 99 SE时，计算机最好采用Windows XP操作系统，推荐计算机的硬件配置为：CPU为PentiumⅢ以上处理器、内存128MB以上、硬盘容量40GB以上、真彩32色（1024×768或更高分辨率）。

Protel 99 SE的安装非常简单，按照安装向导逐步操作即可，安装步骤如下所述：

1）在Protel 99 SE的安装光盘中找到setup.exe文件并双击，即可开始运行安装程序，出现欢迎安装界面。单击 Next > （下一步）按钮，系统将进入如图1-1所示的用户注册对话框。在“Name”框中输入用户名，“Company”框中输入公司名称，“Access Code”框中输入序列号，序列号一般可在文件“安装说明.txt”中找到。

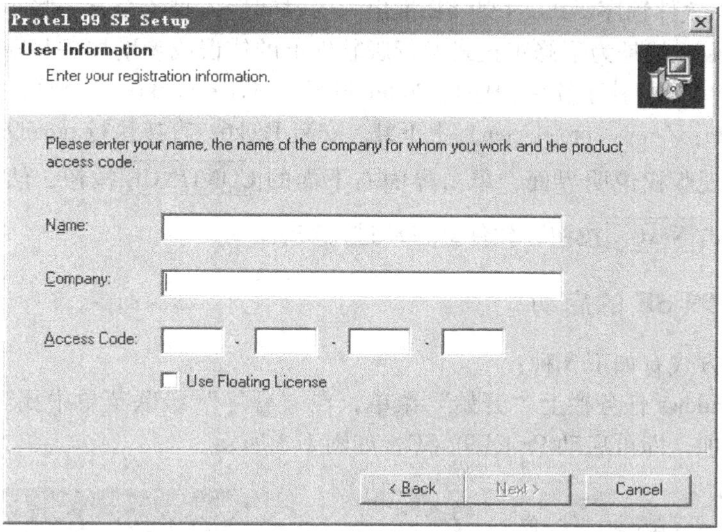

图 1-1　用户注册对话框

2）填入相关信息后，单击 Next > 按钮，系统将进入如图 1-2 所示的选择安装方式对话框。“Typical”为典型安装（系统默认方式），“Custom”为用户自定义安装。全部使用默认的设置，并单击 Next > 按钮，直到单击 Finish （完成）按钮完成基本软件的安装。

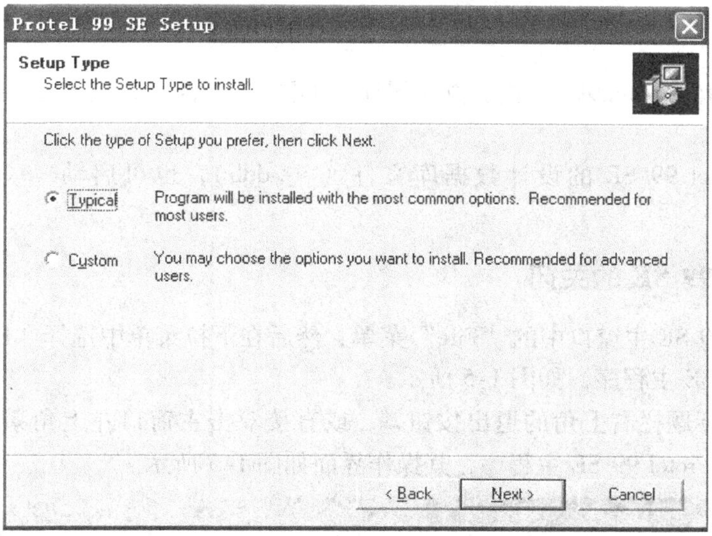

图 1-2　选择安装方式对话框

如果顺利安装完毕，默认状态下系统将在“C：\ Program Files”目录下“Design Explorer 99 SE”文件夹中创建好 Protel 99 SE 系统各个相关文件及应用程序对应的文件夹，并且在 Windows 任务栏上的“开始”功能菜单中创建对应的 Protel 99 SE 功能选项，在 Windows 桌面上也会有一个 Protel 99 SE 的快捷方式图标。

3）安装补丁软件程序。Protel 99 SE 推出一段时间后，难免会有一些小问题。补丁软件程序（Servicepack）就是为了修正正式发行版软件上的错误或者增加一些新功能而特别发行的程序。Protel 99 SE 的补丁软件程序是 Protel 99 SE Service Pack6，用户可以在 Protel 公司的网站（网址为 Http：//www. protel. com）上下载。安装 Pack6，直接执行 protel99seservicepack6. exe 文件，这时会出现版权说明界面，单击界面右下面的 CONTINUE 按钮，然后在弹出的安装路径对话框中单击 Next > 按钮，软件会自动进行安装。

1.1.3 Protel 99 SE 的启动

常用的启动方式有如下 3 种：

1）单击 Windows 任务栏上“开始”菜单，在“程序”级联菜单中找到 Protel 99 SE 命令并单击相应选项，即可启动 Protel 99 SE，如图 1-3 所示。

图 1-3　“开始”菜单有启动按钮

2）双击桌面的 Protel 99 SE 快捷方式图标（如图 1-4 所示），也可启动 Protel 99 SE。

3）双击 Protel 99 SE 的设计数据库文件（＊. ddb），也可启动 Protel 99 SE。

图 1-4　桌面快捷方式图标

1.1.4 Protel 99 SE 的关闭

选择 Protel 99 SE 主窗口中的“File”菜单，然后在下拉菜单中选择“Exit”菜单项，可以关闭 Protel 99 SE 主程序，如图 1-5 所示。

单击主窗口标题栏右上角的退出按钮 ☒，或直接双击主窗口左上角系统标志菜单按钮，也可以退出 Protel 99 SE 主程序，其操作界面如图 1-5 所示。

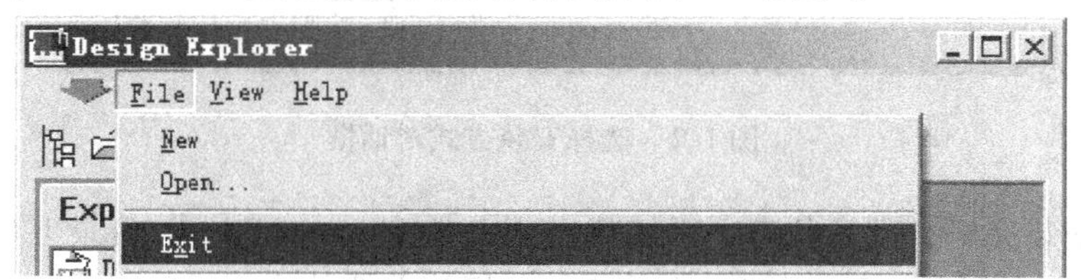

图 1-5　关闭 Protel 99 SE 主程序

注意：执行菜单命令的基本方法是先选择菜单，然后单击下拉菜单中的相应命令，如上述命令可表述为：执行菜单 File/Exit 命令。执行其他菜单命令时将以类似方式表述，在本

书的后续部分将不再重复说明。

任务 1.2　Protel 99 SE 的主界面认识与文件管理

任务描述

启动 Protel 99 SE，了解集成环境主界面的组成，然后在默认路径下创建设计数据库 EDA. ddb，在设计数据库中启动各种编辑器，学会 Protel 99 SE 的文件管理基本方法。

任务目标

学会创建设计数据库；学会打开已经存在的设计数据库文件；了解启动各种编辑器和新建各类设计文件的方法，初步认识各种编辑器窗口。

任务实施

本任务先简单介绍 Protel 99 SE 集成环境主界面的组成，然后介绍创建设计数据库和新建设计文件的基本方法。

1.2.1　认识 Protel 99 SE 的主界面

启动 Protel 99 SE 后将进入如图 1-6 所示的 Protel 99 SE 的集成环境主界面。由于集成环境中没有打开任何服务程序及相应文件，大部分是灰色的区域。图 1-6 所示的集成环境主界面由标题栏、菜单栏、工具栏、设计管理器、工作区、状态栏、命令栏和帮助按钮等几部分组成。

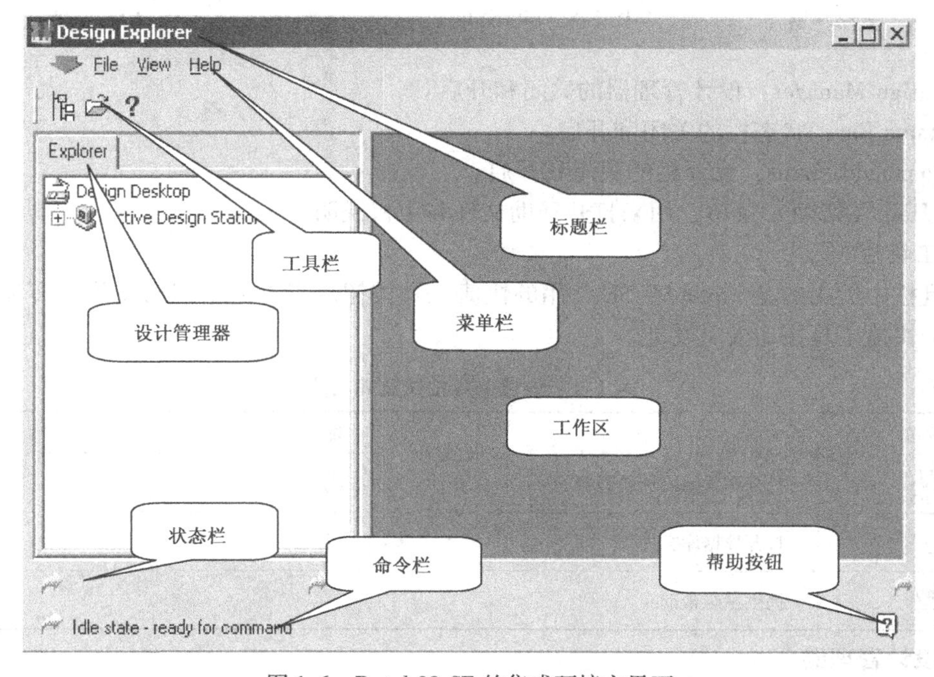

图 1-6　Protel 99 SE 的集成环境主界面

1. 标题栏

标题栏标示开发环境的名称、打开的文件名及其路径。由于主界面中没有打开文件，所以没有显示文件名和路径。

2. 菜单栏

菜单栏中给出了 Protel 99 SE 的操作命令，不同工作界面的菜单数量和命令均不相同。Protel 99 SE 的菜单栏包括系统菜单、File 菜单、View 菜单、Help 菜单共 4 项。每项菜单包括的命令和功能如下所述。

1）系统菜单：提供对系统进行设置的命令，单击可打开，如图 1-7 所示。

2）File（文件）菜单：提供对文件操作的命令，如图 1-8 所示。

- New：新建数据库文件。
- Open：打开文件。
- Exit：退出 Protel 99 SE 系统。

3）View（视图）菜单：提供对界面显示工具的控制，如图 1-9 所示。

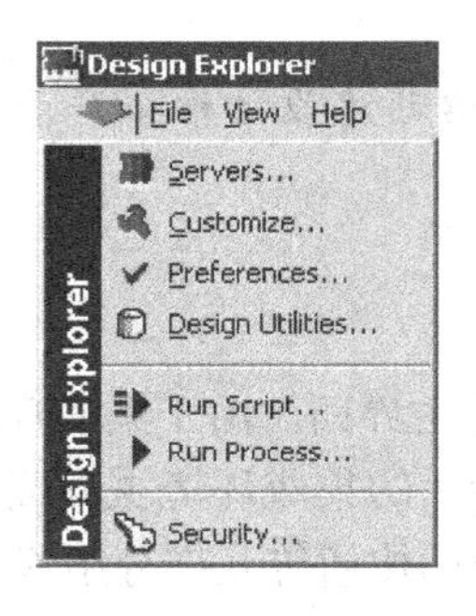

图 1-7　系统菜单

图 1-8　File 菜单

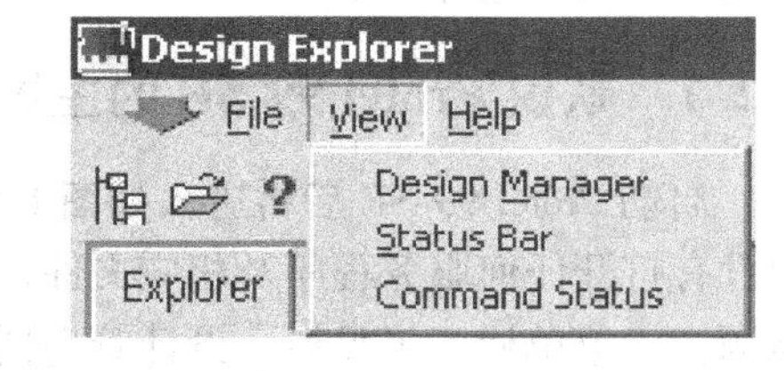

图 1-9　View 菜单

- Design Manager：设计管理器的关闭和开启。
- Status Bar：状态栏的关闭和开启。
- Command Status：命令栏的关闭和开启。

4）Help（帮助）菜单：用来打开帮助文件和版权说明。

3. 工具栏

工具栏中给出的是 Protel 99 SE 常用的快捷工具按钮。表 1-1 中列出了集成环境主界面中的三个快捷工具按钮及其功能。

表 1-1　快捷工具按钮及其功能

按钮	功　能
	打开和关闭设计管理器
	打开数据库文件
	提供主题帮助

4. 设计管理器

设计管理器用树状层次式的结构管理文档，这和 Windows 资源管理器的管理方式类似。

5. 工作区

Protel 99 SE 的主要设计工作都在工作区中进行。

6. 状态栏

状态栏显示当前的设计状态，大多数情况下显示鼠标的相对坐标值。

7. 命令栏

命令栏显示当前使用的命令或等待命令状态。

8. 帮助按钮

关键字搜索帮助。单击该按钮，在文本框中输入要搜索的关键字，单击 Search （搜索）按钮，就可以给出相关的帮助信息，这使 Protel 99 SE 更容易使用。

1.2.2　Protel 99 SE 的文件管理

Protel 99 SE 的文件管理是在 Protel 99 SE 集成环境中对设计数据库（ *. ddb）中的文件进行新建、打开、保存、关闭、复制、移动、删除和重命名等操作。

1. 设计数据库文件的建立和关闭

（1）设计数据库文件（ *. ddb）的建立　当用户启动 Protel 99 SE 后，进入如图 1-6 所示的系统集成环境，此时可以建立设计数据库文件。

1）执行 File/New 命令，系统弹出如图 1-10 所示的新建设计数据库对话框，主要有以下两项内容：

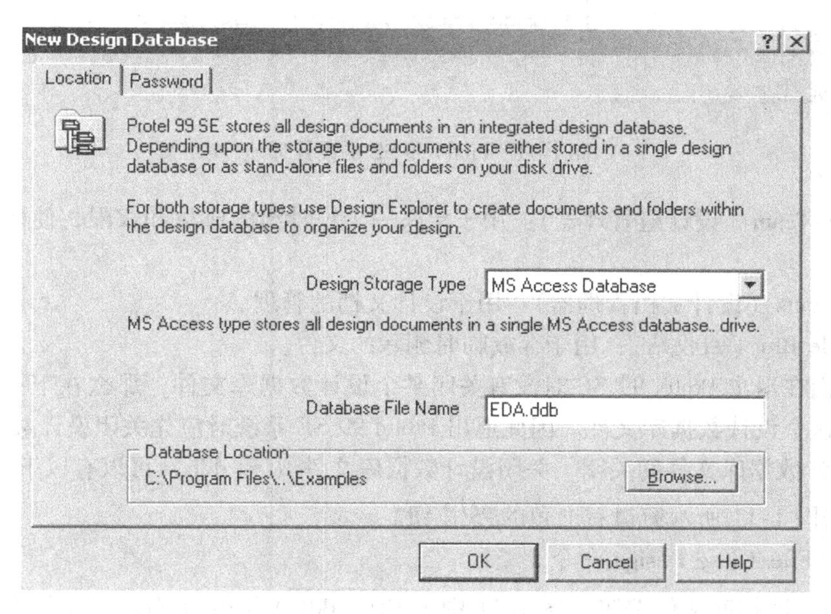

图 1-10　新建设计数据库对话框

- Design Storage Type（设计数据库类型）：用户可以在新建设计数据库对话框中修改 Design Storage Type。单击下拉按钮有两种类型：MS Access Database 和 Windows File System。默认情况下为 MS Access Database 类型，设计过程中全部文件都存储在单一的数据库中，即所有的原理图、PCB 文件、网络表和材料清单等都存放在一个 *. ddb 文件中。

● Database File Name（设计数据库文件名）：用户可以在Database File Name编辑框中输入所设计的电路图的设计数据库名（默认情况下为MyDesign. ddb），文件的扩展名为.ddb。如果想改变设计数据库文件所在当前目录，可以单击Browse按钮，在弹出的另存文件对话框中设定设计数据库文件的新路径。

2）输入文件名（图1-10中将文件命名为EDA. ddb），单击OK按钮即可建立设计数据库文件，并进入设计环境，如图1-11所示。

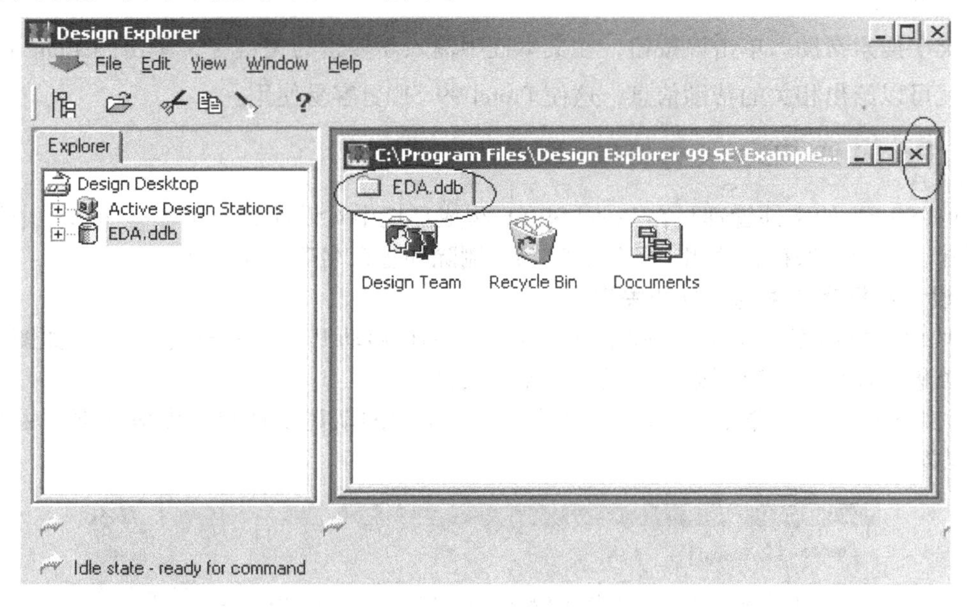

图1-11 Protel 99 SE的设计环境

● Design Team（设计组管理器）：用于定义一个设计组的成员和权限，使网络设计更加方便。

● Documents（设计文档管理器）：用于设计文档的管理。

● Recycle Bin（回收站）：用于存放临时删除的文件。

如果我们在退出Protel 99 SE时没有关闭某个设计数据库文件，那么在下一次启动时就会自动打开这个设计数据库文件。因此退出Protel 99 SE系统时应先关闭设计数据库文件。

（2）设计数据库文件的关闭 关闭设计数据库文件（*.ddb）可以有以下几种方法：

1）单击图1-11所示窗口右上角的×按钮。

2）执行File/Close Design命令。

3）在设计数据库文件按钮（图1-11中为EDA. ddb）处单击右键，系统会弹出快捷菜单，然后执行Close命令。

2. Protel 99 SE的文件管理

Protel 99 SE的全部设计文件都装载在设计数据库文件（*.ddb）中，作为它的内部文件。常用的内部文件有工程项目文件（*.Prj）、原理图文件（*.Sch）、PCB图文件（*.PCB）、库文件（*.Lib）、网络表文件（*.Net）、Protel表格文件（*.spd）和文本文

件（＊.Txt）等。一旦建立了设计数据库文件就可以在其内部建立文件系统了。

新建或打开设计数据库文件（＊.ddb）时，如果没有进入具体的设计操作界面，则 Protel 99 SE 系统仅显示 File、Edit、View、Window 和 Help 五个与文件管理、编辑操作和设置视图等有关的菜单，如图 1-11 所示。此时我们就可以在“Documents”文件夹中建立内部文件（当然也可以在它的外面建立），并进行文件管理。

（1）新建内部文件　建立设计数据库文件的内部文件步骤如下：

1）在设计工作区窗口中双击“Documents”图标将其打开。

2）执行菜单 File/New 命令（或在设计工作区处单击鼠标右键，系统将弹出快捷菜单，然后执行 New 命令），此时系统打开 New Document（新建文档）对话框，如图 1-12 所示。图中各图标的功能如表 1-2 所示。

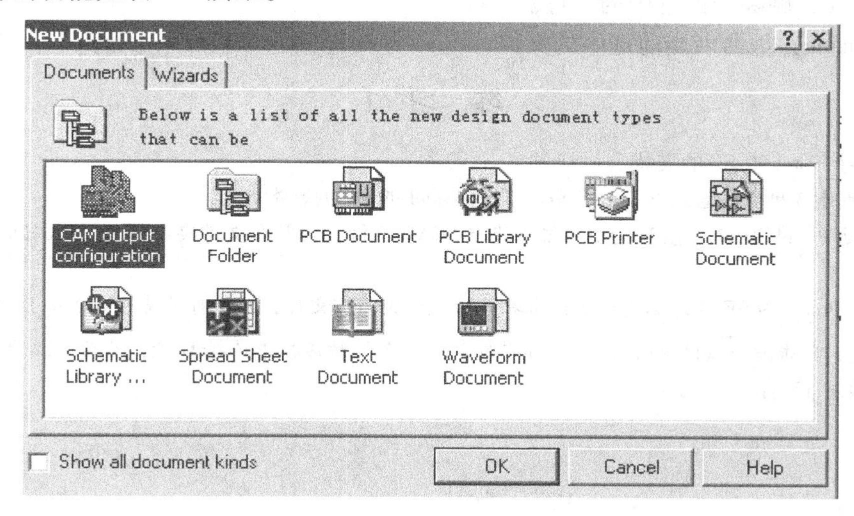

图 1-12　新建文档对话框

表 1-2　新建文件图标

图标	说明	图标	说明
CAM output configuration	生成 CAM 制造输出文件	Schematic Document	原理图设计编辑器
Document Folder	建立设计文件夹	Schematic Library ...	原理图元器件库编辑器
PCB Document	印制电路板设计编辑器	Spread Sheet Document	表格处理编辑器
PCB Library Document	印制电路板元器件封装编辑器	Text Document	文字处理编辑器
PCB Printer	印制电路板打印编辑器	Waveform Document	波形处理编辑器

3）单击相应图标将其选中，然后单击OK按钮确定，就在文件夹中建立了一个内部文件。

例如，单击“Schematic Document”图标，按上面的方法可以建立一个默认名为“Sheet1. Sch”的原理图文件（文件名可以修改）。

（2）文件的编辑　用户可以对文件对象进行复制、剪切、粘贴和删除等编辑操作，文件编辑命令位于Edit菜单中，其主要命令功能如下：

1）Cut：将选中的文件剪切到剪贴板中，原文件被删除。

2）Copy：将选中的文件复制到剪贴板中。

3）Paste：将已保存在剪贴板中的文件粘贴到当前位置。

4）Delete：删除当前选中的文件。

5）Rename：重命名当前选中的文件。

练　习　1

1-1　学习Protel 99 SE的安装。

1-2　分别用3种方法启动Protel 99 SE，熟悉Protel 99 SE的基本界面。

1-3　启动Protel 99 SE，在D盘根目录下建立PCAD文件夹，并在文件夹中建立EDA. ddb设计数据库文件。

提示：若Protel 99 SE设计环境中已经有打开的设计数据库文件，则执行菜单File/New Design命令，在弹出的窗口中，单击Browse按钮，在弹出的“另存文件名”对话框中选择D盘，然后建立PCAD文件夹，并在文件夹中建立EDA. ddb文件。

项目2
绘制单管共射放大电路原理图

项目描述

本项目以绘制单管共射放大电路原理图为例，介绍装载元器件库，放置元器件、导线、节点、网络标号、电源与接地符号等电气对象，调整元器件及属性编辑等操作。通过本项目学习，使学生熟悉电路原理图设计的一般流程和原理图设计环境的设置，并且能够绘制简单电路原理图。

任务2.1　原理图设计编辑器的启动与环境设置

任务描述

1）启动 Protel 99 SE，建立设计数据库文件 EDA. ddb，在 Documents 文件夹下创建原理图文件 Sheet1. Sch，并启动原理图设计编辑器。

2）打开主工具栏、画导线工具栏和绘图工具栏。

3）将图样尺寸设置为标准图样 Letter，图样方向为 Landscape（横向），图样标题栏设置为 Standard（标准）形式。图样颜色、可见栅格、捕捉栅格和电气栅格均为默认设置，将网格设置为点状网格，光标设置为45°小光标，系统字体为默认设置。

任务目标

了解电路原理图设计的一般步骤、原理图中常用的设计对象及电气连接方式和热键功能；掌握建立原理图文件的操作和环境参数的设置。

任务实施

先简单介绍电路原理图设计的一般步骤，原理图文件的建立和原理图设计环境参数的设置，最后简单介绍原理图中的常用设计对象、电气连接方式和常用快捷键。

2.1.1　原理图设计的一般流程

原理图是电路设计的基础，原理图设计的一般流程如图2-1所示，具体可分为以下几步。

1. 新建设计数据库与原理图文件

Protel 99 SE 采用综合设计数据库，将所有与同一设计相关的文件都存储在一个设计数据库文件中，所以首先要建立一个设计数据库文件（ *. ddb），然后在设计数据库中建立原理图文件（*.Sch）。

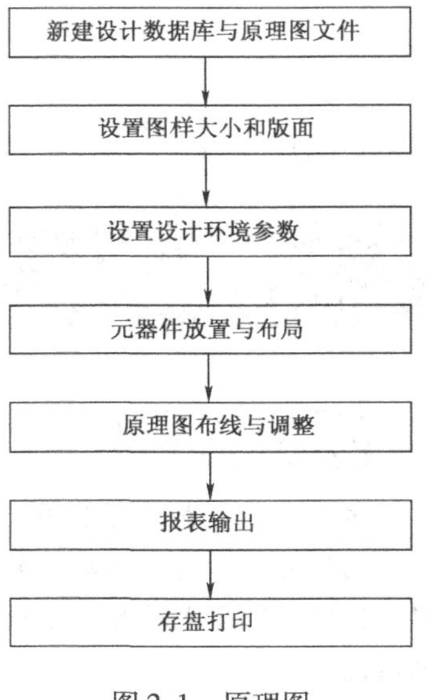

图2-1 原理图设计的一般流程

2. 设置图样大小和版面

进入原理图设计环境，根据原理图的规模和复杂程度选择图样的大小、方向及标题栏等。

3. 设置设计环境参数

设计环境参数主要包括栅格的大小、类型及光标类型等，大多数参数可以使用系统默认值，根据个人习惯可以对参数重新设置。合理设置设计环境参数可以大大提高工作效率。

4. 元器件放置与布局

添加所需元器件库，将元器件从元器件库中取出放在图样上，对元器件的标号、封装等属性进行设定，然后对元器件进行位置调整，使原理图布局合理、美观。

5. 原理图布线与调整

利用Protel 99 SE原理图编辑器中提供的工具和指令，将图样中的元器件用具有电气特性的导线、符号进行连接，形成一个完整的电路图。

6. 报表输出

利用原理图编辑器中的命令可以生成各种报表，其中最重要的是网络表。网络表是原理图与印制电路板图之间的桥梁，在网络表中可以检查出原理图中的错误，为后面的PCB图设计做好准备。

7. 存盘打印

保存文件或打印输出需要的文件。

2.1.2 原理图设计编辑器的启动与退出

原理图设计编辑器实际上就是原理图的设计系统，用户在该系统中可以进行电路原理图的设计、生成网络表等操作，为后面的PCB设计做好准备。

1. 启动原理图设计编辑器

1）建立设计数据库文件（*.ddb）。进入Protel 99 SE系统后，执行菜单File/New命令（如果打开其他的数据库文件则执行菜单File/New Design命令）建立新的设计数据库，具体操作可参考1.2.2节的讲解。

如果要打开已存在的数据库文件，可以单击主工具栏上的按钮或执行菜单File/Open命令。在弹出的对话框中找到要打开的设计数据库文件名，单击打开按钮。

2）建立原理图设计文件（*.Sch）。打开“Documents”图标，执行菜单File/New命令，在弹出的新建文档对话框中选取“Schematic Document”图标，然后单击OK按钮确定，可以建立一个默认名为“Sheet1.Sch”的原理图文件（此时用户可以更改文件名）。生成的Sheet1.Sch原理图文件，如图2-2所示。

注意：用户可以在*.ddb设计数据库文件的根目录下创建原理图文件，也可以双击“Documents”图标，进入Documents文件夹创建原理图文件。

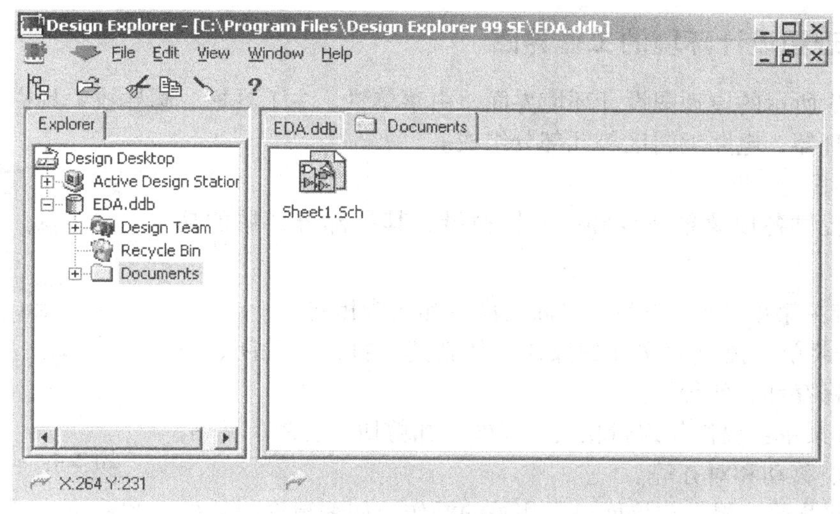

图 2-2　生成的 Sheet1. Sch 原理图文件

3）双击原理图文件，系统将启动原理图设计编辑器，如图 2-3 所示。

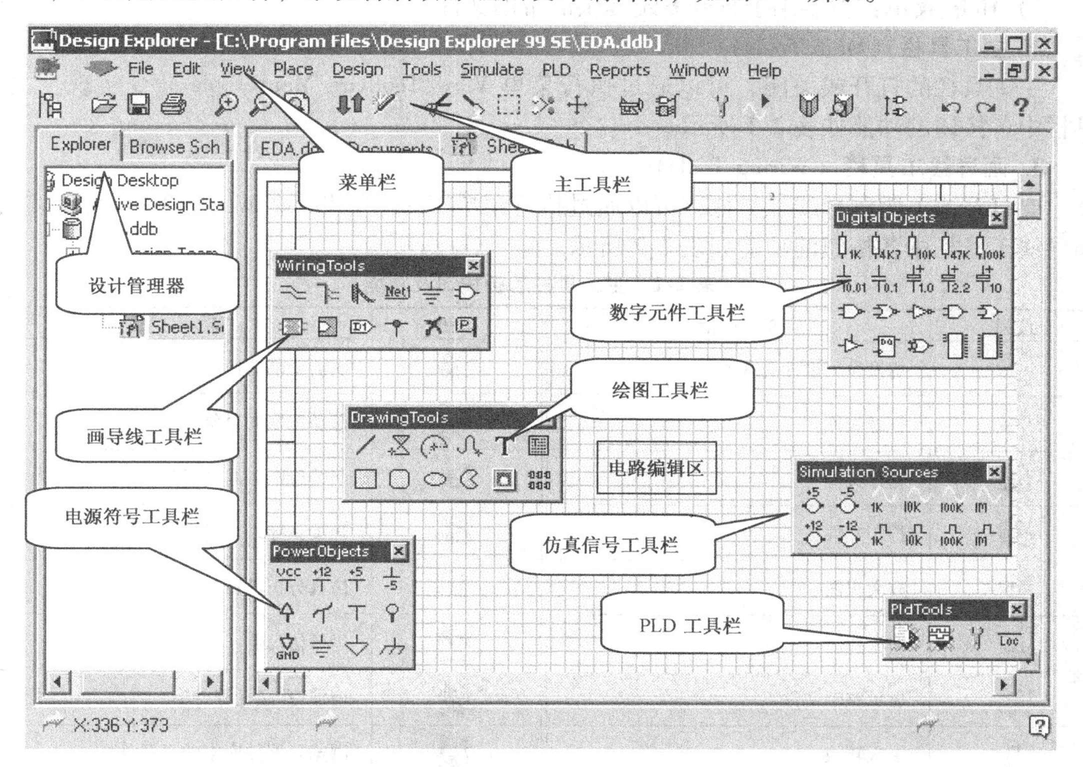

图 2-3　原理图设计环境的工作界面

2. 退出原理图设计编辑器

在“原理图设计编辑器”被打开状态下，执行菜单 File/Close 命令，或用鼠标右键单击要关闭的原理图文件（*. Sch）的标签，在弹出的菜单中选择 Close 命令（如图 2-4 所示），都可退出原理图设计编辑器。

2.1.3　原理图设计环境的工作界面

如图2-3所示的原理图设计环境界面，由菜单栏、主工具栏、画导线工具栏、绘图工具栏、设计管理器、电路编辑区等几部分组成。

1. 菜单栏

菜单栏提供各项菜单命令和一些快捷键，其中部分菜单的功能介绍如下。

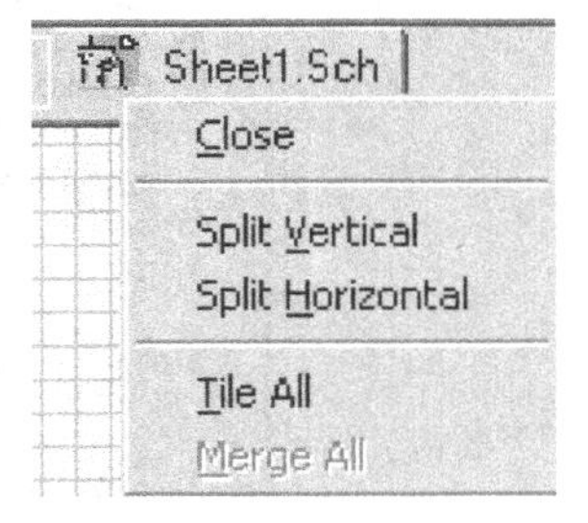

图2-4　Close命令

1）系统主菜单：与基本界面的命令和功能相同。

2）File菜单：提供对文件的操作，如新建、打开、关闭、导入、导出、保存和打印等。

3）Edit菜单：提供与编辑相关的操作，如剪切、复制、粘贴、选择、查找、移动和对齐等。

4）View菜单：提供与界面显示相关的操作，如编辑界面的放大和缩小、工具栏的打开与关闭、状态栏和命令栏的打开与关闭、栅格的显示与否等。

5）Help菜单：主要用于打开系统提供的帮助文件。

2. 主工具栏（Main Tools）

主工具栏的打开或关闭，可以通过执行菜单View/Toolbars/Main Tools命令实现。主工具栏中各按钮的功能如表2-1所示。

3. 画导线工具栏（Wiring Tools）

要打开或关闭画导线工具栏，可以通过执行菜单View/Toolbars/ Wiring Tools命令实现。画导线工具栏中各按钮的功能如表2-2所示。

表2-1　主工具栏的各按钮及功能

按钮	功　能	按钮	功　能
	切换显示设计管理器		取消全部选择
	打开文件		移动选取的对象
	保存文件		开关绘图工具栏
	打印文件		开关画导线工具栏
	放大视图		仿真分析设置
	缩小视图		运行仿真器
	显示整个文件		增加/移除元器件库
	层次转换		浏览元器件库中的元器件
	交叉		增加元器件单元号
	剪切选取的对象		撤消
	粘贴		恢复
	选择区域内的对象	?	帮助

表 2-2　画导线工具栏的各按钮及功能

按钮	功　能	按钮	功　能
	画导线		放置电路框图
	画总线		放置电路框图进出点
	放置总线分支	D1	放置输入/输出端口
Net1	放置网络标号		放置节点
	放置电源和接地符号		放置忽略 ERC 测试点
	放置元器件	P	放置 PCB 布线指示

4. 绘图工具栏（Drawing Tools）

要打开或关闭绘图工具栏，可以通过执行菜单 View/Toolbars/Drawing Tools 命令实现。绘图工具栏中各按钮的功能如表 2-3 所示。

表 2-3　绘图工具栏的各按钮及功能

按钮	功　能	按钮	功　能
	画直线		画矩形
	画多边形		画圆角矩形
	画弧线		画椭圆
	画曲线		画扇形
T	放置文字		放置图片
	放置文本框		阵列式粘贴

5. 设计管理器

设计管理器由 Explorer（设计浏览器）和 Browse Sch（元器件管理器）组成。设计浏览器用来管理设计数据库文件，元器件管理器用来装载/删除元器件库、选取与查找元器件、打开元器件编辑器。

6. 电路编辑区

原理图设计工作都在电路编辑区中进行。

2.1.4　原理图设计环境的参数设置

原理图设计环境的参数设置主要包括图样设置、栅格和光标设置、字体的设置等内容。

1. 图样设置

执行菜单 Design/Options 命令，或在编辑区单击鼠标右键，在弹出的快捷菜单中选择 Document Options 命令，系统弹出如图 2-5 所示的图样设置对话框。

1）设置图样尺寸（Standard Style 选项组）。在 Protel 99 SE 中图样尺寸使用英制，单位为 mil（毫英寸），它与国际单位制之间的关系是 1mil = 1/1000inch = 0.0254mm；1mm ≈ 40mil。Protel 99 SE Schematic 提供了 18 种图样尺寸，用鼠标单击 Standard Styles 右边的下拉按钮，可从中选择相应尺寸的图样，标准图样尺寸如表 2-4 所示。

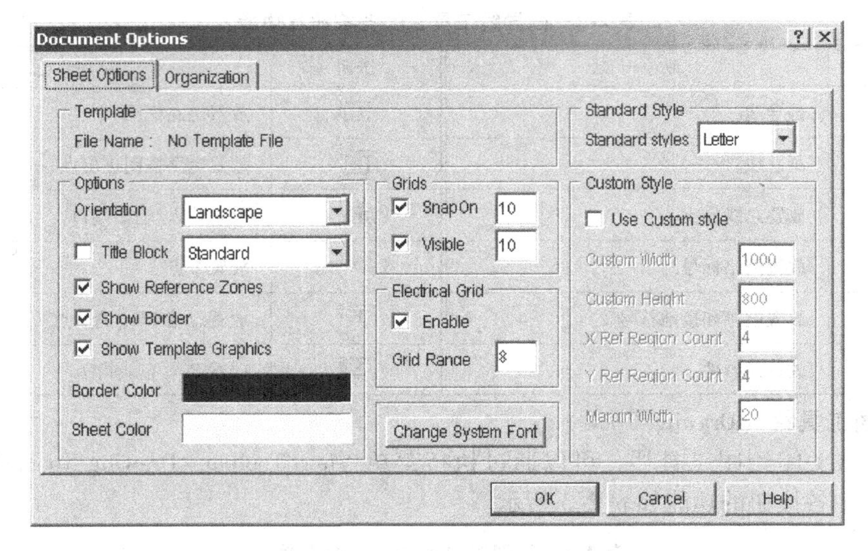

图 2-5 图样设置对话框

表 2-4 Protel 99 SE 提供的标准图样尺寸

图样	宽度/in×高度/in	图样	宽度/in×高度/in
A4	11.5×7.6	E	42×32
A3	15.5×11.1	Letter	11×8.5
A2	22.3×15.7	Legal	14×8.5
A1	31.5×22.3	Tabloid	17×11
A0	44.6×31.5	OrCADA	9.9×7.9
A	9.5×7.5	OrCAD B	15.6×9.9
B	15×9.5	OrCAD C	20.6×15.6
C	20×15	OrCAD D	32.6×20.6
D	32×20	OrCAD E	42.8×32.8

注：为书写方便，表中单位采用 in。

2）自定义图样尺寸（Custom Style 选项组）。选中 Use Custom Style 复选框，激活自定义图样功能，各项功能如下：

- Custom Width：设置图样宽度。
- Custom Height：设置图样高度。
- X Ref Region Count：设置 X 轴框参考坐标分度数。
- Y Ref Region Count：设置 Y 轴框参考坐标分度数。
- Margin Width：设置图样边框宽度。

3）设置图样显示参数（Options 选项组）。

- Orientation：设置图样方向，其中 Landscape 表示水平放置，Portrait 表示垂直放置，如图 2-6 所示。
- Title Block：设置图样标题栏。Title Block 前的复选框被选中时，表示显示标题栏，否则不显示。如图 2-7 所示，标题栏有两种模式：Standard（标准型）模式和 ANSI（美国国

家标准协会）模式。当然我们还可以用绘图工具自己设计标题栏（不选中 Title Block 的复选框），具体设置如下：

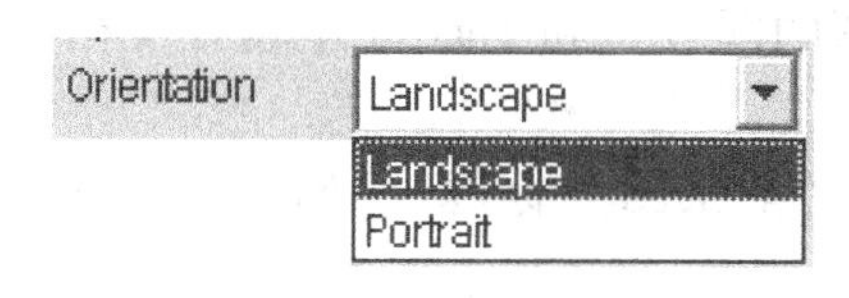

图 2-6　图样方向设置

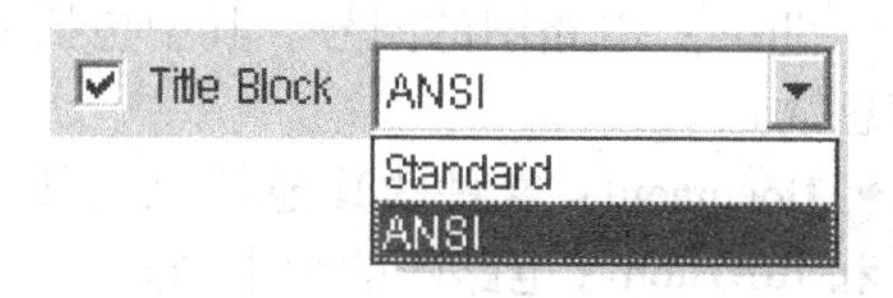

图 2-7　标题栏模式设置

- Show Reference Zones：显示图样参考边框。
- Show Border：显示图样边框。
- Show Template Graphics：显示模板图样的标题栏。
- Border Color：图样边框颜色设置。
- Sheet Color：图样底色设置。

4）图样栅格设置（Grids 选项组）。

- Snap On：设置光标位移的步长。选中该项表示光标移动时以设定值为单位移动。若不选此项，光标以 1 个像素点为基本单位移动。
- Visible：屏幕上显示的栅格间距。选中该项表示栅格可见，间距为 Visible 右边的设定值。图 2-5 中的值为系统默认值，光标每次移动一个栅格。若将 Snap On 项设置为 5，Visible 项仍为 10，则光标每次移动半个栅格。

5）电气节点设置（Electrical Grid 选项组）。

- Enable：选中该项表示打开电气节点功能，系统在连接导线时，会以光标的位置为圆心，以 Grid Range 中的设置值为半径，向四周搜索电气节点。若在搜索半径内有电气节点，则将光标移到该节点上并在其上显示一个圆点，此项默认选中。

6）设置电路原理图的文件信息（Organization 选项卡），如图 2-8 所示。该选项卡中的各项功能如下所述。

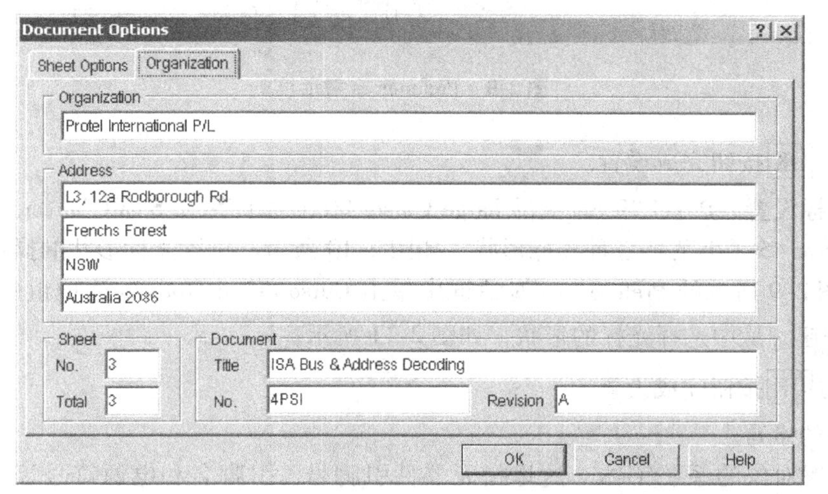

图 2-8　Organization 选项卡

- Organization：图样设计者或单位的名称。
- Address：图样设计者或单位的地址。
- Sheet：电路图的图号。其中包括 No.（本张图的图号）和 Total（本设计文档中电路图的总数）。
- Document：文件的其他信息。其中包括 Title（本张图的标题）、No.（本张图的图号）和 Revision（电路图的版本号）。

2. 栅格和光标设置

（1）栅格设置　Protel 99 SE 提供两种栅格类型，即线状栅格（Line）和点状栅格（Dot）。设置栅格类型的操作步骤如下：

1）执行菜单 Tools/Preference 命令，或在编辑区单击鼠标右键，在弹出的快捷菜单中选择 Preference 命令，系统将弹出 Preferences 对话框，如图 2-9 所示。

2）单击 Graphical Editing 选项卡，单击 Cursor/Grid Options 选项组中 Visible Grid 选项的 ▾ 按钮，从中选择栅格的类型，如图 2-9 所示。

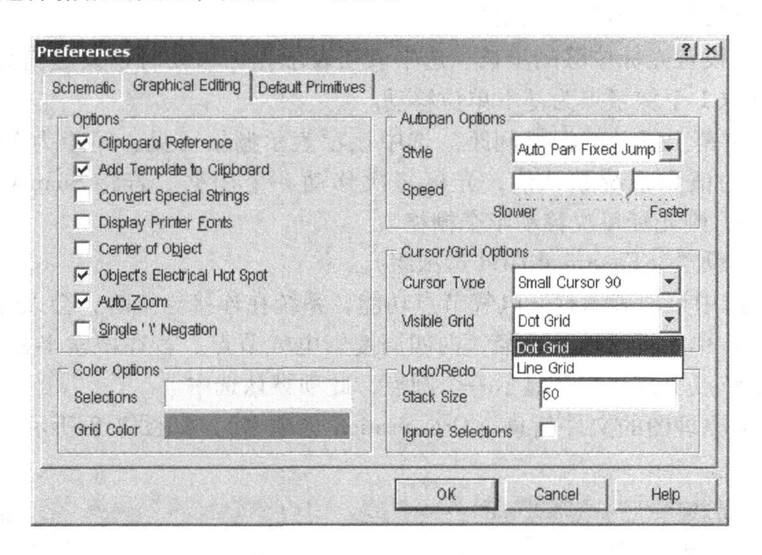

图 2-9　Preferences 对话框

3）单击 OK 按钮完成设置。

（2）光标设置　Protel 99 SE 提供 Large Cursor 90（大十字）、Small Cursor 90（小十字）和 Small Cursor 45（小叉）三种光标形状，如图 2-10 所示。设置光标形状的操作步骤如下：

1）在图 2-9 所示的 Preferences 对话框中单击 Cursor/Grid Options 选项组中 Cursor Type 选项的 ▾ 按钮，从中选择光标的形状，如图 2-11 所示。

2）单击 OK 按钮完成设置。

3. 字体的设置

（1）设置对象的系统字体　这里指元器件引脚号、引脚名和电源符号等对象的字体，设置对象系统字体的操作步骤如下：

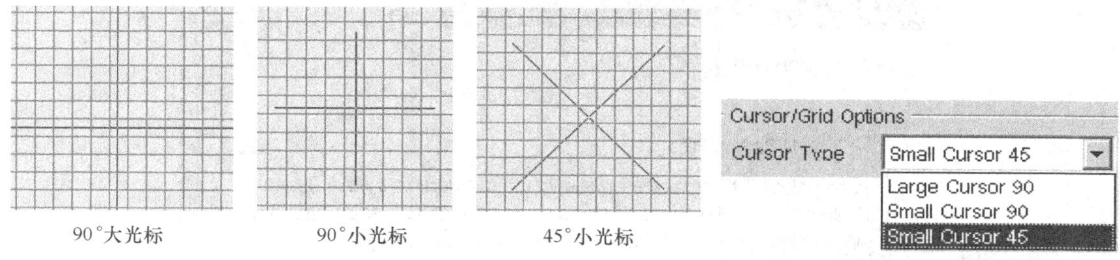

图 2-10　光标形状　　　　图 2-11　光标形状设置对话框

1）执行菜单 Design/Options 命令，系统弹出如图 2-5 所示的图样设置对话框。

2）单击 Sheet Options 选项卡下的 Change System Font 按钮，系统弹出字体设置对话框，如图 2-12 所示。

3）对图 2-12 中的字体、字形和大小等进行选择，然后单击 确定 按钮。

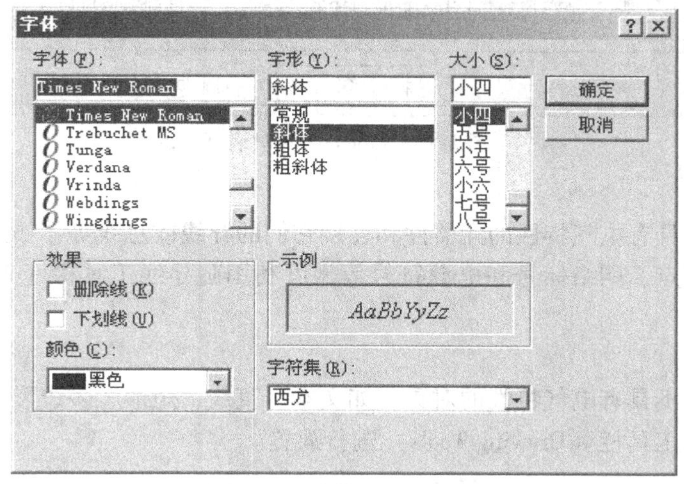

图 2-12　字体设置对话框

（2）设置对话框字体　在使用中我们发现，Protel 99 SE 系统的对话框内的文字常常被切掉一部分，这种情况可以通过重新设置对话框字体来改变。具体操作步骤如下：

1）进入 Protel 99 SE 环境，单击屏幕窗口左上角的按钮，选择 Preferences 命令，系统将弹出 Preferences 对话框，如图 2-13 所示。

2）选中 Use Client System Font For All Dialogs 前面的复选框。

3）单击 Change System Font 按钮，系统弹出字体设置对话框。

4）在字体设置对话框中将字体改为 Arial Narrow，设为常规字形，单击确定按钮。

5）单击 OK 按钮，完成字体设置。

设置完成后，对话框内的文字就全部显示出来了。

2.1.5　原理图中的设计对象

原理图中的设计对象是指原理图中用到的所有图元，包括电气对象、绘图对象和指示对象。

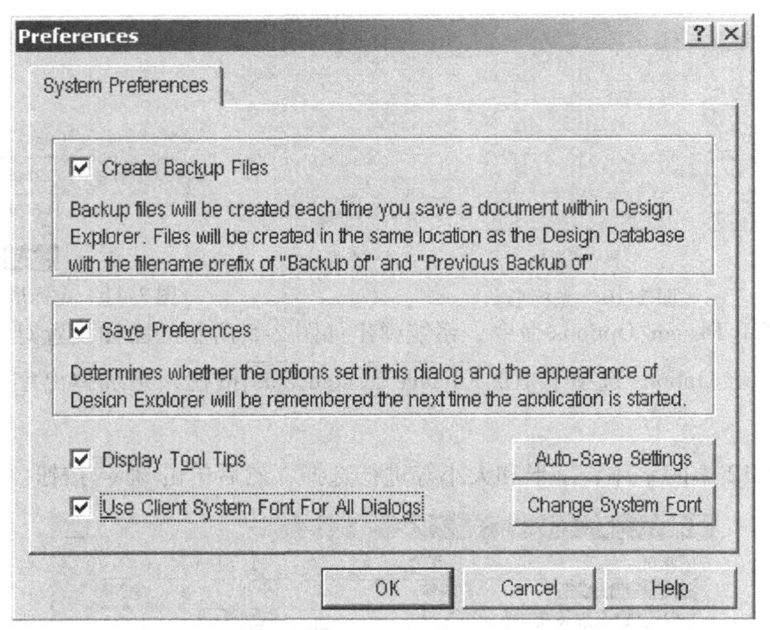

图2-13 Preferences对话框

1. 电气对象

电气对象是指具有电气特性的元器件和连接它们的导线或总线等，如元器件、导线、总线、总线分支、节点、网络标号和电源符号等，可利用画导线工具栏（Wiring Tools）进行放置。

2. 绘图对象

绘图对象是指不具有电气特性的对象，如文本、直线、矩形、多边形、圆弧、椭圆和图片等，可利用绘图工具栏（Drawing Tools）进行放置。

3. 指示对象

指示对象是指在执行相应电气功能时才起作用的标示性元器件，如忽略电路检查规则符号（No ERC）、测试点符号（Probe）、信号源（Stimulus）和印制电路板布线指示（PCB Layout）等。

2.1.6 原理图中常见的电气连接方式

在原理图设计中，电气连接可以直接通过导线（Wire）进行物理连接，也可以用网络名称（网络标号）进行逻辑连接。网络名称相同则表示电气连接在一起。通常，在设计电路原理图时，为了绘图的方便和美观，常常会配合使用导线、总线、总线分支和网络标号。常见的电气连接方式如下：

1）导线与导线的连接。

2）导线与元器件引脚的连接。

3）导线与网络标号的连接（导线上放置网络标号）。

4）导线与电源或接地符号的连接。

5）导线与端口的连接。

6）导线与电路框图端口的连接。

7）元器件引脚与元器件引脚的连接（要刚好相切，不能重叠）。

8）网络标号与网络标号的连接。

9）网络标号与引脚名称之间的连接。若某个元器件的引脚名为 VCC，则表示该引脚和电路中所有具有网络标号为 VCC 的引脚和网络标号相连。

10）端口之间的连接。

11）电路框图进出点之间的连接。

2.1.7　常用热键

在原理图的设计过程中，大多数用鼠标操作，但在熟练的情况下使用键盘快捷键可大大提高效率。常用于原理图编辑的快捷键及其功能如下：

PageUp：放大视图；

PageDown：缩小视图；

Home：以光标位置为中心刷新视图；

End：刷新视图；

Space：被放置的对象在浮动状态时，旋转 90°；

Tab：打开浮动对象的属性窗口；

X：将浮动对象水平镜像翻转；

Y：将浮动对象垂直镜像翻转；

Esc：取消当前操作；

F1：启动帮助菜单；

Ctrl + Backspace：恢复；

Alt + Backspace：撤消；

Ctrl + PageUp：全屏显示电路图；

Shift + Insert：粘贴；

Ctrl + Insert：复制；

Shift + Delete：剪切；

Ctrl + Delete：删除。

任务 2.2　装入原理图元器件库

任务描述

启动原理图设计编辑器，在设计管理器中装入 Miscellaneous Devices 和 Protel DOS Schematic Libraries 元器件库，并浏览元器件库中常用元器件。

任务目标

掌握装入和卸载原理图元器件库的方法，了解常用原理图元器件库及常用元器件名称。

任务实施

通过装入 Protel DOS Schematic Libraries 元器件库实例，介绍元器件库装入/卸载的方法。

在向电路图中放置元器件之前，必须先将该元器件所在的元器件库装入元器件库管理器。Protel 99 SE 汇集了大部分常用元器件库，并将一些著名公司的常用元器件分类放在不同的元器件库中，只要装入所需要元器件的元器件库，就可以从中选择自己所需要的元器件。如果一次装入过多的元器件库，就会占用较多的系统资源，同时也会降低应用程序的执行效率，所以最好只装入必要的元器件库。因此学会装入和卸载元器件库非常必要。

元器件库管理器位于屏幕的左侧，单击设计管理器中的“Browse Sch”（浏览原理图）选项卡使其突出，选择“Browse”（浏览）下拉列表框中的“Libraries”（库）选项，就进入了元器件库管理器，如图 2-14 所示。

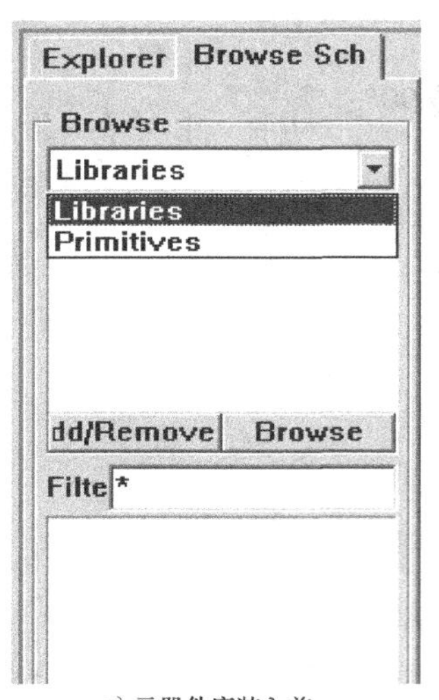

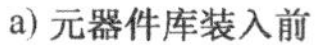
a) 元器件库装入前

b) 元器件库装入后

图 2-14　元器件库管理器

一般常用元器件都在 Miscellaneous Devices 元器件库中，TTL 和 CMOS 数字集成电路可以在 TI Databooks 库或 NSC Databooks 库中查找，运算放大器和稳压电源电路可以在 NSC Analog 库中查找。如果用户习惯使用以前 DOS 版本的标准元器件，则可以装入 Protel DOS Schematic Libraries 元器件库，其中也包括了大量的常用分立元器件和集成器件。

例如，装入 Protel DOS Schematic Libraries 元器件库的步骤如下：

1）单击“Browse Sch”选项卡，然后单击“Browse”框的 ▾ 按钮，选择“Libraries”项。

2）单击 Add/Remove （装入/卸载）按钮，系统将弹出如图 2-15 所示的元器件库管理

对话框。用户也可以执行菜单 Design/Add/Remove Library 命令来打开此对话框。

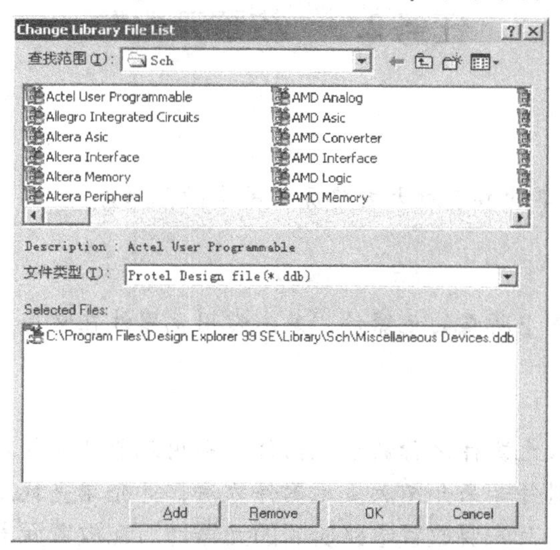

图2-15　元器件库管理对话框

3）在 Design Explorer 99 SE \ Library \ Sch 文件夹下选择 Protel DOS Schematic Libraries. ddb 元器件库文件，双击它或单击 Add 按钮，元器件库就会出现在 “Selected Files” 栏中，如图2-16所示。元器件数据库文件类型为 *.ddb。

4）单击 OK 按钮，完成该库文件的装入。

另外，如果要卸载已装入的元器件库，则可在图2-16中的 “Selected Files” 栏里，选中该文件，再单击 Remove 按钮即可。

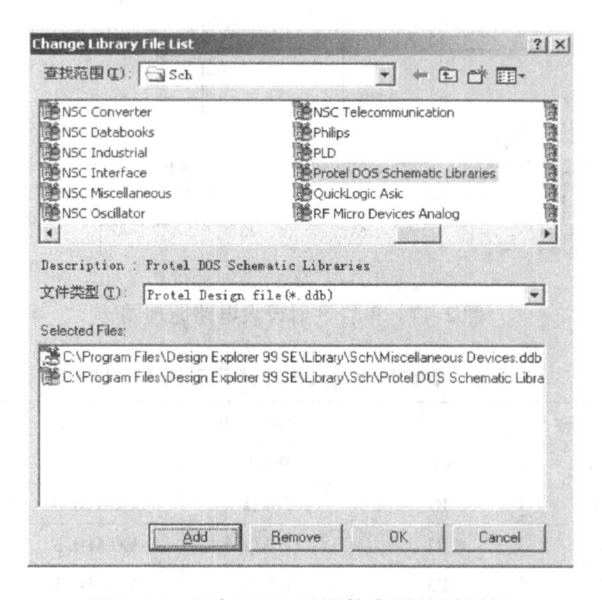

图2-16　添加 DOS 元器件库后的对话框

任务2.3　放置元器件

任务描述

放置图2-17所示的单管共射放大电路原理图中的元器件。

任务目标

学会放置电路原理图中所需的元器件，熟悉常用元器件在常用原理图元器件库中名称。

任务实施

通过用菜单命令输入元器件名称放置元器件、利用元器件库管理器放置元器件、使用常用元器件工具栏放置元器件等来介绍放置元器件方法，并介绍查找元器件的方法。

绘制电路原理图时，首先要放置电路所需的元器件。在放置元器件时，设计者必须知道元器件所在的库并装入这些必需的元器件库到当前设计管理器，再从中取出；若所有元器件库中都没有所需元器件，就必须制作原理图元器件。下面以图2-17所示的单管共射放大电路原理图的为例介绍放置元器件的方法，元器件表如表2-5所示。

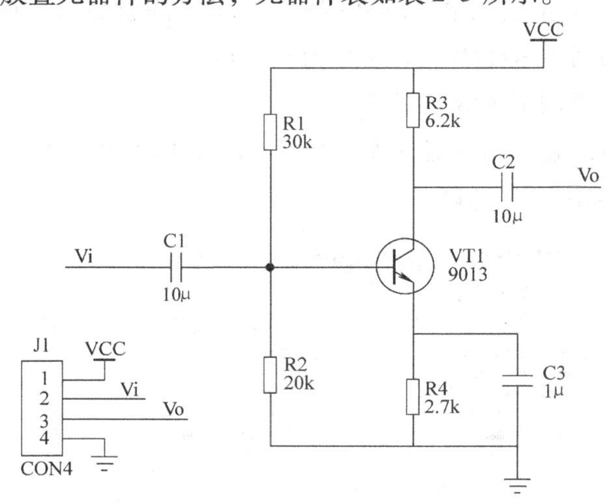

图2-17　单管共射放大电路原理图

表2-5　单管共射放大电路所用元器件一览表

说明	元器件名称	元器件标号	元器件类型	元器件封装	所属元器件库
晶体管	NPN	VT1	9013	TO-5	Miscellaneous Device. lib
电阻	RES2	R1	30kΩ	AXIAL0. 3	
电阻	RES2	R2	20kΩ	AXIAL0. 3	
电阻	RES2	R3	6. 2kΩ	AXIAL0. 3	
电阻	RES2	R4	2. 7kΩ	AXIAL0. 3	

（续）

说明	元器件名称	元器件标号	元器件类型	元器件封装	所属元器件库
电容	CAP	C1	10μF	RAD0.1	Miscellaneous Device. lib
电容	CAP	C2	10μF	RAD0.1	
电容	CAP	C3	1μF	RAD0.1	
连接器	CON4	J1	CON4	SIP4	

2.3.1　通过输入元器件名称来放置元器件

如果知道确切的元器件名称，最方便的做法是通过菜单 Place/Part 命令或直接单击画导线工具栏上的按钮来放置元器件。

以放置晶体管 VT1 为例，介绍用菜单命令放置元器件的具体步骤。

1）装入元器件库。用前一节介绍的方法将所需的元器件库 Miscellaneous Devices. lib 装入（如果该库已装入可跳过此步）。

2）执行菜单 Place/Part 命令，打开如图 2-18所示的“Place Part（放置元器件）”对话框。

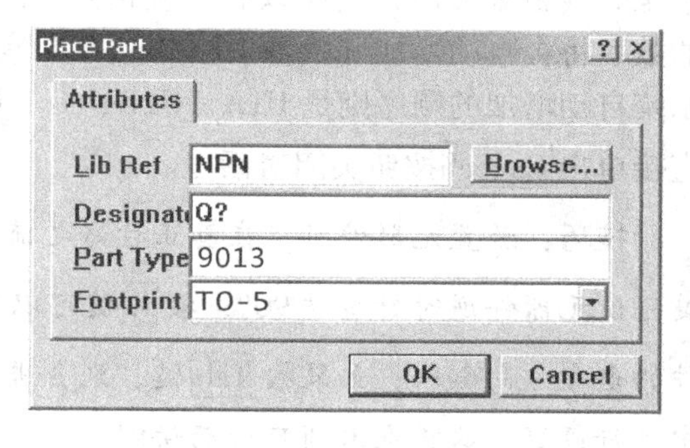

图 2-18　放置元器件对话框

单击 Browse... （浏览）按钮，系统将弹出如图 2-19 所示的浏览元器件对话框。在该对话框中，单击按钮可以选择需要放置的元器件库，也可以单击 Add/Remove 按钮加载元器件库，然后可以在“Components（元器件）”列表中选择自己需要的元器件，在预览框中可以查看元器件图样。例如我们选择元器件库 Miscellaneous Devices. lib，在左边“Components”窗口选择元器件名称为“NPN”的器件，则在右边窗口中展示出晶体管的图样（如图 2-19 所示），选中器件后单击 Close （关闭）按钮，系统返回到图 2-18 所示对话框。

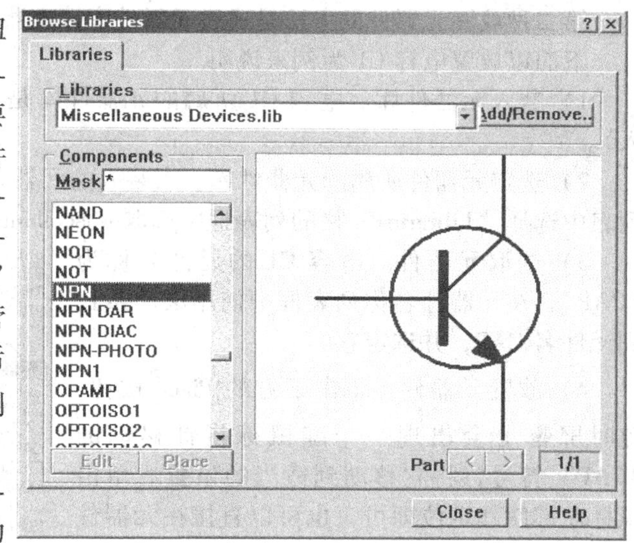

图 2-19　浏览元器件对话框

3）输入元器件标号。在“Designator（元器件标号）”栏中输入元器件的标号“VT1”。

注意：无论是设计单张或多张图样，都绝不允许两个元器件具有相同的元器件标号。

在当前的绘图阶段可以不输入具体的元器件标号，使用带“?”的形式（如 VT?），等到完成电路全图之后，通过菜单 Tools/Annotate 命令功能，就可以轻易地将电路图中所有元

器件进行自动标注编号。

4）输入元器件类型。在“Part Type（元器件类型）”栏中输入元器件型号“9013”。

5）输入元器件封装。在“Footprint（封装）”栏中输入元器件封装类型“TO-5”。

6）单击 OK 按钮，屏幕上将会出现一个可随鼠标指针移动的元器件符号，将它移到适当的位置，然后单击鼠标左键即可使其定位，这样就放置了一个晶体管 VT1，如图 2-20 所示。

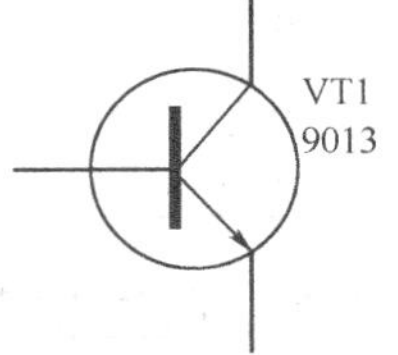

图 2-20　放置晶体管 VT1

完成一个元器件的放置之后，系统会再次弹出“Place Part”对话框，等待输入新的元器件名称。如果现在还要继续放置相同形式的元器件，则直接单击 OK 按钮。如果现在为这个元器件指定了标号且以数字结尾时（例如 U1），则在以后放置相同形式的元器件时，其元器件标号的数字将会自动增加（例如 U2、U3、U4 等）。如果选择的元器件是由多个单元集成的，则系统自动增加的顺序则是 U1A、U1B、…、U2A、U2B…。如果不再放置新的元器件，则可直接单击 Cancel 按钮关闭对话框。

技巧：放置元器件时，在真正放好之前，即元器件符号可随鼠标指针移动时，按 Space 键可使元器件逆时针旋转 90°；按 X 键可以实现元器件的水平方向翻转，按 Y 可以实现元器件的垂直方向翻转；如果按 Tab 键，则会进入元器件属性对话框，用户也可以在属性对话框中进行设置，这将在本项目后面讲解。

2.3.2　利用元器件库管理器放置元器件

第二种放置元器件的方法是通过元器件库管理器的元器件列表选取元器件并放置。

下面以放置电容 C1 为例来说明。

1）装入元器件库。电容 C1 所属的元器件库是 Miscellaneous Devices. lib（现假设已装入）。

2）选定元器件所属的元器件库。当装入的元器件库超过一个时，就在“Browse”下拉列表中选择“Libraries”栏的列表框中选取 Miscellaneous Devices. lib 库。

3）选取元器件。电容 C1 的元件名称为“CAP”，在元器件名称列表框中使用滚动条找到元件名 CAP，并选定它。

4）放置元器件。单击下方的 Place 按钮，此时屏幕上会出现一个随鼠标指针移动的“CAP”符号，将它移动到适当的位置后单击鼠标左键使其定位即可，也可以直接在元器件列表中用鼠标左键双击“CAP”将其放置到电路图中，如图 2-21 所示。此时系统仍处于放置元器件命令状态，如果有多个相同元器件，这时可以继续移动鼠标和单击左键将它们放置完毕。如果不再继续放置元器件，则可以单击

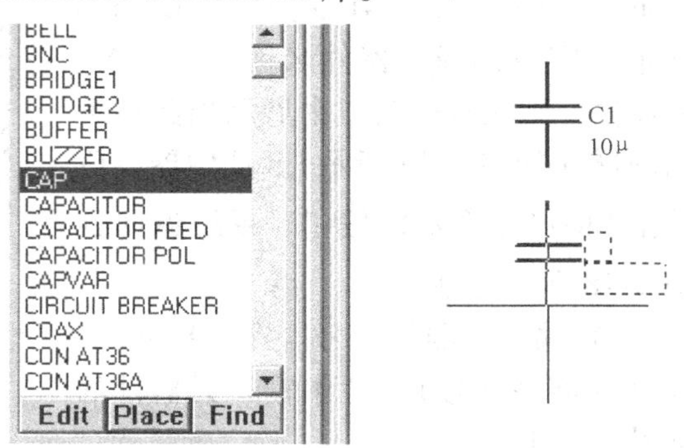

图 2-21　放置 C1 元件

鼠标右键结束该命令的操作。

2.3.3　使用常用数字元器件工具栏放置元器件

用户还可以利用系统提供的一些常用元器件，这些元器件可以通过 Digital Objects（数字元器件）工具栏来放置，如图 2-22 所示。该工具栏可以通过 View/Toolbars/Digital Objects 命令来打开或关闭。

常用数字元器件工具栏为用户提供了常用规格的电阻、电容、逻辑门和触发器等元器件，用户可以方便地选择这些元器件。

放置这些元器件的操作与前面所讲的元器件放置操作类似，只要选中了某元器件后，就可以使用鼠标进行放置操作。

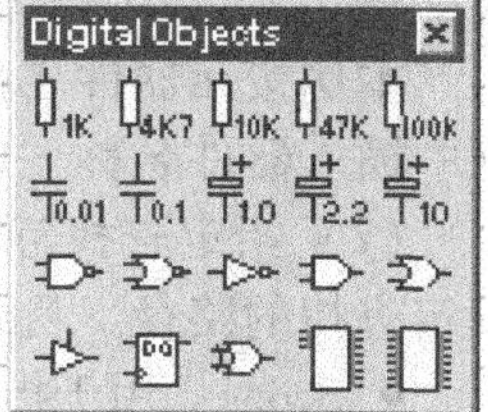

图 2-22　常用数字元器件工具栏

2.3.4　查找元器件

电子元器件种类繁多，要想在 Protel 99 SE 众多的元器件库中用人工方法翻查一个不太熟悉的元器件，相当于大海捞针。元器件库管理器为用户提供了查找元器件的工具，即在元器件库管理器中，单击 Find（查找）按钮，系统将弹出如图 2-23 所示的查找元器件对话框。在该对话框中，可以设定查找对象以及查找范围，可以查找的对象为包含在 *.ddb 和 *.lib 文件中的元器件。下面以查找连接器 CON4 为例，介绍查找元器件的步骤。

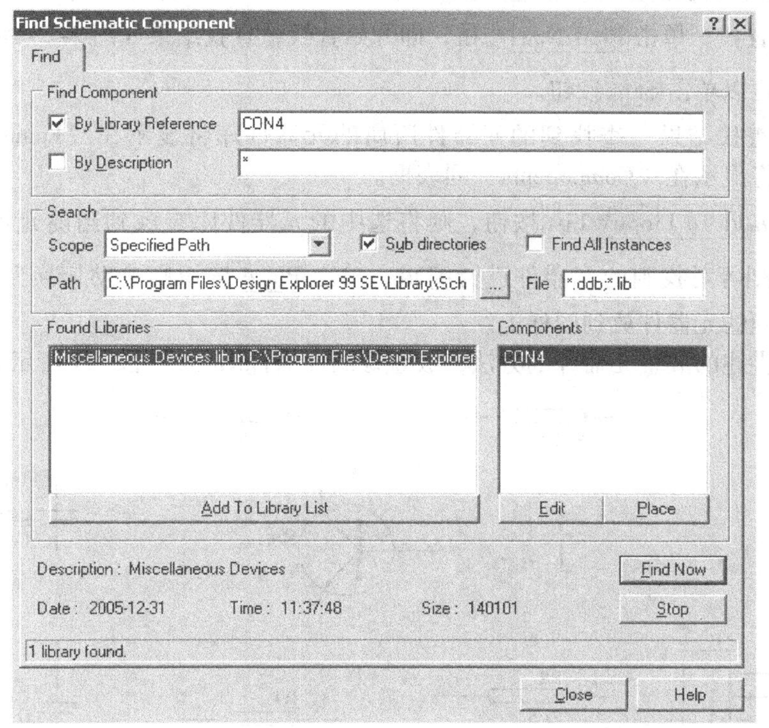

图 2-23　查找元器件对话框

（1）输入待查元器件的名称　查找元器件对话框的“Find Component（查找元器件）”

区域用来设定查找的对象，可以在选中“By Library Reference（按元器件名称）”复选框后，并在其编辑框中填入查找的元器件名；也可以选中“By Description（按元器件描述栏中的资料）”复选框，然后在其编辑框中输入日期、时间或元器件大小等描述对象，系统将会搜索所有符合对象描述的元器件。一般是按元器件名称查找，如果不知道确切的名称，可以输入通配符“*”（代表多个任意字符）和“?”（代表一个任意字符）。

本例按元器件名称进行查找，在选中“By Library Reference”复选框后，在其右侧编辑框中输入器件名称“CON4”，如图 2-23 所示。

（2）指定查找范围　“Search”区域用来指定查找的范围，查找元器件时可以根据情况设定查找的路径、目录和文件扩展名等。

- Scope：用于指定查找范围。打开下拉菜单，有三项选择项，第一项“Specified Path”可指定查找路径，该路径在下面的“Path”栏输入，如果单击 Path 编辑框右侧的 ... 按钮，则系统会弹出浏览文件夹，可以设置搜索路径，如果没有输入路径，则默认的是 Protel 99 SE 所在的目录；第二项“Listed Libraries”表示从列出来的元器件库中查找；第三项“All Drivers”表示查找所有的硬盘，故选该项查找的时间比较长。一般是选用默认的第一项较合适。
- Sub directories：选中此项，则连其下的子目录也查找。
- Find All Instances：选中此项，系统找到符合条件的元器件，就显示在下面的“Found Libraries”框中，然后继续查找，直到查找完为止；如果不选此项，则系统找到一个符合条件的元器件后，马上停止查找。
- File：指定查找的元器件类型，默认是 *. ddb 和 *. lib 文件，一般不要改变它。

（3）开始查找　单击 Find Now 按钮，即开始查找，查找结果如图 2-23 所示。如果需要停止查找，则可以单击 Stop 按钮。

（4）查看查找结果　查找到的元器件所属的元器件库将显示在“Found Libraries”框中，元器件名将显示在“Components”列表框。

如果单击 Add To Library List 按钮，则将选中的元器件库装载到当前元器件库列表中；单击 Edit 按钮则可对找到的元器件进行编辑；单击 Place 按钮则自动切换到原理图设计界面，同时将找到的元器件放到图样上。

根据前面讲述的放置元器件的方法，放置好的元器件图样如图 2-24 所示。

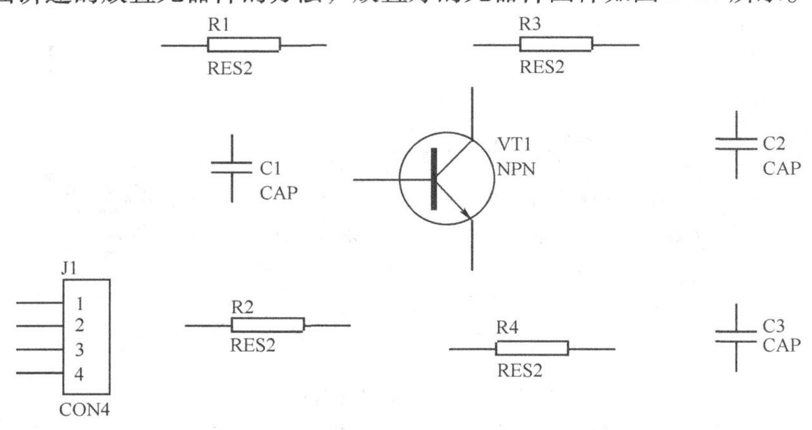

图 2-24　放置元器件的图样

注意：由于元器件引脚的电气连接点在引脚末端，故需要相互连接的两个引脚不能重叠。

任务2.4　调整元器件位置

任务描述

利用选取、移动、旋转、翻转、复制、剪切、粘贴或删除等操作把任务2.3中放置的元器件位置调整成为图2-29所示的元器件位置。

任务目标

学会用选取与取消，旋转、翻转与移动，复制、剪切、粘贴或删除等操作调整初步放置的元器件等设计对象的到适当的位置。

任务实施

以元器件的位置调整为例，分别介绍对象的选取与取消、对象的旋转、翻转与移动，对象的复制、剪切、粘贴或删除方法。

元器件位置的调整，实际上就是利用各种命令将元器件移动到工作平面上所需要的位置，并将元器件旋转到所需要的方向。一般在放置元器件时，每个元器件的位置只是估计的，在进行电路原理图布线前需要对元器件的位置进行调整。

2.4.1　对象的选取与取消

1. 对象的选取

前面已经讲过，原理图的设计对象可以是元器件、导线、节点和文本等。许多操作都需要先选定对象，对象选取的方法有“选取”和“点取”两种。

（1）对象的选取　下面介绍几种常用的方法。

方法一：用鼠标拖动画框的方法选取。它是最简单、最常用的选取对象的方法，框内的对象全部选中。这种方法适合于选取连续排列的对象。

具体方法是：在图样的合适位置按住鼠标左键不放，这时光标处出现“十”字，沿对角线拖动鼠标画出一个矩形框，如图2-25所示。松开鼠标左键，矩形区域内所有的对象即被选中，被选中对象周围有一个黄色矩形框标志。

注意：在拖动的过程中，不可将鼠标松开，即在拖动过程中，鼠标一直为“十”字状。另外，按住Shift键，单击鼠标左键，也可实现对象选取的功能。

方法二：用菜单命令选取。在Edit菜单中有几个关于选取的命令，如图2-26所示。

① Inside Area：选取区域内的对象。选取方法是单击区域的左上角和右下角。

② Outside Area：选取区域外的对象。方法同Inside Area命令。

③ All：选取图样内的所有对象。

④ Net：选取指定网络。使用这一命令时，只要属于同一个网络名称的导线，不管在电路上是否有连接线，都会被选中。选择的方法是用鼠标单击导线或网络标号。

⑤ Connection：选取指定连接导线。使用这一命令时，只要是相互连接的导线，都会被选中。选择的方法是用鼠标单击导线。

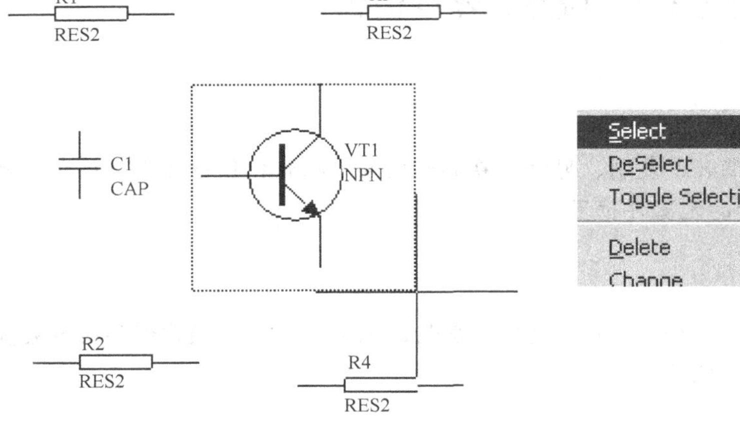

图2-25　画框选取对象

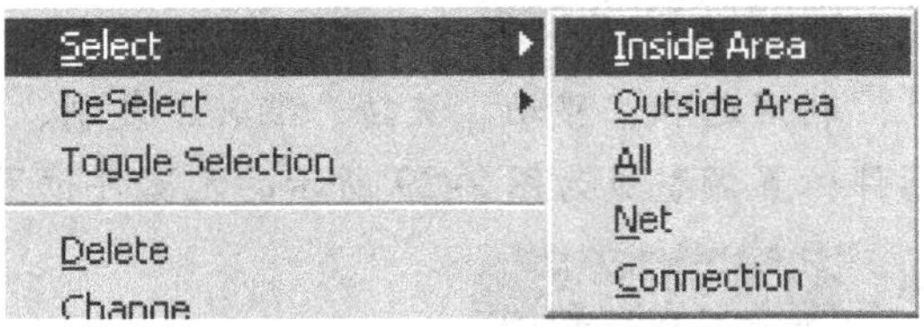

Select
DeSelect
Toggle Selection
Delete
Change
Inside Area
Outside Area
All
Net
Connection

图2-26　菜单中的选取命令

⑥ Toggle Selection：选取切换。执行该命令后，光标变成“十”字状，单击某一对象，如果该对象以前没有被选中，则该对象被选中；如果该对象以前已被选中，则该对象的选中状态被解除。

选取完后按 ESC 键或单击鼠标右键解除选取命令状态。

方法三：单击主工具栏上的区域选取按钮。

（2）对象的点取　操作方法是用鼠标对准对象快速地单击左键，待松开鼠标后对象被选中。

点取对象的特征是：如果对象是元器件、文本等，则被点取时上面出现虚框；如果对象是线条、矩形等，则被点取时上面出现控制点，如图2-27所示。当点取一个对象时，原先被点取的对象自动解除点取状态。任何时候都只能有一个对象被点取。

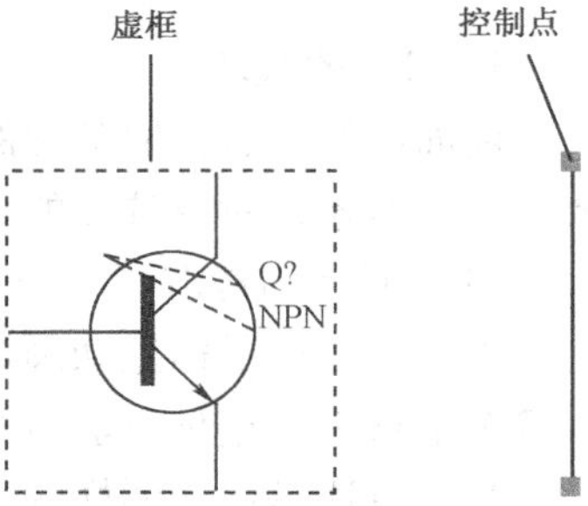

虚框
控制点
Q?
NPN

图2-27　被点取的元器件和线条

2. 对象选定的取消

（1）取消选取　可用下面几种方法。

方法一：单击主工具栏上的取消选取按钮。

方法二：通过菜单 Edit/DeSelect 命令实现。

方法三：按 X 键 + A 键。

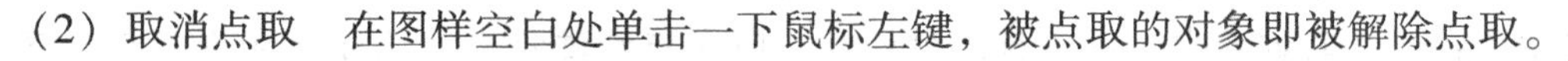

（2）取消点取　在图样空白处单击一下鼠标左键，被点取的对象即被解除点取。

2.4.2　对象的旋转、翻转与移动

1. 对象的旋转与翻转

在放置元器件时，有时元器件的方向与实际电路图的方向不同，这就需要旋转或翻转所放置的元器件。

操作方法是：首先用鼠标指向对象，按住鼠标左键不放，同时按 Space（空格）键，对象就做90°旋转；按 X 键，对象沿水平方向翻转；按 Y 键，对象沿垂直方向翻转。

例如：图2-17所示电路中的电容C1和C2是水平摆放的，电阻都是垂直摆放的，但放置电容元件时是垂直放置的，电阻元件都是水平放置的（见图2-24），因此电容C1、C2和电阻都要做90°旋转。方法是先用鼠标指向电容C1，然后按住鼠标左键不放，再按Space键一次即可，C2和电阻的旋转方法同C1。

2. 对象的移动

在放置元器件时，经常要对元器件的位置进行移动。

方法一：用鼠标指向要移动的对象（或已选取的对象），按住左键的同时拖动鼠标，对象即被移动。这是移动对象最简单的的方法。

方法二：用菜单命令实现。菜单Edit/Move中的各个移动命令如图2-28所示。

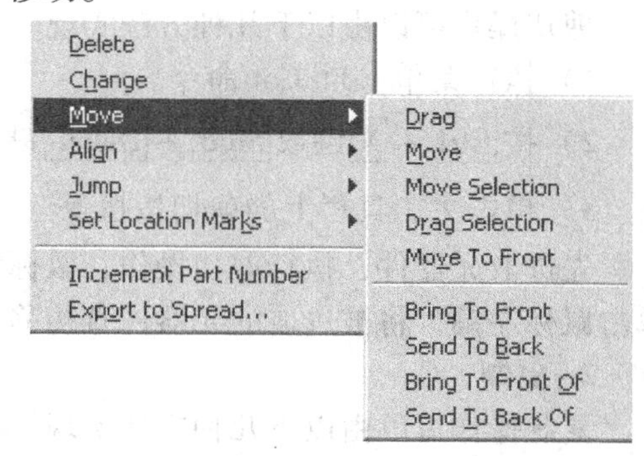

图2-28　菜单中的“移动”命令

① Drag：拖动对象。执行该命令后光标变成“十”字状，在需要移动的元器件上单击鼠标左键，元器件就会跟着光标一起移动，移动到合适的位置上，再单击一下鼠标左键即可完成此元器件的重新定位。在具体操作时，将光标移到要拖动的元器件上，先按住Ctrl键，再按住鼠标左键，接着再松开Ctrl键，然后拖动鼠标，也可以实现Drag的功能。在移动连接有导线的元器件过程中，元器件上的导线也会跟着移动，不会断线。单击鼠标右键，结束操作。

② Move：移动对象。在移动对象的过程中，与对象相连接的导线不会跟着它一起移动，操作方法同Drag命令。

③ Move Selection和Drag Selection与Move和Drag命令相似，只是它们移动的是选取的对象。

④ Move To Front：将选择的对象显示在图的最上层，并且可以移动对象。

⑤ Bring To Front：将对象显示在上层。

⑥ Send To Back：将对象显示在下层。

⑦ Bring To Front Of：将对象移动到某参考对象的上层。执行该命令后，光标变成“十”字状，单击需要层移的对象，该对象暂时消失，光标还是“十”字状，选择参考对象，单击鼠标，原先暂时消失的对象重新出现，并且被置于参考对象的上面。单击鼠标右键，结束操作。

⑧ Send To Back Of：将对象移动到某参考对象的下层，操作方法同Bring To Front Of命令。

将图2-24中元器件的位置调整（旋转或移动）后得如图2-29所示图形。

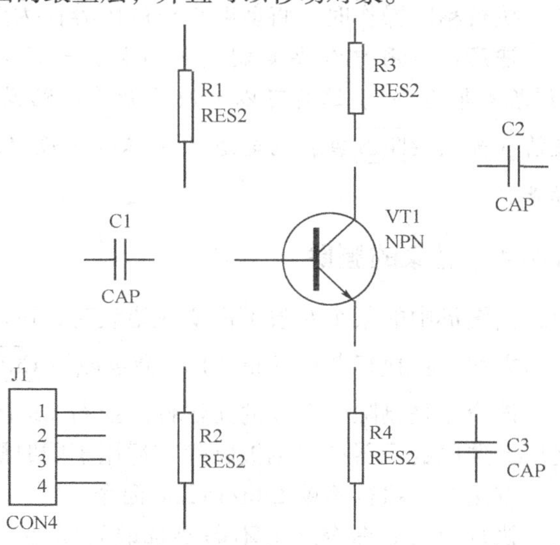

图2-29　元器件旋转或移动后的图形

方法三：单击主工具栏上的移动按钮，可移动被选取的对象。

2.4.3 对象的剪切、复制和粘贴

对象的剪切和复制操作只对选取的对象有效，其操作方法是相同的，先选取对象，然后执行剪切或复制操作。

1. 剪切

剪切操作可以由以下几种方法实现。

1）执行菜单 Edit/Cut 命令。

2）按 Ctrl + X 键或 Shift + Delete 键。

3）单击主工具栏上的剪切按扭。

先选取元器件，执行剪切操作，鼠标的光标变为“十”字形，选择一个合适的基点后单击鼠标左键，将被选取的元器件直接移入剪贴板中，同时电路图上选取的元器件被删除。

2. 复制

复制操作可以由以下几种方法实现。

1）执行菜单 Edit/Copy 命令。

2）按 Ctrl + C 键或 Ctrl + Insert 键。

先选取元器件，执行复制操作，鼠标的光标变为“十”字形，选择一个合适的基点后单击鼠标左键，将被选取的元器件作为副本，放入剪贴板中。

3. 粘贴

粘贴操作可以由以下几种方法实现。

1）执行菜单 Edit/Paste 命令。

2）按 Ctrl + V 键或 Shift + Insert 键。

3）单击主工具栏上的按扭。

执行粘贴操作时，将剪贴板里的内容作为副本，粘贴到电路图中。

注意：当用户需要复制（或剪切）一个对象时，要求用户选择一个合适的参考基点（该基点很重要），这样可以方便后面的粘贴操作。当粘贴对象时，在把对象放置到目标位置前，如果按 Tab 键，则会进入目标位置设置对话框，用户可以在该对话框中精确设置目标点。

2.4.4 对象的删除

当图形中的某个对象不需要或错误时，可以将其删除。通常有以下几种方法。

方法一：执行菜单 Edit/Clear 命令或按 Ctrl + Delete 键。

该命令是删除已选取的元器件。执行 Clear 命令之前需要选取元器件，执行 Clear 命令之后已选取的元器件立刻被删除，适用于同时删除多个选取的对象。

方法二：执行菜单 Edit/Delete 命令。

执行 Delete 命令之前不需要选取元器件，执行 Delete 命令之后光标变成“十”字形，将光标移动到要删除的元器件上再单击鼠标左键，元器件即被删除。

方法三：在需要被删除的元器件上单击鼠标左键将其选中，然后再单击Delete键同样可以删除元器件。

注意：使用鼠标左键单击选中元器件与选取是不同的，单击元器件后仅仅是选中元器件，被选中元器件的周围出现虚框，而用选取方法选中的元器件周围出现的是黄色框。

任务2.5　编辑元器件属性

任务描述

按照表2-5所示的单管共射放大电路所用元器件一览表的内容修改图2-29中的元器件属性。

任务目标

掌握编辑元器件属性的方法。

任务实施

以修改晶体管VT1的属性为例介绍编辑元器件属性的方法。

Protel 99 SE的所有对象都有表示其外部特征（如大小、颜色、方向、位置、显示和隐藏等）的属性参数。大多数情况下系统给予这些属性参数的默认值已能满足设计要求。若需要，可以通过以下几种方法打开对象属性窗口来进行设置。

方法一：用鼠标左键双击对象。

方法二：通过菜单Edit/Change命令实现。

方法三：放置对象时，在对象未真正放置在图样上之前，此时对象符号可随鼠标移动，单击Tab键即可。

1. 元器件属性对话框

经常编辑的对象属性是元器件的属性，主要包括元器件的封装、标号和类型等。以修改晶体管VT1的属性为例，用鼠标双击晶体管VT1的图形符号，则系统将弹出如图2-30所示的“Part（元器件）”对话框，然后用户就可以对元器件属性进行修改。其中主要的是“Attributes（元器件属性）”和“Graphical Attrs（元器件图形属性）”两个选项卡。

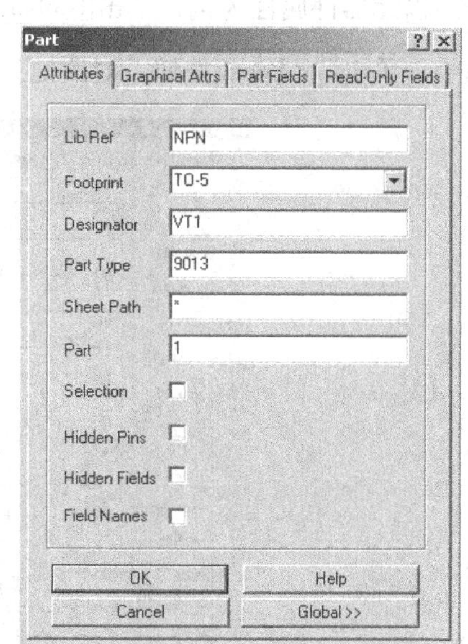

图2-30　元器件属性对话框

（1）Attributes选项卡　该选项卡主要是确定元器件的电气属性，它包括以下选项。

- Lib Ref：元器件库中的元器件名称。修改此项可以直接替换原有的元器件，元器件名称不会显示在电路图上。本例中晶体管的名称为NPN。
- Footprint：元器件管脚封装形式。对于同一种元器件，可以有不同的元器件管脚封装方式，元器件管脚封装也不会在电路图上显示。只画原理图时，可以不输入元器件管脚封装。如：晶体管 VT1 的封装为 TO-5。

- Designator：元器件在电路图中的标号。本例中晶体管的标号是 VT1。
- Part Type：元器件类型（型号或标称值），默认值与元器件库中的 Lib Ref 一致。本例中 VT1 的型号为 9013。
- Part：选择元器件单元序号。该项是指定复合式封装元器件（一个封装中含有多个单元）中的单元。复合式封装元器件有逻辑门、运算放大器等，例如 74LS00 是由 4 个与非门组成的。选择元器件单元序号会对元器件标号产生影响，其引脚也随之发生变化。当 Part 项分别选择 1、2、3 时，其器件标号分别为 U1A、U1B、U1C，如图 2-31 所示。

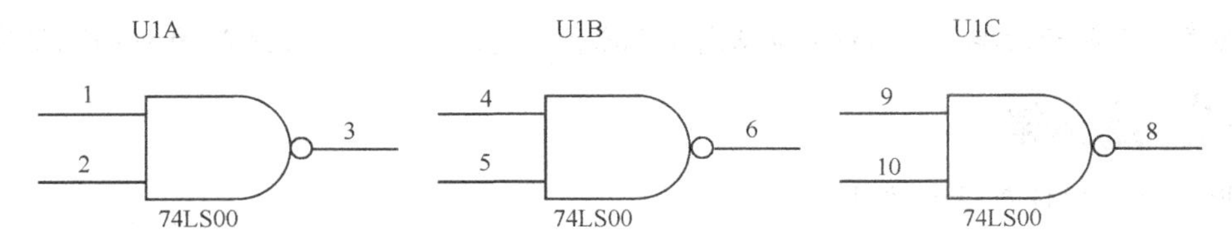

图 2-31　选择不同元器件单元序号时对应的图形

- Selection：切换选取状态。选中该选项后，该元器件为选取状态。
- Hidden Pins：选中该选项可以显示元器件的隐藏引脚。如数字集成电路中的 VCC 和 GND 引脚，正常绘制原理图时是不显示的。
- Hidden Fields：选中该选项时显示“Part Fields”选项卡中的元器件数据栏。
- Field Name：选中该选项时显示元器件数据栏的名称。
- Global >> 按钮：单击该按钮，则打开如图 2-32 所示的元器件属性整体设置对话框。

Global 项的功能是进行整体属性编辑。基本上，双击任何一个对象都有这一项整体属性编辑功能。以元器件属性为例，单击 Global >> 按钮，屏幕会出现如图 2-32 所示的对话框，在该对话框中，单击 << Local 按钮，对话框又会回到如图 2-30 所示的对话框，分述如下。

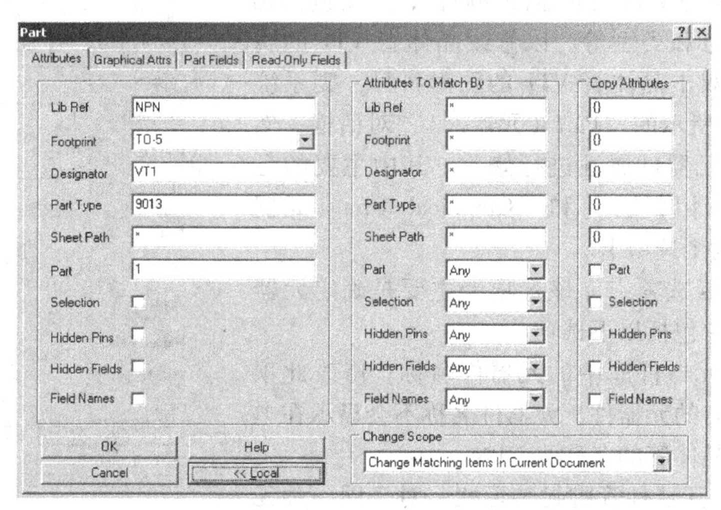

图 2-32　元器件属性整体设置对话框

1）Attributes To Match By（匹配属性）：设定整体编辑的条件。

“*”符号表示不管元器件属性是什么，都符合整体编辑条件；也可以指定某个特定元器件属性，表示整个电路图中所有相同属性的元器件都符合整体编辑条件。

下拉式按钮▼中有三个选项，包括 Any（不管什么元器件都符合整体编辑条件）、Same（只有与选项完全一样的元器件才符合整体编辑条件）和 Different（与选项不一样的元器件才符合整体编辑的条件）。

2）Copy Attributes（复制属性）：设定所要整体编辑的对象。

“{}”用以指定如何修改，可以使用通配符“*”或“?”；复选框“□”表示将符合条件的元器件属性改为本对话框中设定的属性。

3）Change Scope：设定整体编辑的范围。

（2）Graphical Attrs 选项卡　该选项卡用来设置当前元器件的图形属性，包括元器件符号的放置方向、元器件的位置、元器件符号的显示模式、填充颜色、线条颜色、引脚颜色以及是否镜像处理等，如图 2-33 所示。

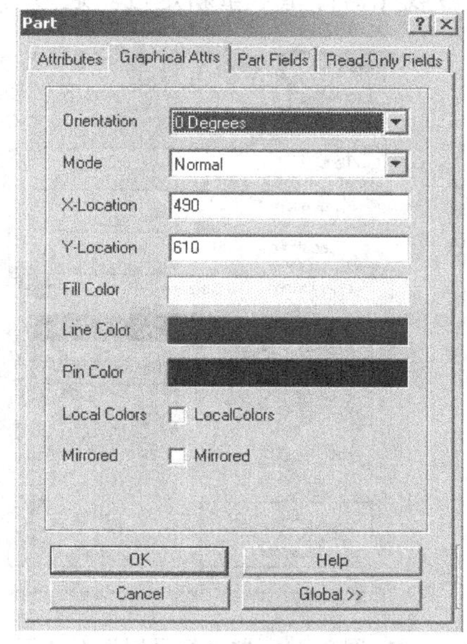

图 2-33　元器件图形属性选项卡

- Orientation：设置元器件符号放置的方向。单击该选项右边的下拉式按钮▼即可打开下拉式列表，分别对应 0°、90°、180°和 270°共 4 种方向。一般不在对话框内设置元器件方向，而是在放置元器件时，通过按 Space 键来设置合适的放置方向。
- X-Location、Y-Location：设置元器件在图样上的位置或 X、Y 坐标。
- Mode：设定元器件符号的显示模式。单击 Mode 选项右边的下拉按钮▼即可打开一个下拉式列表，表中包括三种元器件模式选项，即 Normal（正常）模式、De-Morgan（狄摩根）模式和 IEEE（美国电气及电子工程师协会）模式。Normal 模式显示的元器件符号为 ANSI（美国标准协会）标准。
- Fill Color：设置框图形元器件的填充颜色，默认为黄色。
- Line Color：设置元器件边框的线条颜色，默认为棕色。
- Pin Color：设置元器件引脚的颜色，同时还可设置引脚序号、电气特性符号的颜色，默认为黑色。
- Local Colors：选中时表示上面三项元器件颜色的设置应用于该元器件。
- Mirrored：选中时表示使元器件水平镜像，相当于在放置元器件时按 X 键。

2. 编辑元器件标号或元器件类型

对于放置好的元器件，可以单独编辑其元器件标号或元器件类型。将光标移动到所要编辑的元器件标号或元器件类型上，双击鼠标左键，即可打开相应的属性对话框。

譬如在晶体管的器件标号 VT1 上双击，由于它是 Designator 属性，所以出现器件标号属性对话框（如图 2-34 所示）；如果在晶体管的器件型号 9013 上双击，由于它是 Type 属性，所以出现器件型号属性对话框（如图 2-35 所示）。

可以通过这两个对话框设置 Text（元器件标号名称）或 Type（元器件型号名称）、X-Location 及 Y-Location（X 轴和 Y 轴的坐标）、Orientation（旋转角度）、Color（组件的颜色）、Font（组件的字体）、Selection（是否被选中）和 Hide（是否隐藏或显示）等更为细致的控制特性。

如果单击 Change 按钮，则系统会弹出一个字体设置对话框，可以对对象的字体进行设置，不过这只对选中的文本有效。

另外，还可以直接拖动元器件标号或元器件型号到合适的位置，松开鼠标即可将元器件标号或元器件型号重新定位。通过对元器件属性编辑后可得如图 2-36 所示的图形。

Part Designator
Properties
Text VT1
X-Location 520
Y-Location 531
Orientation 0 Degrees
Color
Font Change...
Selection
Hide
OK Help
Cancel Global >>

图 2-34　器件标号属性对话框

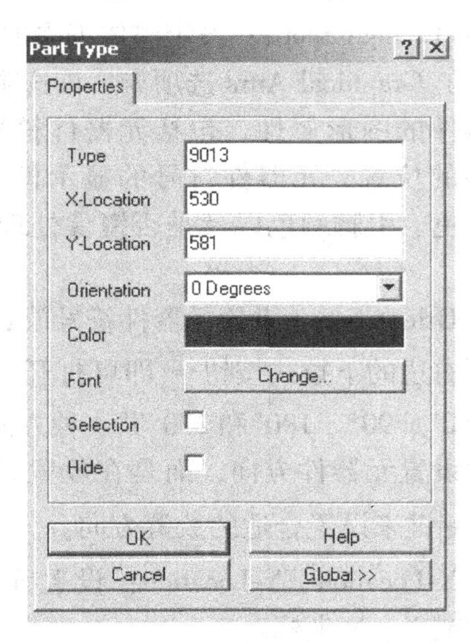

图 2-35　器件型号属性对话框

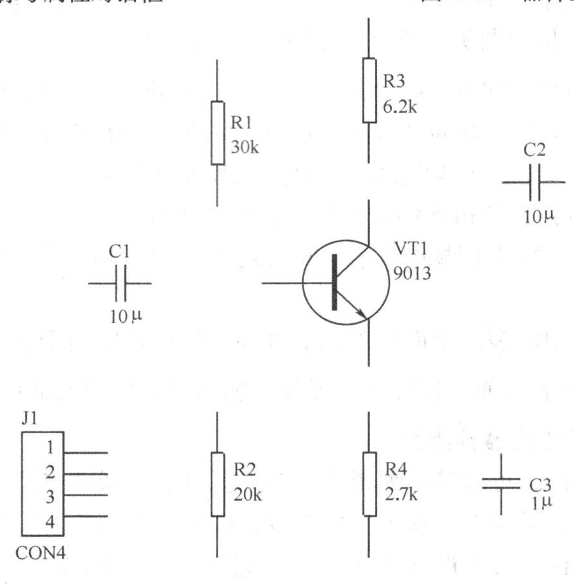

图 2-36　编辑元器件属性后的图形

任务2.6　放置电源、导线、节点、网络标号与文件保存

任务描述

参照图2-17所示的单管共射放大电路原理图的位置，放置电源和接地符号，放置导线和节点以及网络标号Vi和Vo，并保存原理图文件。

任务目标

掌握放置电源、导线、节点和网络标号等对象的方法，能保存原理图文件。

任务实施

通过放置图2-17所示的单管共射放大电路原理图中的电源符号VCC、网络标号Vi及Vo、连接导线和节点等对象来介绍放置其他对象的方法，最后简单介绍保存原理图文件的方法。

2.6.1　放置电源或接地符号

在Protel 99 SE中，电源和接地是用单独的符号来表示的，具体是接地还是接电源则通过网络标号进行区分。

1. 放置电源符号的命令

1）执行菜单Place/ Power Port命令。

2）单击原理图画导线工具栏上的按钮。

3）使用Power Objects（电源符号）工具栏，如图2-37所示。该工具可以通过菜单View/Toolbars/Power Objects命令来打开或关闭。

图2-37　电源符号工具栏

2. 放置电源符号的步骤

1）执行放置电源符号命令，这时光标指示为“十”字状且有一个随鼠标指针移动的电源符号。

2）在浮动状态时，可按空格键以改变电源符号的放置方向（还可以按Tab键以打开电源属性对话框进行属性设置）。

3）放置电源符号（同放置元器件方法一样）。

4）编辑电源符号的属性。

在放置了电源符号的图形上，双击电源符号（或在电源符号上单击右键，系统将弹出快捷菜单，执行Properties命令），系统将弹出Power Port（电源符号属性）对话框，如图2-38所示。

- Net：设置电源符号的网络标号，可以定义为任何网络标号。在整个项目中相同网络标号的电源符号自动连接在一起。
- Style：设置电源符号的显示类型。电源符号在Style下拉列表框中有许多类型可供选择，如图2-39所示。

- X-Location、Y-Location：设置电源符号位置。
- Orientation：设置电源符号旋转角度。
- Color：设置电源符号颜色。

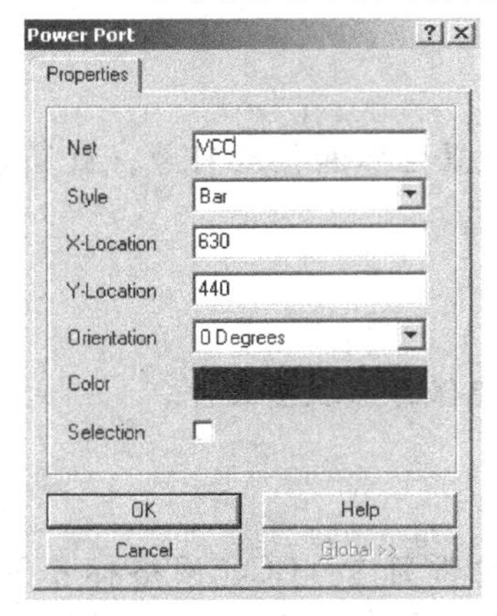

图2-38　电源符号属性对话框

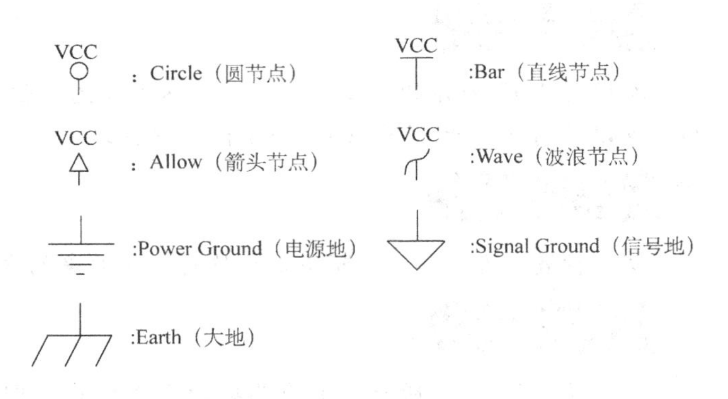

图2-39　电源符号的显示类型

现在可以使用上面介绍的方法放置电源和接地符号，并分别修改电源和接地符号的网络标号、类型和颜色等。电源网络标号设置为VCC，方位均为90°，显示类型选择Bar结构；接地的网络标号设置为GND，方位为270°，图形类型选择Power Ground结构。放置了电源和接地符号后的图形如图2-40所示。

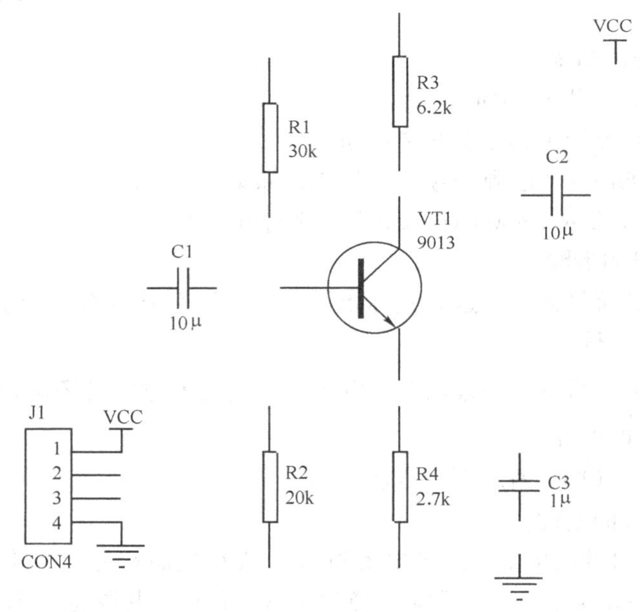

图2-40　放置电源和接地符号后的图形

2.6.2　放置导线

导线是电路原理图中最重要的图元之一，放置导线的最主要目的是按照电路设计的要求建立网络的实际连接。

1. 放置导线的命令

执行放置导线命令最常用的方法有如下两种：

1）单击原理图画导线工具栏上的放置导线图标≈。

2）执行菜单 Place/Wire 命令。

2. 放置导线的步骤

1）执行放置导线命令后，此时光标变成“十”字状，表示系统处于放置导线状态。

2）将光标移到所放置导线的起点，单击鼠标的左键，再将光标移动到下一点或导线终点，再单击一下鼠标左键，即可绘制出第一条导线。以该点为新的起点，继续移动光标，绘制第二条导线。

3）如果要绘制不连续的导线，可以在绘制完前一条导线后，单击鼠标右键或按 Esc 键，然后将光标移动到新导线的起点，单击鼠标左键，再按前面的步骤绘制另一条导线。

4）绘制完所有导线后，连续单击鼠标右键两次，即可结束放置导线状态，光标由“十”字形状变成箭头形状。

在绘制电路图的过程中，按空格键可以切换放置导线方式。Protel 99 SE 中提供了几种放置导线的方式，分别是任意角度走线、45°走线、直角走线和自动走线等方式。

当预拉线的指针移动到一个可建立电气连接点时（通常是元器件的引脚或先前已拉好的导线），“十”字光标的中心将出现一个黑点，如图 2-41 所示，提示用户在当前状态下单击鼠标左键就会形成一个有效的电气连接。

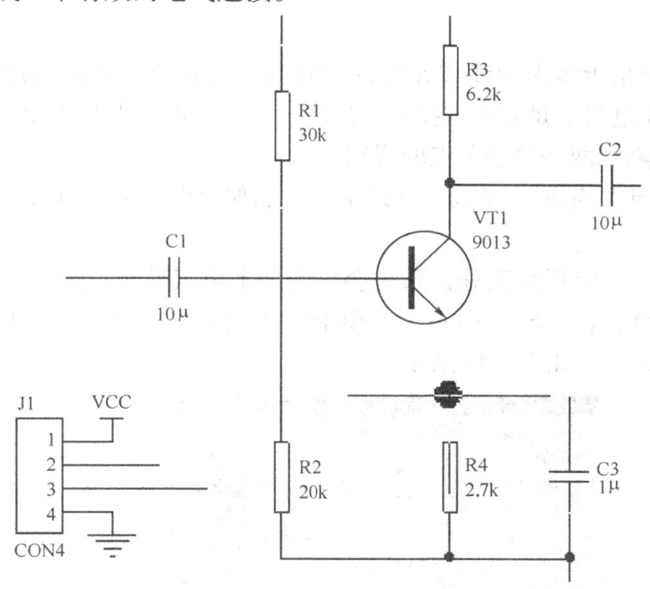

图 2-41　放置连接导线

3. 导线的属性编辑

编辑导线的属性可以在绘制导线时按 Tab 键或在绘制完毕的导线上双击鼠标左键，即可打开如图 2-42 所示的导线属性对话框，进行导线属性设置。

- Wire Width：设置导线的宽度。单击 Wire Width 项右边的下拉式按钮可打开下拉列表，如图 2-43 所示，表中列出了 Smallest（最小）、Small（小）、Medium（中）和 Large（大）4 种类型的线宽供选择。

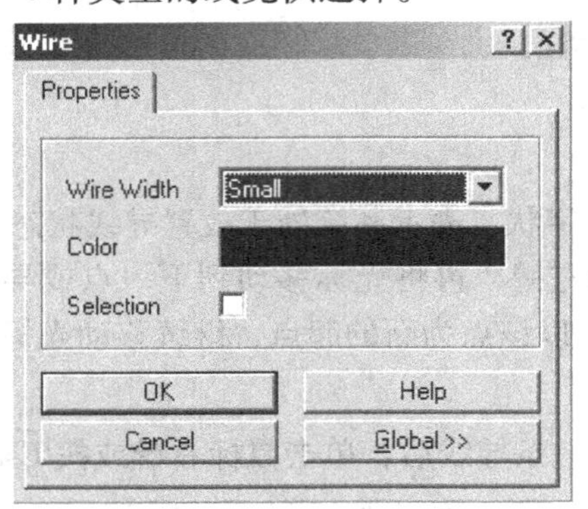

图 2-42　导线属性对话框

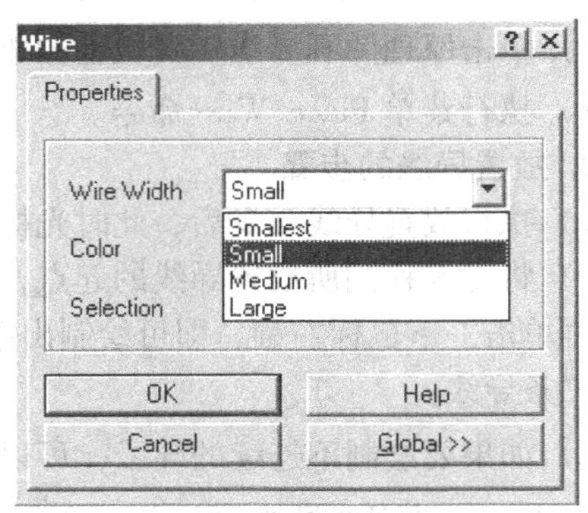

图 2-43　导线宽度设置

- Color：设置导线的颜色。
- Selection：设定画完导线后，该导线是否处于被选取状态。如果选中此项，那么画完导线后，该导线处于被选取状态，导线颜色为黄色。
- Global >> 按钮：单击该按钮，则打开导线的全局属性对话框，对符合设置条件的导线的 Wire Width、Color 或 Selection 等特性进行全局修改。

2.6.3　放置节点

电路图中的节点是指多根导线或元器件引脚电气端在交叉处的物理连接点。如果有节点，则表示交叉处在电气上是相互连接的；反之，则表示电气上是不相通的。

在 Schematic 中默认两条关于节点的规则：

1）在导线的“十”字形交叉处，系统不会自动加上电气节点（Junction），需要用户自己放置。

2）在导线的“T”字形交叉处，系统会自动加上电气节点（Junction）。如果选择菜单 Tools/Preferences 命令，在“Schematic”选项卡中取消选中“Auto Junction”项，系统就不会自动放置电气节点了，如图 2-44 所示。

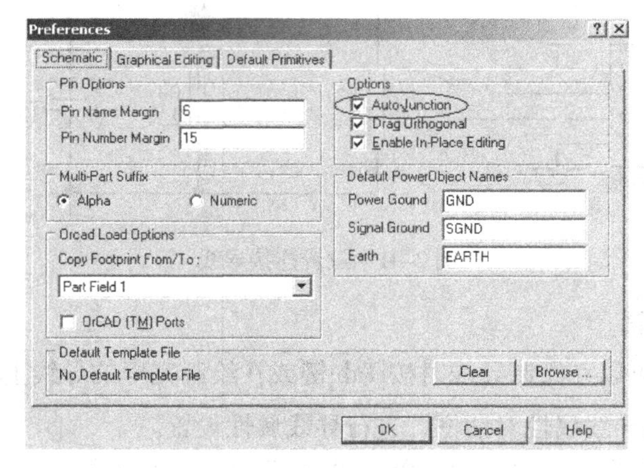

图 2-44　设置自动放置节点

放置节点的步骤如下：

1）单击原理图画导线工具栏上的按钮或执行菜单Place/Junction命令，进入放置节点状态，此时光标变为“十”字形状，并且中间还有一个小黑点。

2）将“十”字形光标移到欲放置节点处，然后单击鼠标左键即可。

3）移动光标，可继续放置其他节点。放置节点完毕，单击鼠标右键或按Esc键退出放置节点状态。

在图2-41中的“十”字形交叉处放置一个节点。在放置节点的状态下按Tab键或在已经放置的节点上双击鼠标左键即可打开“节点属性”对话框，用户可以进行节点属性设置。

2.6.4　放置网络标号

网络标号在电路原理图中具有实际的电气连接作用，通过网络标号可以将一张图样上两个或两个以上没有导线的连接点连接起来，也可以将一个项目中的多张图样通过网络标号连接在一起。即：只要网络标号相同的网络，不管图上是否连接，表示它们都是连接在一起的。

1. 放置网络标号的命令

放置网络标号主要有两种方法：

1）单击画导线工具栏中的Net!按钮。

2）执行菜单Place/Net Label命令。

2. 放置网络标号的步骤

1）执行放置网络标号命令，光标变成了“十”字形状，并出现一个虚线方框。

2）按空格键可改变网络标号的放置方向，按Tab键可进入网络标号属性对话框，如图2-45所示，在其中可进行属性设置。

3）将“十”字形光标移到需放置网络标号的位置处（如导线），当光标处产生一个小黑点，单击鼠标左键即可放置网络标号，如图2-46所示。

4）将光标移到其他需要放置网络标号的地方，继续放置网络标号。单击鼠标右键或按Esc键可结束放置网络标号状态。

注意：网络标号的左下角为基准点，它应该放在被标记网络标号的网络上（一般为导线）；网络标号是字母输入时不分大小写；网络标号中可以使用非号，方法是在网络名的字符后输入反斜杠“\”；在放置过程中，如果网络标号是数字结尾，则数字会自动增加。

3. 设置网络标号属性

在放置网络标号的状态下按Tab键或在已经放置的网络标号上双击鼠标左键，即可打开如图2-45所示的网络标号属性对话框，用户可以进行网络标号属性设置。其主要项目说明如下。

1）Net：设置网络标号的名称。此处输入“Vi”。

2）X-Location、Y-Location：网络标号的坐标值。

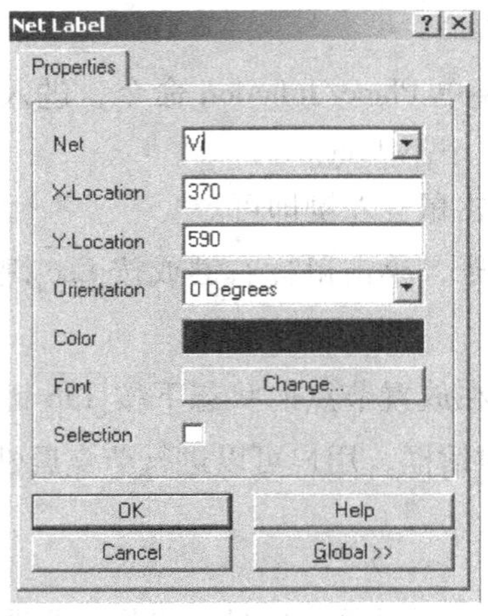

图 2-45 网络标号属性对话框

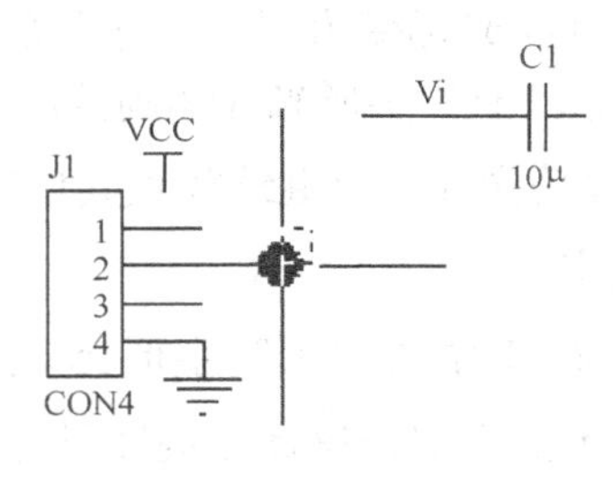

图 2-46 放置网络标号

3）Orientation：网络标号的方向。

4）Color：网络标号的颜色。

5）Font：网络标号的字体

在 J1 的 2 号和 3 号引脚上先放置一段导线，然后分别放置网络标号 Vi 和 Vo；同理在 C1 的输入端和 C2 的输出端分别放置 Vi 和 Vo，如图 2-47 所示。至此单管共射放大电路的原理图已绘制完毕。

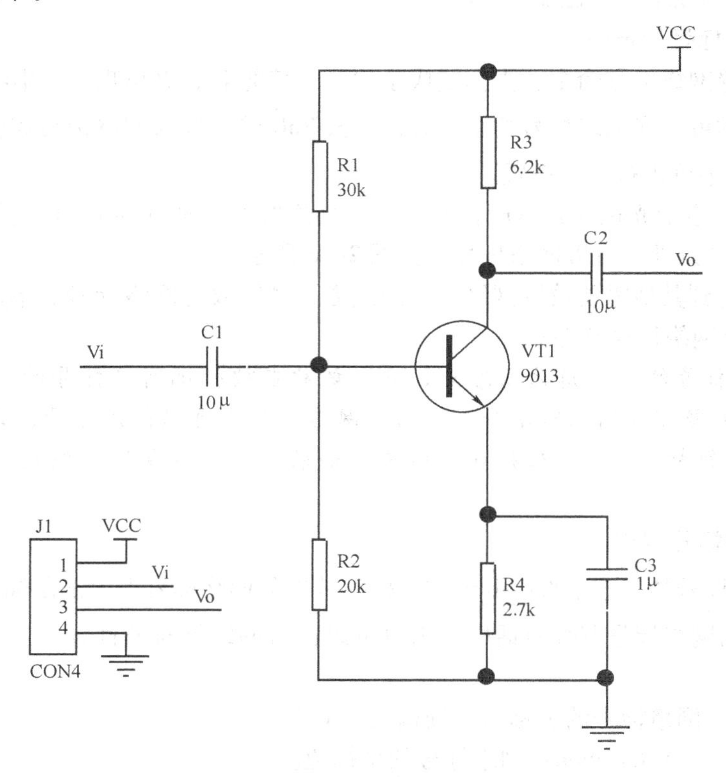

图 2-47 放置导线、电源和网络标号后的图形

2.6.5　保存原理图文件

电路图绘制完毕后要保存起来，以供日后取出使用和修改。当用户打开一个旧的电路图文件并进行修改之后，执行菜单 File/Save 命令可自动按原文件名将其保存，同时覆盖原先的文件。

在保存时如果不希望覆盖原先的文件，可采用换名保存的方法。具体作法是执行 Save Copy As 菜单命令，打开如图2-48所示的“Save Copy As”对话框，在此对话框中指定新的存盘文件名即可。

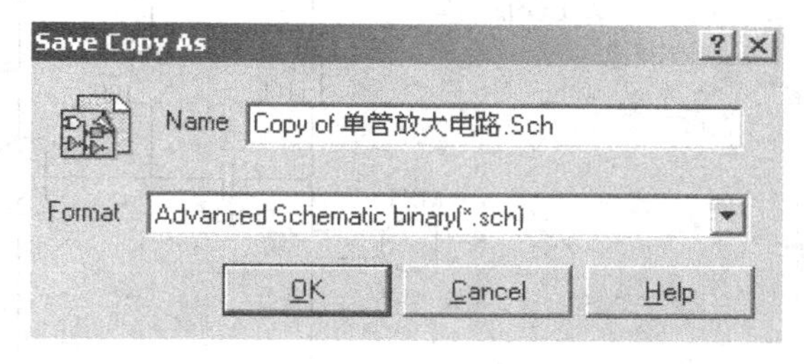

图2-48　另存文件对话框

在“Save Copy As”对话框中打开 Format 下拉列表框，就可以看到原理图设计编辑器所能够处理的各种文件格式如下。

Advanced Schematic binary（*.sch）：Advanced Schematic 电路图样文件，二进制格式。

Advanced Schematic ASCII（*.asc）：Advanced Schematic 电路图样文件，文本格式。

Orcad Schematic（*.sch）：SDT4 电路图样文件，二进制格式。

Advanced Schematic template ASCII（*.dot）：电路图模板文件，文本格式。

Advanced Schematic template binary（*.dot）：电路图模板文件，二进制格式。

Advanced Schematic binary files（*.prj）：项目中主图样文件。

默认情况下，电路原理图文件的扩展名为.sch。

任务2.7　绘制简单电路原理图综合训练

任务描述

按照绘制电路原理图的一般步骤完成如图2-49所示的两管调频无线电传声器电路原理图的绘制。

任务目标

掌握原理图编辑器的启动与环境设置、装入或卸载原理图元器件库的方法、元器件的放置、调整、属性编辑的方法以及放置电源符号和绘制导线的技巧等。培养学生建立工程的意识和良好的劳动纪律观念。

任务实施

介绍绘制两管调频无线电传声器电路的原理图的操作过程。

前面主要讲述如何装入原理图元器件库、放置元器件、连接导线和编辑元器件属性等，现在来进行一个完整的实例图绘制。图2-49所示为两管调频无线电传声器电路，元器件列表见表2-6。电路原理图绘制的具体操作过程如下。

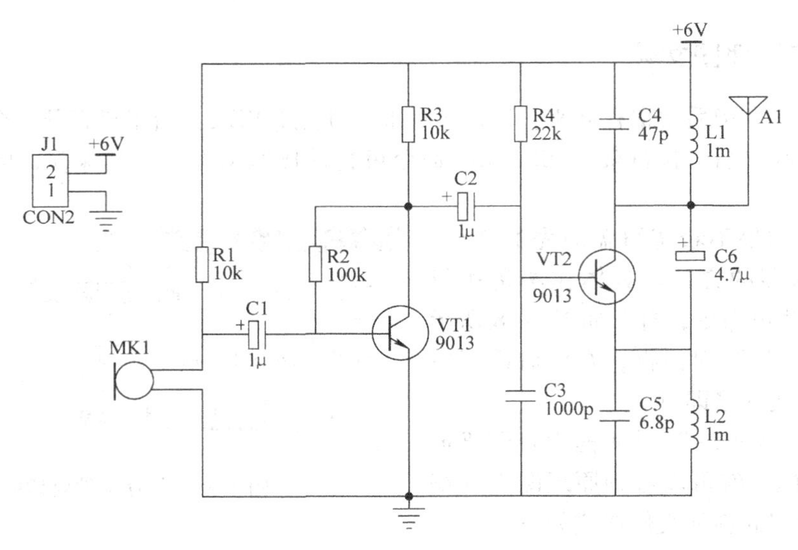

图2-49 两管调频无线电传声器电路

表2-6 无线电传声器电路元器件列表

元器件名称	元器件标号	元器件类型	元器件封装	说明	所属元器件库
NPN	VT1、VT2	9013	TO-5	NPN 晶体管	Miscellaneous Devices. lib
RES2	R1	10kΩ	AXIAL0. 3	电阻	
RES2	R2	100kΩ	AXIAL0. 3	电阻	
RES2	R3	10kΩ	AXIAL0. 3	电阻	
RES2	R4	22kΩ	AXIAL0. 3	电阻	
ELECTRO1	C1、C2	1μF	RB. 2/. 4	极性电容器	
CAP	C3	1000pF	RAD0. 1	电容器	
CAP	C4	47pF	RAD0. 1	电容器	
CAP	C5	6. 8pF	RAD0. 1	电容器	
ELECTRO1	C6	4. 7μF	RB. 2/. 4	极性电容器	
INDUCTOR	L1、L2	1mH	AXIAL0. 3	电感	
ANTENNA	A1			天线	
MICROPHONE2	MK1		SIP2	传声器	
CON2	J1	CON2	SIP2	连接器	

1. 原理图设计编辑器的启动和绘图环境的设置

1）从 Windows 操作系统的开始菜单或桌面快捷图标进入 Protel 99 SE 环境。

2）使用菜单 File/New（或 File/New Design）命令建立设计数据库文件。

3）使用菜单 File/New 命令，在打开的窗口选择 Schematic Document 图标，建立新原理图文件。

4）将原理图文件打开。

5）使用菜单 Design/Option 和 Tools/Preference 命令设置绘图环境。

本步骤的具体操作可参考任务 2. 1 的内容。

2. 装入元器件库

按照前面装入元器件库的方法装入 Miscellaneous Devices. lib 元器件库（如果该库已装入则可跳过此步）。究竟哪个元器件在哪个库中，需要多画积累经验，对于初学者应该适当记住一些常用元器件名称（Lib Ref）和封装（Foot Print）。

3. 放置元器件

选择需要的元器件，并将它们放置在图样上。放置元器件的操作可以参考任务 2.3 的讲解。放置元器件时可以使用如下快捷键进行粗调。

① Space键：每按一次可使元器件逆时针旋转90°。

② X键：元器件水平翻转（镜像）。

③ Y键：元器件垂直翻转（镜像）。

④ Tab键：当元器件浮动（跟着鼠标移动）时，按Tab键可以显示属性编辑窗口。当放置第一个元器件时，给定元器件标号，如标号以数字结尾时，则放置第一个以后的元器件，序号会自动增加。

4. 编辑元器件属性

如果需要修改各元器件的属性，则可以用菜单 Edit/Change 命令或双击元器件，对各元器件属性进行编辑。编辑元器件属性操作的详细过程可以参考任务 2.5 的讲解。

5. 精确调整元器件位置

如果元器件的位置放置还不够恰当，则可以对元器件的位置进行调整。移动元器件时，直接用鼠标指向元器件并按住左键不放，移动鼠标，元器件就跟着移动，精确调整位置后。元器件的位置如图 2-50 所示，此时就可以进行线路连接与节点放置操作了。

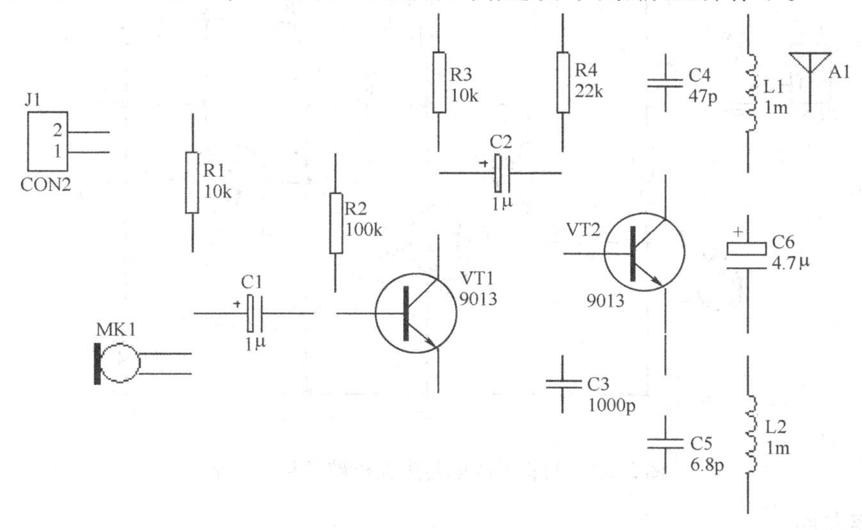

图 2-50 放置、调整元器件并编辑属性后的元器件布局图

6. 连接导线

首先将 Wiring Tools（画导线工具栏）装载到当前图样，然后单击按钮执行画导线命令，也可以执行菜单 Place/Wire 命令来实现。执行该命令后，就可以进行各节点连线的布

置，对相关元器件连线并放置好节点的电路图如图2-51所示。

连线时一定要等光标捕捉到电气点时，再单击鼠标放导线。当处于画导线状态的光标捕捉到电气点时，光标处会出现一个黑点。

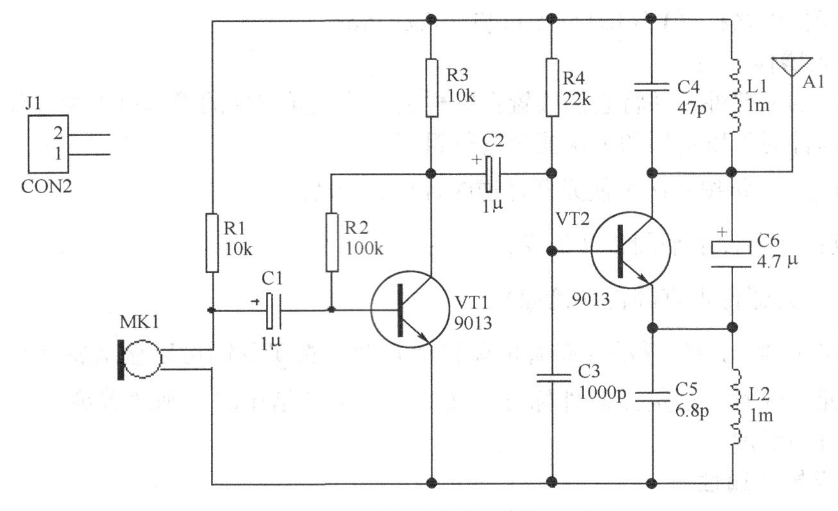

图2-51 连接好导线的电路原理图

7. 放置电源符号

执行菜单Place/Power Port命令或者从Power Objects工具栏上选择相应的电源图形符号，放置并编辑相应的电源符号，最后得到如图2-52所示的目标图形。

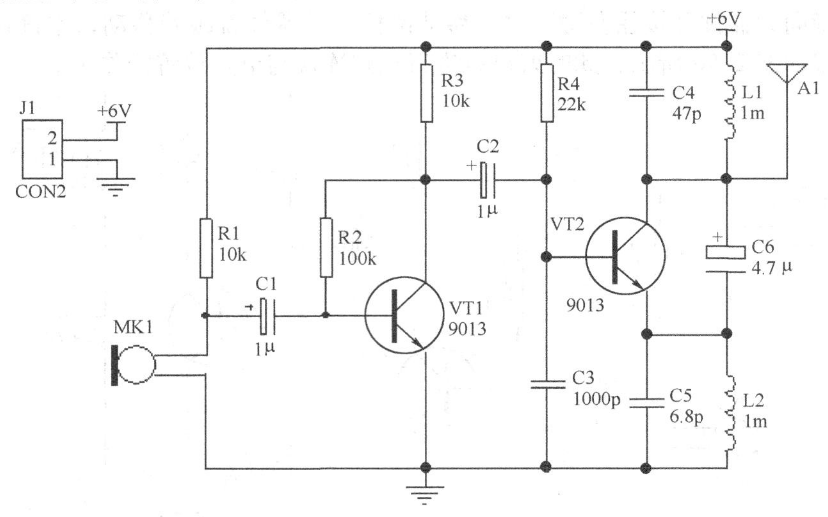

图2-52 两管无线电传声器电路的目标图形

8. 保存文件

单击主工具条上的存盘按钮或执行菜单File/Save命令保存文件。

练 习 2

2-1 新建一个名为FirSch1. Sch原理图文件，并进入原理图设计环境。

提示：在新建或已打开的设计数据库文件中，执行File/New命令，在弹出的窗口中选择Schematic Document图标。

2-2　设置原理图的图样尺寸为A1，图样方向为水平放置，标题栏为标准型模式，不显示栅格。

提示：在原理图设计环境中，执行菜单Design/Option命令，在弹出的窗口选择Sheet Option选项。

2-3　练习将Protel 99 SE中的窗口及对话框中的文字改为规则的并且为8号的Times New Roman字体。

提示：在Protel 99 SE设计环境中用鼠标单击按钮，在弹出的菜单中选择Preference，这时在屏幕弹出的窗口中单击Chang System Font按钮，然后将字体更换成规则的并且为8号的Times New Roman字体。

2-4　将德克萨斯仪器公司元器件库TI Databooks装入到元器件库管理器中。

提示：在原理图设计环境中的设计管理器中选择Sch页面，在Browse区域中的下拉框中选择Library，然后单击Add/Remove按钮，在弹出的窗口中寻找Design Explorer 99 SE子目录，在该子目录中选择Library\Sch路径，在元器件库列表中选择TI Databooks后单击Add按钮。

2-5　向原理图中放置阻值为2.2kΩ的电阻R1、容量为1μF的电容C1、型号为1N4001的二极管VD1、型号为2N2222的晶体管VT1、单刀单掷开关SW1和电灯L1。

提示：电阻（RES2）、电容（CAP）、二极管（DIODE）、晶体管（NPN）、单刀单掷开关（SW-SPST）和电灯（LAMP）都在Miscellaneous Devices.lib库中，放置时注意修改元器件属性。

2-6　在练习2-5的基础上，练习复制、剪切、粘贴和删除操作。

（1）选取电阻R1，复制并粘贴该电阻，然后取消选择。

（2）用菜单Edit/Delete命令将以上元器件逐个删除，然后恢复被删除的元器件。

（3）剪切电容C1，然后粘贴C1。

（4）用鼠标拖框选取所有元器件，然后用Edit/Clear命令删除这些被选取的元器件。

试问以上的哪些操作可以删除元器件？若要删除图样上所有元器件采用什么方法最快？

2-7　绘制如图2-53所示的OTL功率放大电路原理图，元器件如表2-7所示。

2-8　绘制某CPU的时钟电路原理图（如图2-54所示），元器件如表2-8所示。

2-9　绘制如图2-55所示的三端集成稳压电源电路图，元器件如表2-9所示。

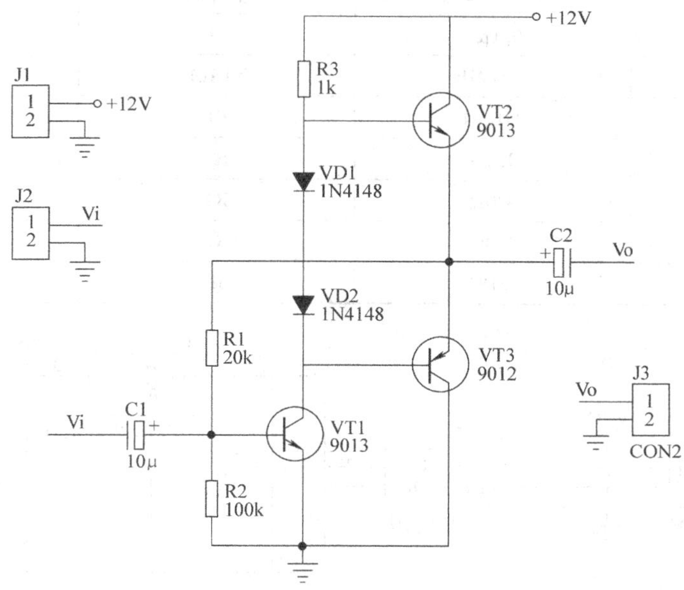

图2-53　OTL功率放大电路原理图

表 2-7 OTL 功率放大电路原理图的元器件表

元器件名称	元器件型号	元器件标号	元器件封装
DIODE	1N4148	VD1、VD2	DIODE0. 4
RES2	20kΩ	R1	AXIAL0. 3
RES2	100kΩ	R2	AXIAL0. 3
RES2	1kΩ	R3	AXIAL0. 3
ELECTRO1	10μF	C1、C2	RB. 2/. 4
NPN	9013	VT1、VT2	TO-18
PNP	9012	VT3	TO-18
CON2	CON2	J1、J2、J3	SIP2

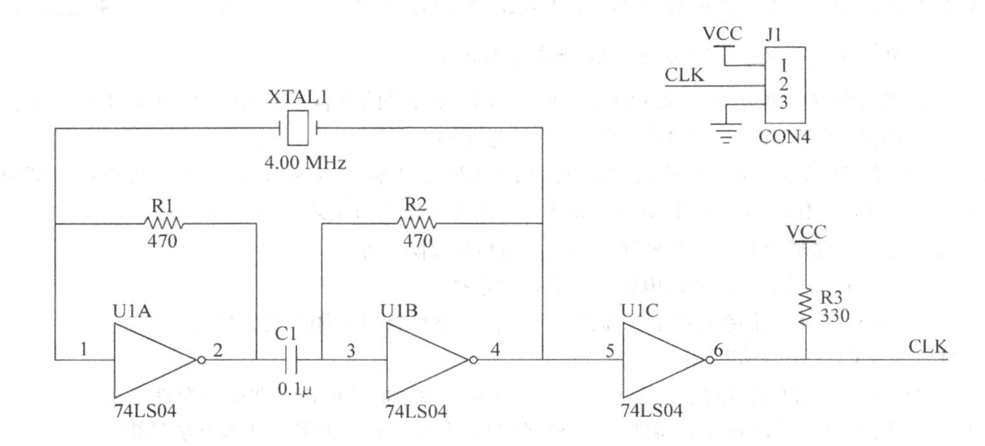

图 2-54 CPU 时钟电路原理图

表 2-8 CPU 的时钟电路元器件表

元器件名称	元器件型号	元器件标号	元器件封装
CAP	0. 1μF	C1	0603
CRYSTAL	4. 00MHz	XTAL1	1808
74LS04	74LS04	U1	SOIC14
RES1	330Ω	R3	0805
RES1	470Ω	R2	0805
RES1	470Ω	R1	0805
CON4	CON4	J1	SIP4

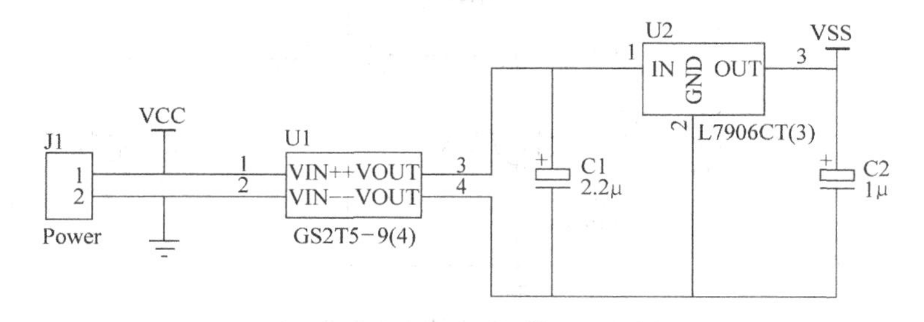

图 2-55 三端集成稳压电源电路图

表 2-9　三端集成稳压电源元器件表

元器件名称	元器件型号	元器件标号	元器件封装	说明
CAPACITOR POL	2.2μF	C1	RB.2/.4	电解电容器
CAPACITOR POL	1μF	C2	RB.2/.4	电解电容器
GS2T5-9（4）	GS2T5-9（4）	U1	MOD4-1.1	直流转换器
L7906CT（3）	L7906CT（3）	U2	TO220V	三端稳压电源
CON2	Power	J1	SIP2	连接器

提示：U1 和 U2 采用查找元器件的方法来放置元器件。

项目 3 制作原理图元器件及创建元器件库

项目描述

本项目介绍创建及使用新的原理图元器件符号，其中包括将已有元器件图形修改成的新元器件符号、绘制一个元器件的不同单元和绘制新的原理图元器件符号。通过本项目学习，掌握创建及使用新的原理图元器件符号的操作方法和技巧，并能在原理图中使用新编辑的元器件符号以及进行原理图元器件库的管理。

任务 3.1　元器件库编辑器的启动与元器件库的管理

任务描述

启动原理图元器件库编辑器，熟悉元器件库编辑器管理器的工作界面组，学习菜单、元器件编辑工具和绘图工具栏的使用。

任务目标

掌握启动原理图元器件库编辑器的方法，会使用元器件库编辑器对元器件进行管理。

任务实施

介绍原理图元器件库编辑器使用的方法、工作界面组成和元器件编辑工具及绘图工具栏使用方法。

绘制电路原理图时，在放置元器件之前，常常需要装入元器件所在的库，因为元器件一般保存在一些元器件库中，这样可以方便用户设计时使用。尽管 Protel 99 SE 内置的元器件库相当完整，但有时用户还是无法从这些元器件库中找到自己想要的元器件，如某种特殊的元器件或新开发出来的元器件。在这种情况下，设计者就必须自己制作元器件及创建元器件库。

Protel 99 SE 提供了两种方法来制作元器件：一种是对系统元器件库中的现有元器件进行修改并以新元器件名称添加到原元器件库中；另一种是通过新建元器件库的方法来新建元器件，当然我们还是建议读者新建一个元器件库并将所有新制作的元器件（图形）集中放置在这个新元器件库中。元器件库的结构为一个总库（ *. Ddb）下设若干个子库（ *. Lib），元器件就存放在各个子库中，这样便于元器件分类存放。

制作元器件和建立元器件库是使用 Protel 99 SE 的元器件库编辑器来进行的。

3.1.1　启动原理图元器件库编辑器的方法

可以根据实际情况由下列几种方法来启动元器件库编辑器。

1. 通过新建元器件库启动元器件库编辑器

新建元器件库与新建原理图的方法相似，只是选择文件的类型为原理图元器件库而已，具体步骤如下：

1）在建立了设计数据库以后，执行菜单 File/New 命令，系统将显示新建文档对话框，如图 3-1 所示。

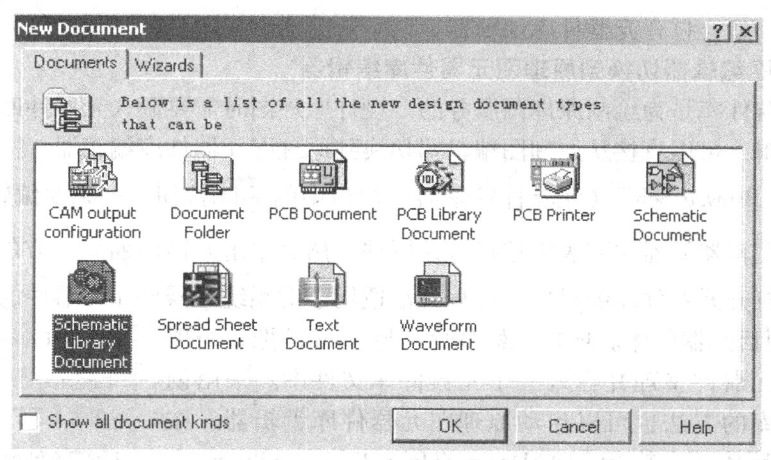

图 3-1　新建文档对话框

2）从对话框中选择 Schematic Library Document（原理图元器件库文档）图标，双击该图标或者单击OK按钮，系统便在当前设计管理器中创建了一个新元器件库文档，此时用户可以修改文档名，系统默认文档名为 Schlib1. Lib。

3）双击新建的元器件库文档图标，就可以进入原理图元器件库编辑器界面，如图 3-2 所示。

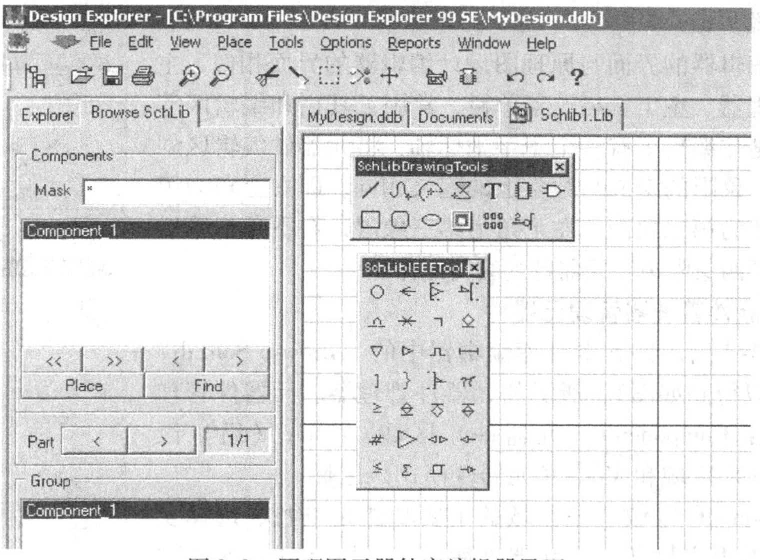

图 3-2　原理图元器件库编辑器界面

2. 通过系统元器件库进入元器件库编辑器

用户有时要进行添加元器件、修改元器件和删除元器件的操作，通过新建元器件库文档进行操作是一种方法，但通常是通过打开系统元器件库进行操作。

在Protel 99 SE中，元器件库是以项目数据库文档的形式保存的，通常将各公司的元器件分别保存在相应的项目数据库文档中。用户可以直接打开这些项目文档，然后对里面的元器件库进行编辑操作。

Protel 99 SE软件本身提供的原理图元器件库默认安装时保存在C：\ Program Files \ Design Explorer 99 SE \ Library \ Sch中。用户可以根据需要修改元器件的类型，双击相应的项目数据库文档，就会打开元器件库编辑器。

3. 从原理图编辑器切换到原理图元器件库编辑器

原理图元器件库是为绘制原理图服务的。设计原理图时需要调入元器件库，为了便于对元器件进行编辑，可以直接从原理图编辑器切换到原理图元器件库编辑器。

1）单击“Browse Sch”（元器件管理器）窗口中的Edit按钮。如果要编辑某个元器件，首先在原理图编辑器元器件列表中选择该元器件，然后单击元器件列表下方的Edit（编辑）按钮，这时会打开元器件库编辑器。这种方法适用于对系统元器件库元器件的编辑操作。

2）创建项目元器件库。项目元器件库实际上就是把整个项目中所用到的元器件整理并存入一个元器件库文件中。采用创建项目元器件库的方法也可以启动原理图元器件库编辑器。在原理图编辑器环境下，执行菜单Design/Make Project Library命令，这时会打开元器件库编辑器。

我们在使用的时候，要根据实际需要选择合适的方法。

3.1.2　元器件库的管理

当用户启动元器件库编辑器后，屏幕将出现如图3-2所示的元器件库编辑器界面。

元器件库编辑器的界面与原理图设计编辑器的界面相似，主要由元器件管理器、主工具栏、菜单栏、常用工具栏和编辑区等组成。不同的是在编辑区有一个十字坐标轴，将元器件编辑区划分为四个象限。象限的定义与数学上的定义相同，即右上角为第一象限，左上角为第二象限，左下角为第三象限，右下角为第四象限，一般在第四象限进行元器件的编辑工作。

1. 利用元器件管理器管理元器件

单击如图3-2所示的元器件库编辑器中的“Browse SchLib”选项卡，就可以得到如图3-3所示的元器件管理器。元器件管理器有4个区域：Components（元器件）区域、Group（组）区域、Pins（引脚）区域和Mode（元器件模式）区域。

（1）Components区域　该区域的主要功能是查找、选择及取用元器件。当用户打开一个元器件库时，元器件列表就会列

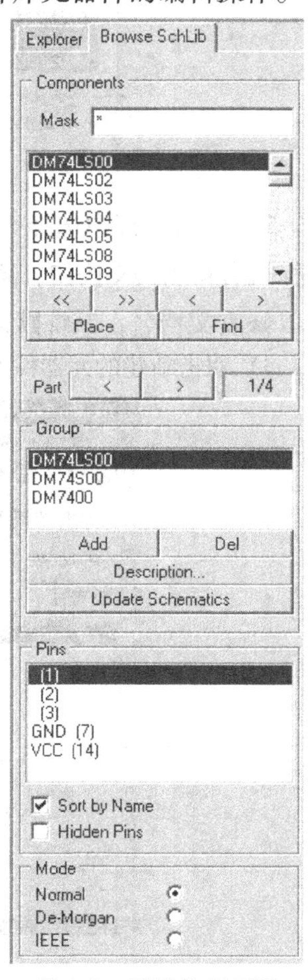

图3-3　元器件管理器

出元器件库内所有元器件的名称。将光标移动到某元器件名称上，则可在编辑区中显示这个元器件，然后单击 Place 按钮就可以取出该元器件。

- Mask：用于筛选元器件。元器件名称显示区位于 Mask 设置项的下方，它的功能是显示元器件库里的元器件名。
- << 按钮：选择元器件库中的第一个元器件。
- >> 按钮：选择元器件库中的最后一个元器件。
- < 按钮：选择上一个元器件。
- > 按钮：选择下一个元器件。
- Place 按钮：将所选元器件放置到电路图中。单击该按钮后，系统自动切换到原理图设计界面，同时原理图元器件编辑器退到后台运行。
- Find 按钮：查找元器件。单击该按钮后，系统将启动元器件搜索工具，搜索已经存在的元器件或元器件库。
- Part 按钮：该按钮是针对复合封装元器件而设计的。其右边有一个状态栏，其中分子表示当前的单元号，分母表示集成的元器件数。

（2）Group 区域　该区域的主要功能是查找、选择及取用元器件组。所谓元器件组，就是共用元器件符号的元器件，例如7400的元器件组有74LS00、74LS37、7426等，它们都是与非门元器件，引脚名称与编号都一致，所以可以共用元器件符号，以节省元器件库的空间。

- Add 按钮：添加元器件组，将指定的元器件名称归入元器件组。单击该按钮后，系统会出现如图3-4所示的对话框。输入指定的元器件名称，单击 OK 按钮可将指定的元器件添加到元器件组中。

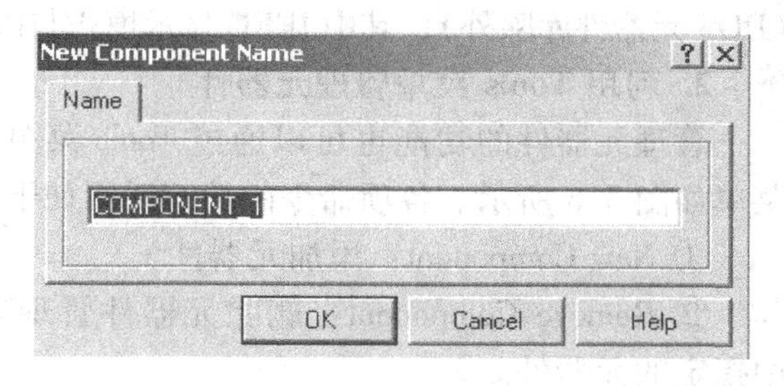

图3-4　添加元器件组对话框

- Del 按钮：将在元器件组的显示区内指定的元器件从该元器件组里删除。
- Description... 按钮：显示“Component Text Fields（元器件文字描述设置）”对话框，如图3-5所示。这个对话框共有 Designator、Library Fields 和 Part Field Names 三个选项卡。

Designator 选项卡包括如下选项：Default Designator（默认的元器件标号，如U?）、Sheet Part Filename（图样元器件文件名）、Description（关于本元器件功能的简要说明）和 Footprint（元器件封装形式，可以定义四种不同的封装形式）。

Library Fields 选项卡共有8栏，用户可根据自己的需要进行设置，它将会显示在元器件属性对话框中，但不能在原理图中对其进行修改，每栏最多能够容纳255个字符。

Part Field Names 选项卡共有16栏，用户可根据需要进行设置，比如输入元器件制造商和产品目录数等。每个数据栏最多能够容纳255个字符。当用户在绘制原理图中使用该元器件时，可以看到这些数据内容，用户可以对其进行修改。

- Update Schematics 按钮：更新电路图中有关该元器件的部分。单击该按钮后，系统

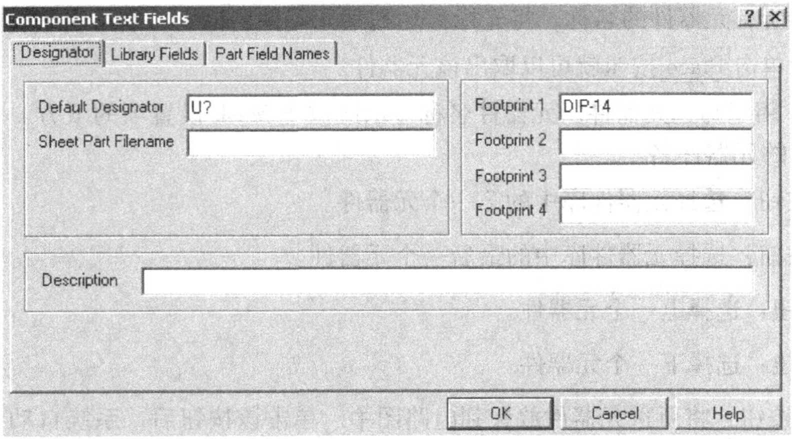

图 3-5　元器件文字描述设置对话框

将该元器件在元器件编辑器中所做的修改反映到原理图上。

（3）Pins 区域　该区域用于显示当前工作区中的元器件引脚的名称及状态信息。

- Sort by Name：指定按名称排列。
- Hidden Pins：设置是否在元器件图中显示隐含引脚。

（4）Mode 区域　该区域指定元器件的显示模式，包括 Normal（正常）、De-Morgan（狄摩根）和 IEEE 三种模式。一般元器件仅提供正常显示模式，只有逻辑电路才同时提供 3 种模式供用户选择（DOS 元器件库除外），其中 IEEE 显示模式与国家标准一致。

2. 利用 Tools 菜单管理元器件

管理元器件的功能也可以通过 Tools 菜单命令来实现，Tools 菜单如图 3-6 所示。各项命令的功能说明如下：

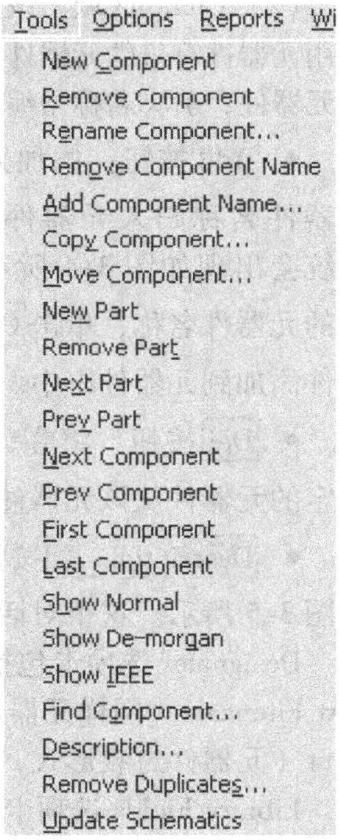

① New Component：添加元器件。

② Remove Component：删除元器件管理器 Components 区域中指定的元器件。

③ Rename Component...：修改元器件管理器 Components 区域中指定元器件的名称。

④ Remove Component Name：删除元器件组里指定的元器件名称。如果该元器件仅有一个元器件名称的话，连元器件图也会被删除。此命令相当于单击 Group 区域的 Del 按钮。

⑤ Add Component Name...：向元器件组中添加元器件名称。此命令相当于单击 Group 区域的 Add 按钮。

图 3-6　Tools 菜单

⑥ Copy Component...：将元器件复制到指定的元器件库中。单击此命令后，会弹出一个对话框，选择元器件库后单击 OK 按钮即可将该元器件复制到指定的元器件库中。此命令只在调入两个以上的元器件库时才有效。

⑦ Move Component...：将元器件移动到指定的元器件库中。单击此命令后，会弹出一个对话框，选择元器件库后单击 OK 按钮即可。此命令只在调入两个以上的元器件库时才有效。

⑧ New Part：在复合封装元器件中新增元器件。

⑨ Remove Part：删除复合封装元器件中的元器件。

⑩ Next Part：切换到复合封装元器件中的下一个元器件，相当于 Components 区域中 Part 右边的 > 按钮。

⑪ Prev Part：切换到复合封装元器件中的前一个元器件，相当于 Components 区域中 Part 右边的 < 按钮。

⑫ Next Component：切换到当前元器件的下一个元器件，相当于 Components 区域中 Find 上边的 > 按钮。

⑬ Prev Component：切换到当前元器件的前一个元器件，相当于 Components 区域中 Find 上边的 < 按钮。

⑭ First Component：切换到元器件库中的第一个元器件，相当于 Components 区域中的 << 按钮。

⑮ Last Component：切换到元器件库中的最后一个元器件，相当于 Components 区域中的 >> 按钮。

⑯ Show Normal：相当于 Mode 区域中的 Normal 选项。

⑰ Show De-morgan：相当于 Mode 区域中的 De-Morgan 选项。

⑱ Show IEEE：相当于 Mode 区域中的 IEEE 选项。

⑲ Find Component...：相当于 Components 区域中的 Find 按钮。

⑳ Description...：启动元器件描述对话框，相当于 Group 区域中的 Description... 按钮。

㉑ Remove Duplicates...：删除元器件库中重复的元器件名。

㉒ Update Schematics：将元器件库编辑器中所做的修改，更新到打开的原理图中，相当于 Group 区域中的 Update Schematics 按钮。

3.1.3　常用的元器件编辑工具

在 Protel 99 SE 的元器件库编辑器中，常用的元器件编辑工具包括元器件库绘图工具栏和 IEEE 符号工具栏，制作元器件可以利用元器件编辑工具来进行。

1. 元器件库绘图工具栏

元器件库编辑系统的绘图工具栏如图 3-7 所示，可以通过单击主工具栏的图标或执行菜单 View/Toolbars/Drawing Toolbar 命令来打开与关闭。

图 3-7　元器件库绘图工具栏

绘图工具栏中各个按钮的功能及它们对应的菜单命令说明如表 3-1 所示。

表3-1 元器件库绘图工具栏中各按钮的功能及对应的菜单命令

按 钮	功 能	对应的菜单命令
	画直线	Place/Line
	画贝塞尔曲线	Place/Beziers
	画椭圆弧	Place/Elliptical Arcs
	画多边形	Place/Polygons
T	放置文本	Place/Text
	添加新元器件	Tools/New Component
	添加复合元器件中的单元	Tools/New Part
	画矩形	Place/Rectangle
	画圆角矩形	Place/Round Rectangle
	画椭圆	Place/ Ellipses
	插入图片	Place/Graphic
	将剪贴板的内容阵列粘贴	Place/Paste Array
	放置元器件引脚	Place/Pins

另外，在 Place 菜单中还有一个 Pie Charts 命令用于画饼图。

2. IEEE 符号工具栏

IEEE 符号工具栏用于放置 IEEE（Institute of Electrical and Electronic Engineers）标准符号，如图3-8所示，可以通过单击主工具栏里的图标或执行菜单 View/Toolbars/IEEE Toolbar 命令来打开与关闭。

IEEE 符号工具栏中各个图标的功能及它们对应 Place/IEEE Symbols 菜单命令的说明如表3-2所示。IEEE 符号与我国的数字电路标准符号基本相同，主要用于逻辑电路。

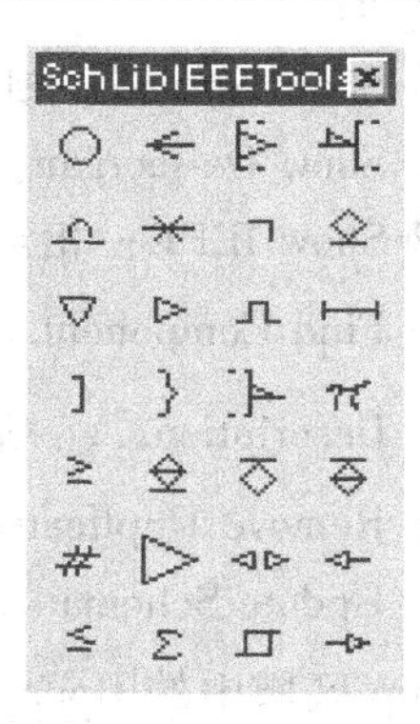

图3-8 IEEE 符号工具栏

表3-2 IEEE 符号工具栏中各按钮的功能及对应的菜单命令

按 钮	功能/菜单命令	按 钮	功能/菜单命令
	低态触发符号/Dot		低态触发输出/Active Low Output
	左向符号/Right Left Signal Flaw		π 符号/Pi Symbol
	上升沿触发时钟脉冲/Clock	≥	大于等于符号/Greater Equal
	低态触发输入符号/Active Low Input		上拉开集电极输出/Open Collector Pull Up
	模拟信号输入符号/Analog Signal In		发射极开路输出符号/Open Emitter

（续）

按　　钮	功能/菜单命令	按　　钮	功能/菜单命令
	无连接符号/Not Logic Connection		下拉发射极开路输出/Open Emitter Pull Up
	暂缓性输出符号/Postponed Output	#	数字信号输入符号/Digital Signal In
	集电极开路输出符号/Open Collector		反相器符号/Inverter
	三态输出符号/HIZ		双向符号/Input Output
	高输出电流符号/High Current		数据左移符号/Shift Left
	脉冲符号/Pulse	≤	小于等于符号/Less Equal
	延时符号/Delay	Σ	Σ（求和）符号/Sigma
]	多条 I/O 线组合符号/Group Line		施密特触发输入特性符号/Schmitt
}	二进制组合符号/ Group Binary		右移符号/Shift Right

另外，菜单 Place/IEEE Symbols 中的 Or Gate、And Gate 和 Xor Gate 分别为放置或门、与门和异或门符号。

3.1.4　元器件绘图工具的使用

1. 画直线

单击画直线按钮 ，此时鼠标的光标处多了一个"十"字符号，将光标移到适当的位置，单击鼠标左键，然后移动鼠标到合适位置，再单击左键即可。若要继续绘制，可重复上述操作，单击鼠标右键或按下Esc键可退出画直线状态。

在绘制直线的过程中，若按Tab键或在已绘制好的直线上双击鼠标左键，即可打开如图 3-9 所示的直线属性对话框，从中可以设置关于该直线的一些属性。

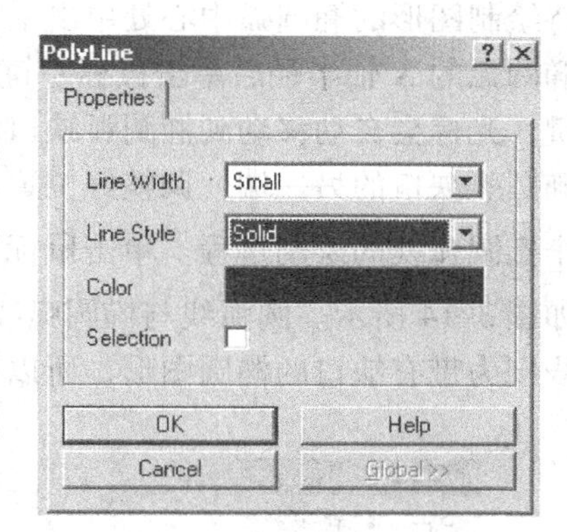

图 3-9　直线属性对话框

- Line Width：线宽，有 Smallest（最细）、Small（细）、Medium（中）和 Large（粗）4 种。
- Line Style：线型，有 Solid（实线）、Dashed（虚线）和 Dotted（点线）3 种。
- Color：线的颜色。
- Selection：切换选取状态。

单击已画好的直线，直线的两端会分别出现一个四方形的小黑点（称为控制点），如图 3-10 所示，可以通过拖动控制点来调整直线起点与终点的位置，也可以直接拖动直线本身来改变其位置。

图 3-10　具有控制点的直线

2. 画Bezier曲线

单击画Bezier曲线按钮，光标旁边会出现一个大“十”字符号，此时可以在图样上绘制曲线。当单击鼠标左键确定第一个点后，移动鼠标到适当的位置后再单击左键确定第二点，当确定的点数大于2个时，就可以生成一条曲线，当只有2个点时，就生成了一直线。单击鼠标右键结束画线状态。绘制Bezier曲线的过程如图3-11所示。

单击已画好的Bezier曲线，则会显示绘制曲线时生成的控制点，如图3-12所示，这些控制点其实就是绘制曲线时确定的点。

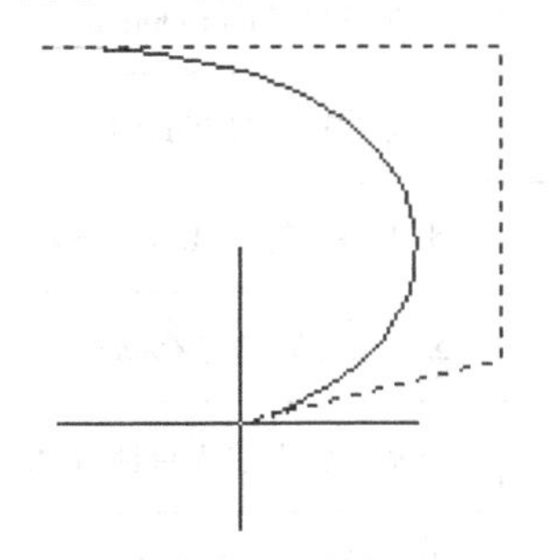
图3-11 绘制Bezier曲线示意图

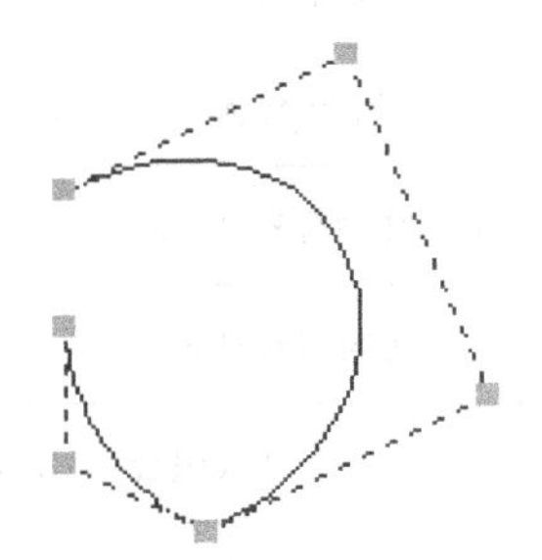
图3-12 Bezier曲线的控制点

在画曲线的过程中，若按Tab键或双击已画好的曲线，则系统会弹出如图3-13所示的Bezier曲线属性对话框，它与直线属性对话框相类似。

3. 画椭圆弧

单击画椭圆弧按钮，光标旁边会出现一个“十”字符号并带有一个椭圆弧。首先在待绘制图形的椭圆弧中心处单击鼠标左键，然后移动鼠标会出现椭圆弧预拉线；接着调整好椭圆弧的X轴半径后单击鼠标左键，然后移动鼠标调整好椭圆弧的Y轴半径后单击鼠标左键，光标会自动移动到椭圆弧缺口的一端，调整好位置后单击鼠标左键，光标会自动移动到椭圆弧缺口的另一端，调整好位置后单击鼠标左键，就结束了该椭圆弧的绘制，并进入下一个椭圆弧线的绘制过程。单击鼠标右键或按Esc键，可结束绘制椭圆弧操作，绘制的椭圆弧如图3-14所示。圆弧线与椭圆弧线略有不同，圆弧线实际上是带有缺口的圆形，而椭圆弧线则为带有缺口的椭圆图形，所以利用绘制椭圆弧线的功能也可以绘制出圆弧线。

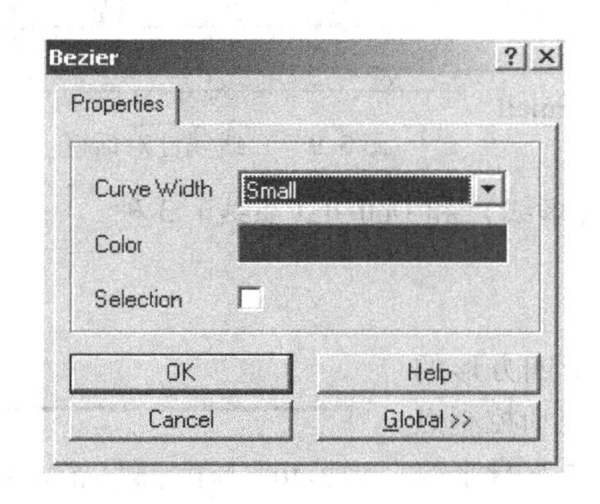

图3-13 Bezier曲线属性对话框

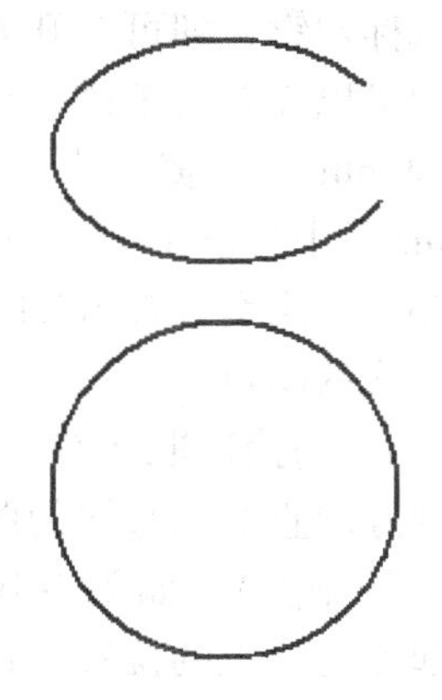
图3-14 绘制的椭圆弧

在绘制椭圆弧线的过程中按Tab键，或者双击已绘制好的椭圆弧线，可打开其属性对话框，如图 3-15 所示，可以设置椭圆弧的属性，其中：

- X-Location、Y-Location：中心点的坐标。
- X-Radius、Y-Radius：X 轴和 Y 轴半径。
- Line Width：线宽。
- Start Angle：缺口起始角度。
- End Angle：缺口结束角度。
- Color：线条颜色。
- Selection：切换选取状态。

用鼠标左键单击已绘制好的椭圆弧，此时其半径及缺口端点处会出现控制点，拖动这些控制点可以调整椭圆弧线的形状，也可以直接拖动椭圆弧线本身来调整其位置。

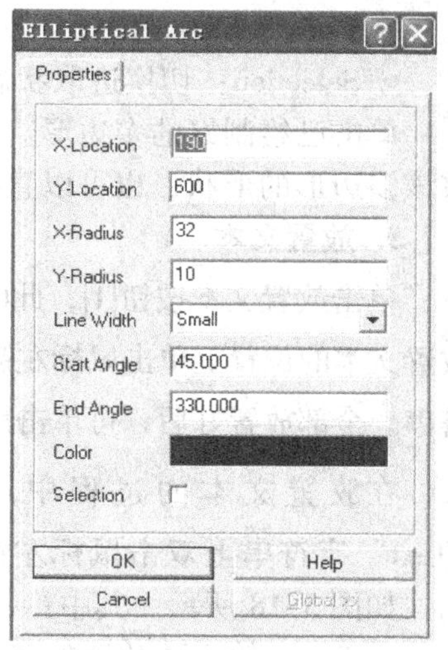

图 3-15　椭圆弧属性对话框

4. 画多边形

所谓多边形（Polygon），是指利用鼠标光标依次定义出图形的各条边所形成的封闭区域。

单击画多边形按钮，光标旁边会出现一个“十”字符号，在要绘制图形的一个角处单击鼠标左键，移动鼠标到第二个角处单击鼠标左键便形成一条直线，再移动鼠标，这时会出现一个随鼠标指针移动的预拉封闭区域，确定后单击左键，然后依次移动鼠标到待绘制图形的其他角处并单击鼠标左键。此时，单击鼠标右键就会结束当前多边形的绘制，进入下一个绘制多边形的过程。绘制的多边形如图 3-16 所示。

在绘制多边形的过程中，按Tab键或在已绘制好的多边形上双击鼠标左键，就会打开多边形属性对话框，如图 3-17 所示，可以从中设置该多边形的一些属性，其中：

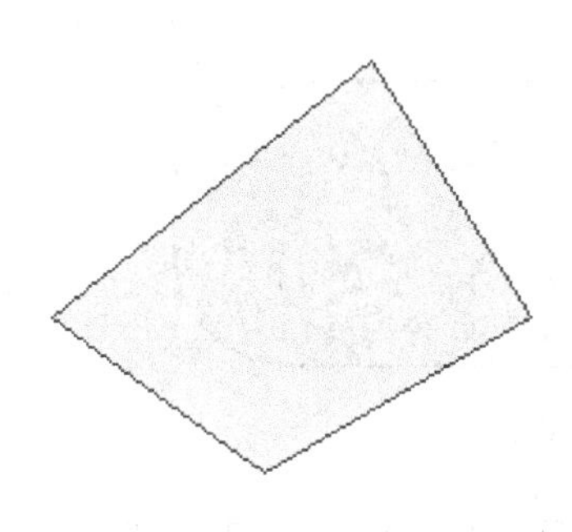

图 3-16　绘制的多边形

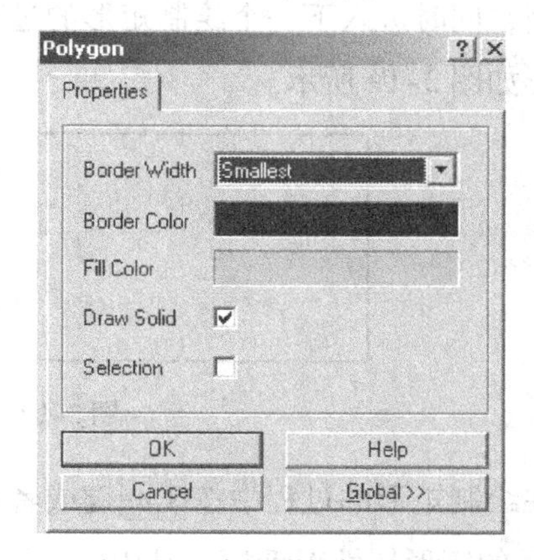

图 3-17　多边形属性对话框

- Border Width：边框宽度。
- Border Color：边框颜色。
- Fill Color：填充颜色。

- Draw Solid：选中设置为实心多边形。
- Selection：切换进取状态。

单击已绘制好的多边形，则在多边形的各个角都会出现控制点，拖动这些控制点可以调整该多边形的形状，也可以直接拖动多边形本身调整其位置。

5. 放置文本

单击放置文本按钮T，此时鼠标光标旁边出现一个“十”字光标和一个虚线框，在想要放置文本的位置上单击鼠标左键，会出现一个名为“Text”的字符串，并可继续放置下一个字符串。全部放置好后，可单击鼠标右键或按Esc键退出。

在放置文本的过程中，若按Tab键或者直接在“Text”字符串上双击鼠标左键，即可打开文本属性对话框，如图3-18所示。其中：

- Text：输入要放置的字符串（只能是一行）。
- X-Location、Y-Location：字符串的X、Y坐标。
- Orientation：字符串的放置角度。
- Color：字符串的颜色。
- Font：字体。
- Selection：切换选取状态。

如果想修改文字的字体，可以单击Change...按钮打开字体设置对话框，此时可以设置字体及字号大小等。

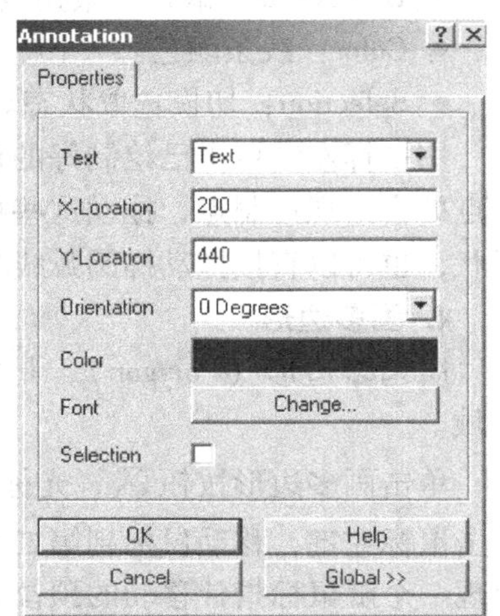

图3-18 文本属性对话框

6. 画矩形和圆角矩形

（1）画矩形 单击画矩形按钮，此时光标旁边会出现一个“十”字符号，在要绘制矩形的一个角上单击鼠标左键，然后移动鼠标到矩形的对角，再单击鼠标左键，即完成矩形的绘制，同时进入下一个绘制矩形的过程。单击鼠标右键或按Esc键可退出绘制状态，绘制的矩形如图3-19所示。

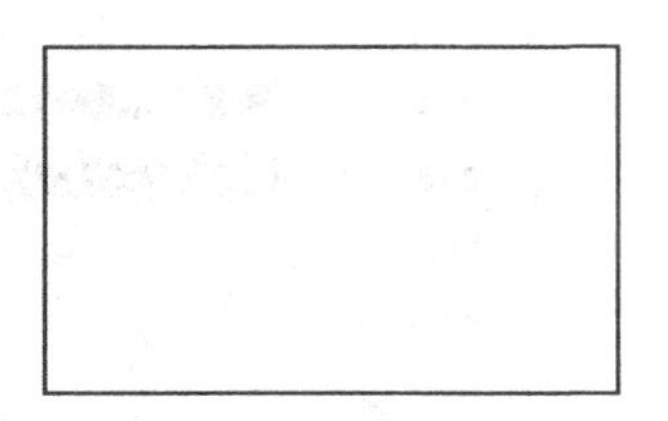

图3-19 绘制的矩形和圆角矩形

在绘制矩形的过程中按Tab键或者在已绘制好的矩形上双击鼠标左键，则会打开如图3-20所示的矩形属性对话框，其中：

- X1-Location、Y1- Location：矩形左上角坐标。
- X2-Location、Y2-Location：矩形右下角坐标。
- Border Width：边框宽度。
- Border Color：边框颜色。

- Fill Color：填充颜色。
- Selection：切换选取状态。
- Draw Solid：设置为实心多边形。

（2）画圆角矩形　单击画圆角矩形按钮，按照画矩形的方法可画出圆角矩形，如图 3-19 所示。在绘制圆角矩形的过程中按 Tab 键或者在已绘制好的圆角矩形上双击鼠标左键，则会打开如图 3-21 所示的圆角矩形属性对话框，该对话框比矩形属性对话框多了两项：

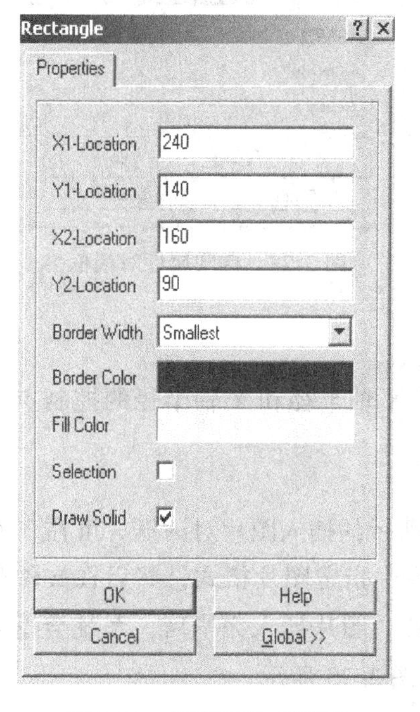

图 3-20　矩形属性对话框

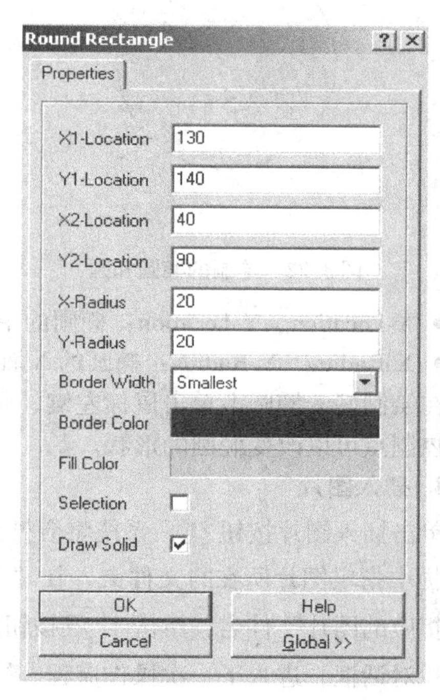

图 3-21　圆角矩形属性对话框

- X-Radius：4 个圆角的 X 轴半径。
- Y-Radius：4 个圆角的 Y 轴半径。

如果在已绘制好的矩形或圆角矩形上单击鼠标左键，会出现控制点，拖动这些控制点可以调整矩形或圆角矩形的形状。

7. 画椭圆和圆

单击画椭圆按钮，此时光标旁边会出现一个“十”字符号，首先在要绘制图形的中心点处单击鼠标左键，然后移动鼠标会出现预拉椭圆线，分别在适当的 X 轴半径处与 Y 轴半径处单击鼠标左键，即可完成该椭圆的绘制，同时进入下一个椭圆的绘制过程。如果设置的 X 轴的半径与 Y 轴的半径相等，则可以绘制圆，所以利用绘制椭圆命令也可绘制出标准的圆。单击鼠标右键或按 Esc 键可退出绘制状态，绘制的图形如图 3-22 所示。

在绘制椭圆的过程中，按 Tab 键或在已绘制好的椭圆上双击鼠标左键，则可打开如图 3-23所示的椭圆属性对话框，其中：

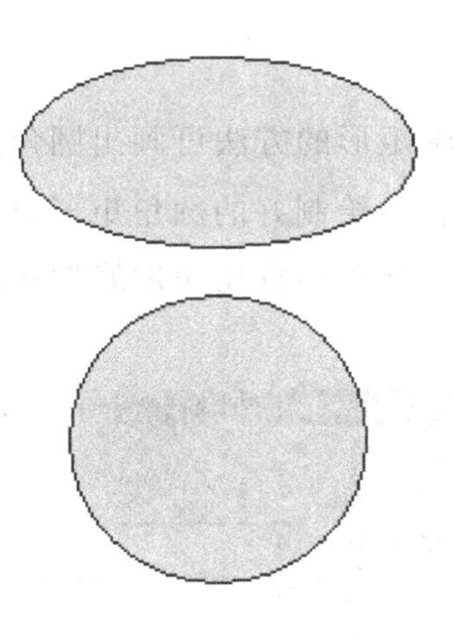

图 3-22 绘制的椭圆和圆

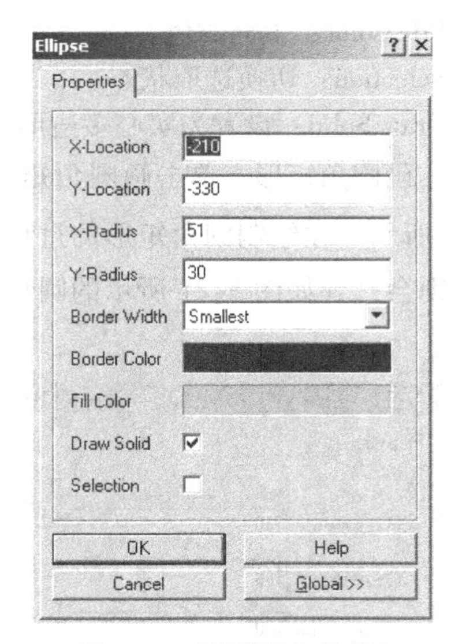

图 3-23 椭圆属性对话框

- X-Location、Y-Location：椭圆的中心点坐标。
- X-Radius、Y-Radius：椭圆的 X 轴、Y 轴半径。

在绘制好的椭圆上单击鼠标左键，则会出现关于 X 轴半径和 Y 轴半径的控制点，拖动这些控制点可以改变椭圆的形状。

8. 插入图片

单击插入图片按钮，系统将会打开如图 3-24 所示的插入图片对话框，可在“查找范围”栏中指定图片所在的文件夹，在“文件类型”栏中指定图片格式，然后在文件列表中选定相应的图片文件名，单击打开按钮即可插入图片。图片插入完毕后，系统会返回到插入图片对话框，进入下一次操作流程。插入的图片如图 3-25 所示。

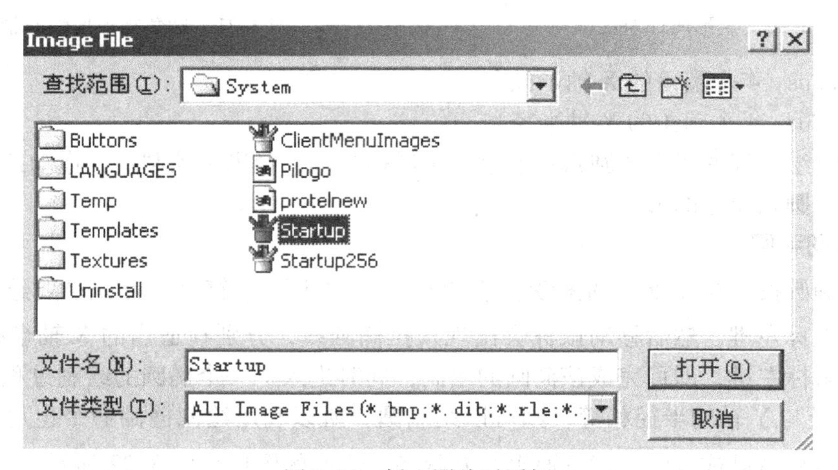

图 3-24 插入图片对话框

在插入图片的过程中按Tab键或双击已插入的图片，可打开如图 3-26 所示的图片属性对话框，其中：

图3-25　插入的图片

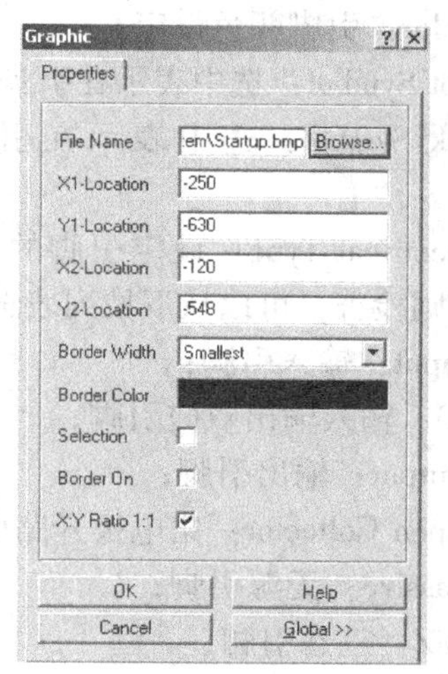

图3-26　图片属性对话框

- File Name：图片的文件名，单击右边的Browse按钮，可打开一个与Image File对话框很相似的“打开文件”对话框，可以重新指定图片所对应的文件。
- X1-Location、Y1-Location：矩形左上角坐标。
- X2-Location、Y2-Location：矩形右下角坐标。
- Border On：设置是否显示边框，选中为显示。
- X: Y Ratio 1:1：保持X轴与Y轴比例。

单击已放置好的图片，则在图片的四个角及四个边的中心点处都会出现控制点，用鼠标拖动这些控制点可以调整图片的大小。

9. 放置元器件引脚

单击放置元器件引脚按钮，此时光标旁边会出现一个大“十”字符号及一条短线，该短线的一端带有一个黑点（电气端），这就是引脚。按空格键可使引脚旋转至合适的位置（带黑点的一端应朝外），单击鼠标左键完成一个引脚的放置，单击鼠标右键可结束操作。放置的引脚如图3-27所示。

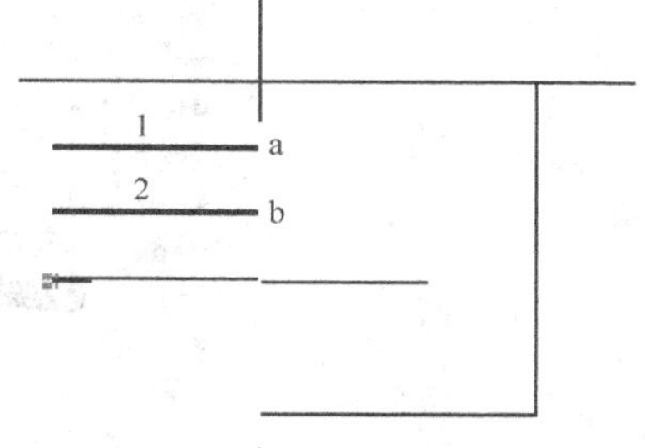

图3-27　放置的引脚

在放置引脚的过程中按Tab键或在放置好的引脚上双击鼠标左键，则会打开引脚属性对话框，如图3-28所示，此时可以进行引脚属性的修改。

引脚属性对话框中各操作项的意义如下：

- Name：引脚名，引脚旁边的字符，可以进行修改。
- Number：引脚号，引脚上边的符号，可以进行修改。
- X-Location：引脚X轴方向的位置。
- Y-Location：引脚Y轴方向的位置。
- Orientation：引脚方向选择，可以从下拉列表中选择。

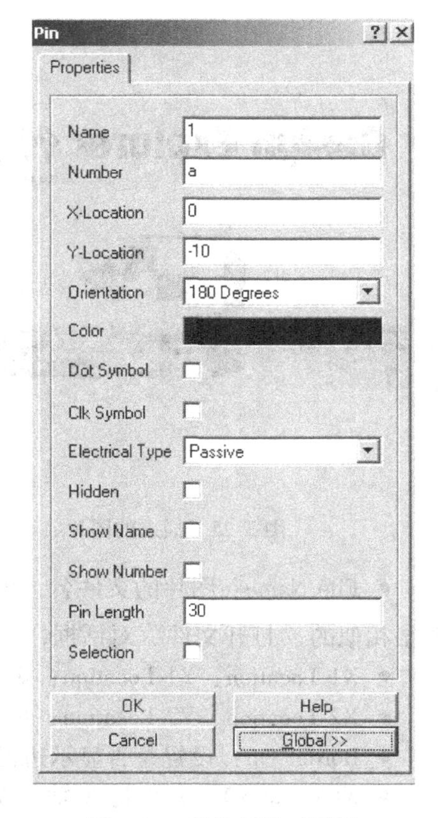

图 3-28　引脚属性对话框

- Color：引脚颜色设定。
- Dot Symbol：选中表示在引脚上加一圆点。
- Clk Symbol：选中表示在引脚上加一个时钟符号。
- Electrical Type：设定引脚的电气特性，主要用于电气规则检查，可以从下拉列表选项中选择，其中：

  ① Input：输入引脚；
  ② IO：输入输出双向引脚；
  ③ Output：输出引脚；
  ④ Open Collector：集电极开路引脚；
  ⑤ Passive：无源引脚；
  ⑥ HiZ：三态引脚；
  ⑦ Open Emitter：发射极开路引脚；
  ⑧ Power：电源地线引脚。

- Hidden：是否隐藏该引脚，选中为隐藏，否则为不隐藏。
- Show Name：是否显示引脚名，选中为显示，否则为不显示。
- Show Number：是否显示引脚号，选中为显示，否则为不显示。
- Pin Length：设置引脚的长度。
- Selection：确定是否选中引脚。
- Global >> 按钮：单击该按钮可进入引脚全局属性对话框，如图 3-29 所示。

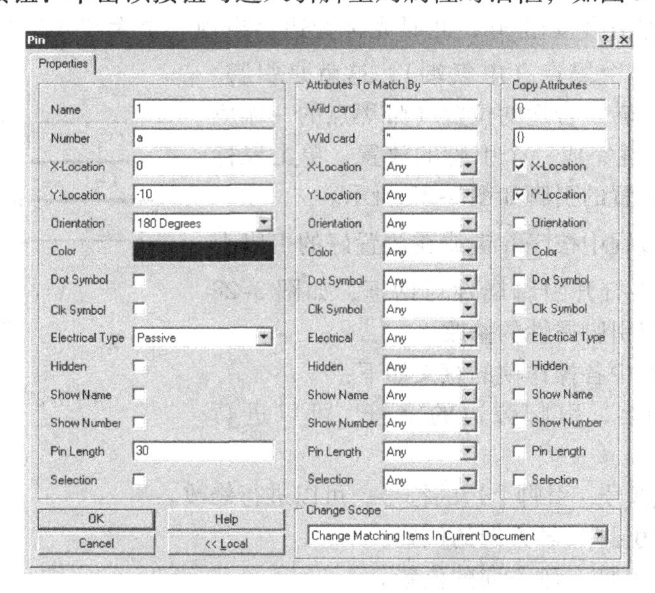

图 3-29　引脚全局属性对话框

在 Attributes To Match By 区域中的 Wild card 设置项内，填入“ * ”表示不管电路图中其他的引脚名或引脚号是什么，都符合整体修改；也可以指定某个特定的名称，表示整个电路图中所有同名的名称都符合整体修改条件。

在 Copy Attributes 区域中，“ {} ”用以指定如何修改。例如，要将已放置在引脚图中的 N1、N2、N3……引脚名称更改为 D1、D2、D3……，那么在 Wild card 设置项中填入“N * ”，在 Copy Attributes 区域中填入“ {N = D} ”，最后单击 OK 按钮，即可完成引脚名的整体修改。

任务 3.2　元器件的制作

任务描述

1）在 Miscellaneous Devices. lib 元器件库中添加如图 3-30 所示的四路旋转开关 SW-4WAY 元件（可由 SW-6WAY 修改而成）。

2）新建元器件库文件 D：\ EDA. ddb \ Mylib1. lib，把 Miscellaneous Devices. lib 库中的晶体管 NPN 复制到 D：\ EDA. Ddb \ Mylib1. lib 元器件库中，修改成如图 3-36 所示的 NPN-1 元器件，并以 NPN-1 作为元器件名保存。

3）在 D：\ EDA. Ddb \ Mylib1. lib 元器件库文件中制作如图 3-39 所示的七段 LED 数码管，以元器件名称 LED-7 保存。

4）在 D：\ EDA. Ddb \ Mylib1. lib 元器件库中制作 D 触发器（带有两个子件 A 和 B），如图 3-46 所示，并以元器件名称 74LS74 保存。

任务目标

掌握新建元器件库及制作分立元器件和带有子件的集成元器件的方法。

任务实施

采用对已有元器件图形进行修改和绘制新元器件两种方法介绍分立元器件的制作方法，然后介绍带有子件的集成元器件的制作。

电子元器件的种类繁多，形状各异，制作元器件的工作往往比较费时。在实际工作中，通常有两种情况：第一种情况是系统元器件库中有与所需要的元器件类似的图形符号，这时只需调出稍作修改，变成新元器件的图形符号，并以新元器件的名称存入元器件库中即可；第二种情况是现有元器件库中没有与所需要的元器件类似的图形符号，这时就必须进行新元器件的创建与绘制。

3.2.1　分立元器件的制作

1. 对已有元器件图形进行修改

对已有元器件图形进行修改并存入元器件库有两种情况：第一种情况是修改好元器件后以新元器件名添加到原元器件库中；第二种情况是以原元器件图形作为母本复制到新库中再

进行修改并保存。

（1）修改元器件后以新元器件名添加到原元器件库中 在 Miscellaneous Devices. lib 库中添加四路旋转开关 SW-4WAY 元件（由 SW-6WAY 修改而成），如图 3-30 所示。具体步骤如下：

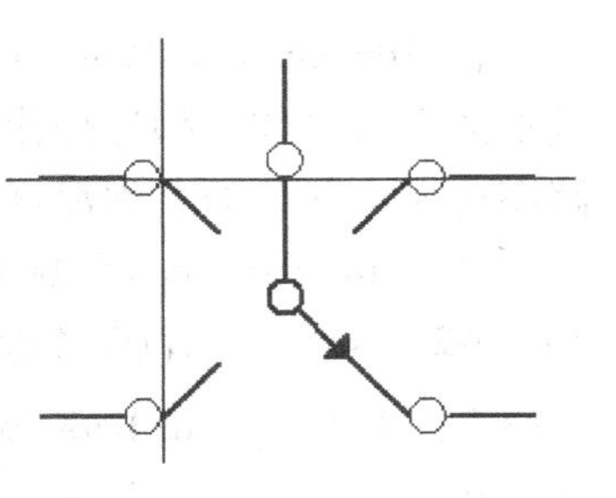
图 3-30 SW-4WAY 元件

1）首先进入原理图编辑状态，单击“Browse Sch”选项卡，在“Browse”下拉列表中选择“Libraries”栏并选取 Miscellaneous Devices. lib 库（假设该库已装入），找到元件 SW-6WAY，如图 3-31 所示。单击 Edit 按钮，进入元件编辑状态，如图 3-32 所示。

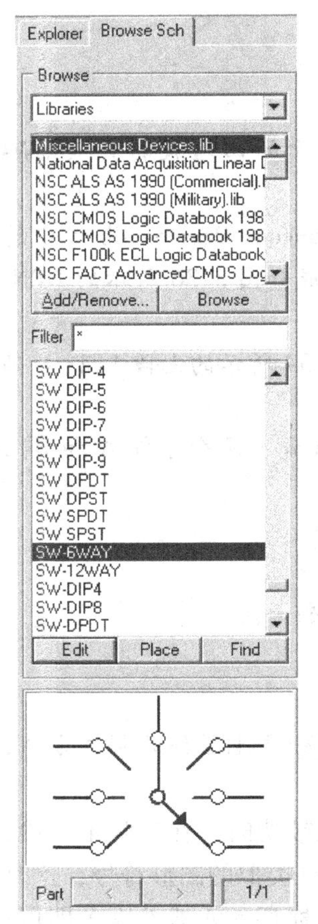

图 3-31 查找元件

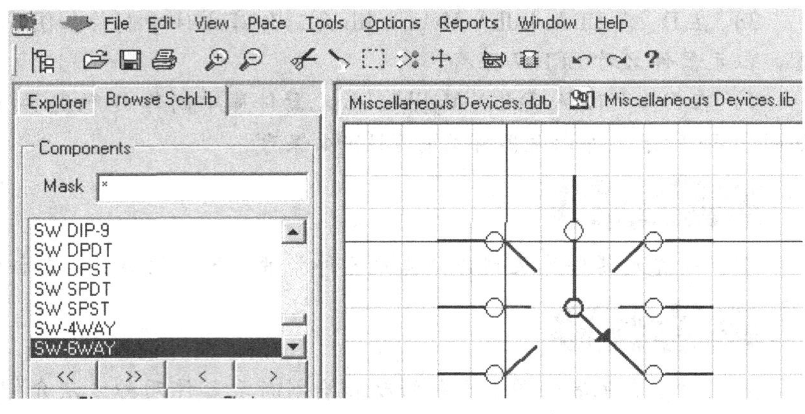

图 3-32 SW-6WAY 元件的编辑状态

2）执行菜单 Edit/Select/All 命令，这时编辑区内的 SW-6WAY 图形全部被选取。

3）执行菜单 Edit/Copy 命令，对被选取的元件进行复制，然后单击按钮撤消元件的选取状态。

4）单击新建元器件图标或执行菜单 Tools/New Component 命令，打开新元器件名对话框，在“Name”框内将元器件命名修改为 SW-4WAY，如图 3-33 所示。单击 OK 按钮进

入SW-4WAY元器件的编辑状态。

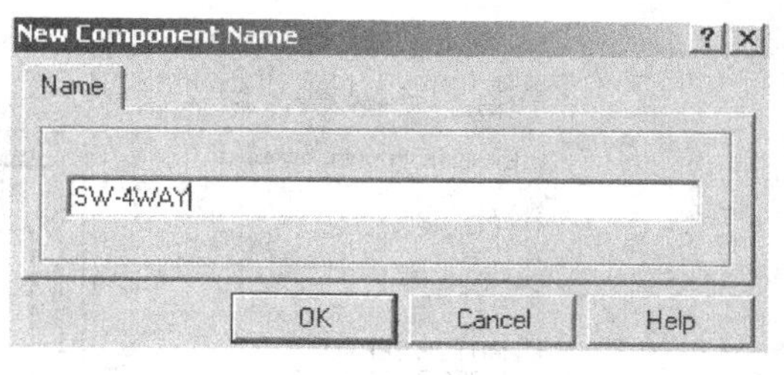

图3-33　新元器件名对话框

5）按PageUp键将元器件绘图页的4个象限相交点处放大到足够大，因为一般元器件均是放置在第四象限，而象限交点即为元器件的基准点。单击粘贴按钮，将元件图形粘到编辑区的第四象限，并撤消元件的选取状态。

6）执行菜单Edit/Delete命令，删除多余引脚及其他线，双击元器件的引脚，打开引脚属性对话框，将“Show Name”和“Show Number”复选框选中，单击OK按钮，此时会显示每个引脚名和引脚号，如图3-34所示。

7）将SW-4WAY元器件的引脚名和引脚号按图3-35所示的顺序进行设置，并隐藏引脚名和引脚号，就可得如图3-30所示的元器件。

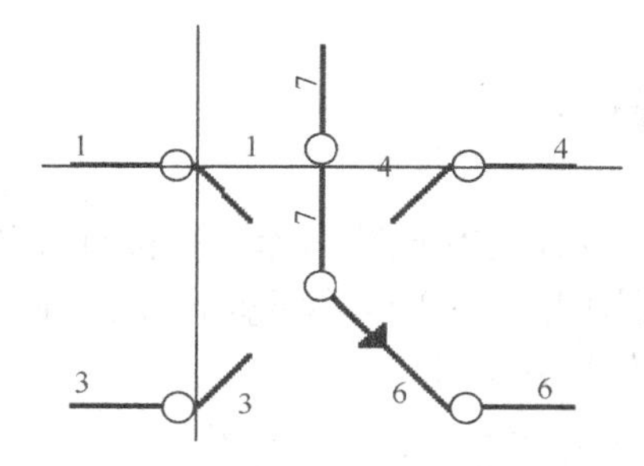

图3-34　显示引脚名和引脚号

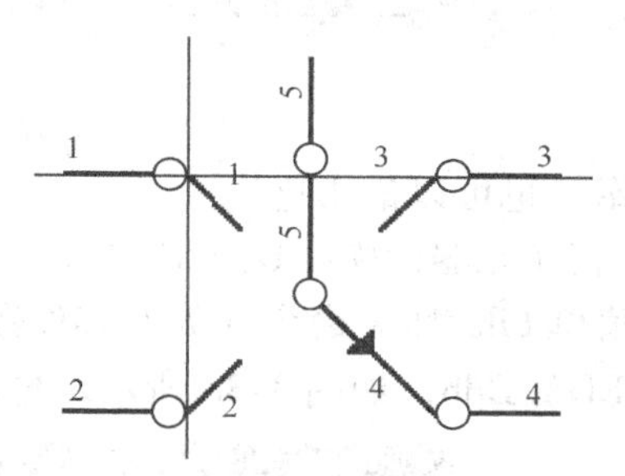

图3-35　SW-4WAY的引脚名和引脚号

8）单击存盘按钮或执行菜单File/Save命令保存元器件，修改完毕。

（2）以原元器件图形作为母本复制到新库中再进行修改并保存　把Miscellaneous Devices. lib库中的晶体管NPN复制到D：\ EDA. Ddb的Mylib1. lib子库中，修改后以NPN-1元器件名保存，如图3-36所示。具体步骤如下：

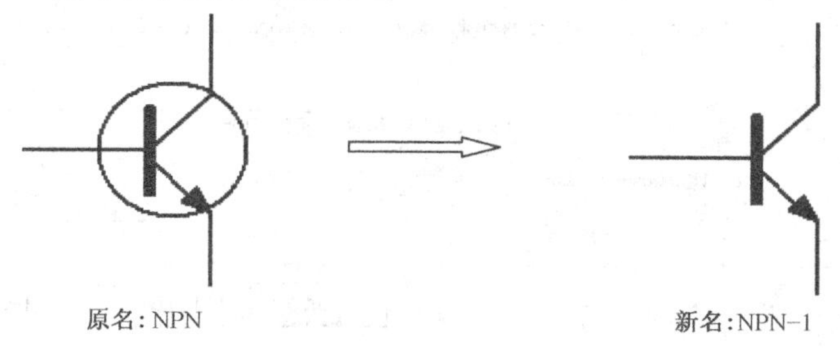

图3-36　按要求修改元器件图形

1）在管理器“Browse Sch”选项卡找到Miscellaneous Devices. lib库中的NPN元器件（方法同前面），单击Edit按钮，进入元器件编辑状态，如图3-37所示。

2）执行菜单Edit/Select/All命令，这时编辑区内的晶体管图形全部被选取。

3）执行菜单Edit/Copy命令，对被选取的元器件进行复制，然后单击按钮（或执行菜单Edit/DeSelect/All命令）撤消元器件的选取状态，最后关闭Miscellaneous Devices. ddb

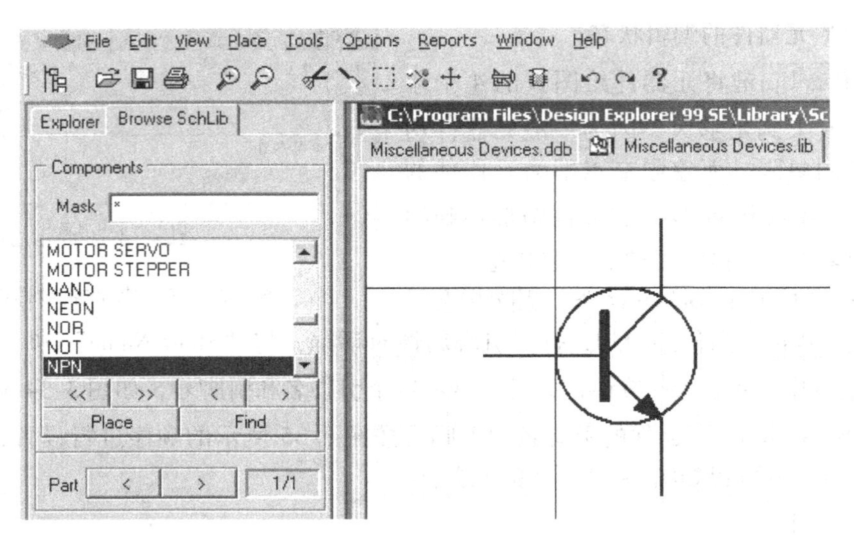

图 3-37　NPN 元器件的编辑状态

元器件库（也可以最小化）。

4）新建元器件库“D：\ EDA. Ddb \ Mylib1. lib”。在没有其他数据库文档被打开的情况下，用菜单 File/New 命令（如有其他数据库文档打开则用 File/New Design 命令）建立设计数据库 EDA. Ddb，如图 3-38 所示。再新建元器件子库 Mylib1. lib。

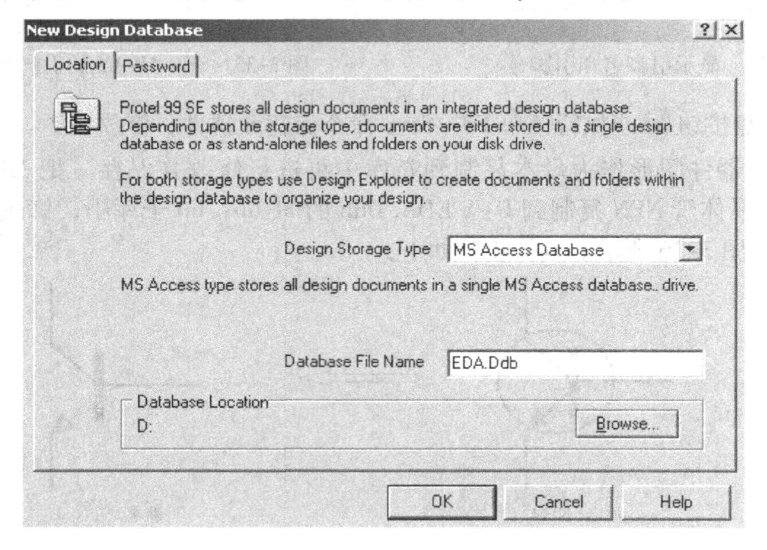

图 3-38　建立设计数据库 EDA. Ddb

5）单击新建元器件按钮 或执行菜单 Tools/New Component 命令打开新元器件名对话框（如图 3-33 所示），在“Name”框内输入新元器件名 NPN-1，单击 OK 按钮进入元器件的编辑状态。

6）单击粘贴按钮 ，将元器件图形粘到新库编辑区的第四象限，并撤消元器件的选取状态。

7）执行菜单 Edit/Delete 命令，删除晶体管图形上的圆圈，则可得图 3-36 所示新晶体管 NPN-1 的图形。

8）执行菜单 File/Save 命令保存元器件，修改完毕。

2. 分立元器件的创建

当现有元器件库中没有与所要的元器件类似的图形符号，应进行新元器件的制作。下面以七段数码管 LED-7 为例（如图 3-39 所示），说明分立元器件的绘制方法。具体操作步骤如下：

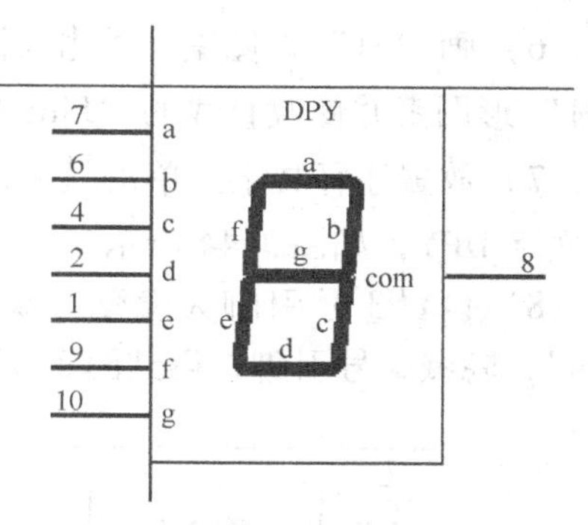

图 3-39　七段 LED 数码管

1）建立新元器件编辑环境。打开元器件库文档 “D：\ EDA. Ddb \ Mylib1. lib”，执行菜单 Tools/Rename Component 命令，弹出新元器件名对话框（如图 3-33 所示），在 “Name” 框内输入新元器件名 LED-7，单击 OK 按钮进入新元器件的编辑状态。

2）画矩形。单击元器件绘图工具栏上的画矩形按钮，将大 “十” 字形指针中心移动到坐标原点处，单击鼠标左键，把它定为矩形的左上角；移动鼠标指针到矩形的右下角，再单击鼠标左键并结束这个矩形的绘制过程。矩形的大小为 6 格 ×8 格，画矩形如图 3-40 所示。

3）放置元器件引脚。单击放置引脚按钮，把鼠标移到矩形边框处，按空格键旋转引脚使引脚上带黑点的一端向外，单击鼠标左键确定，如图 3-41 所示。

注意：元器件引脚必须放在网格上且带黑点的一端向外。为了方便操作，执行菜单 Option/Document Option 命令，打开环境设置对话框，选中 “Grids” 栏的 “Snap（捕捉）” 项，并设置其网格值与 “Visible（可视）” 项网格值相等（默认情况下两种网格均已选中且值相等，为 10mils）。

4）编辑引脚属性。双击引脚，打开引脚属性对话框，如图 3-28 所示，在对话框中对引脚进行属性修改，修改引脚属性后的图形如图 3-42 所示。本例中用到的设置项有：

- Name：引脚名，字母 a ~ g 和 com。
- Number：引脚编号，数字 1 ~ 10。
- Show Name：显示引脚名，本例中选中。
- Show Number：显示引脚号，本例中选中。
- Pin Length：引脚长度，本例取 20。

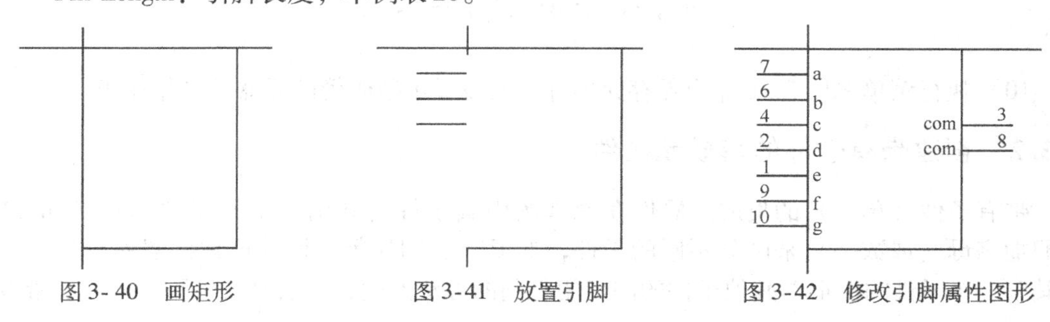

图 3-40　画矩形　　图 3-41　放置引脚　　图 3-42　修改引脚属性图形

5）设置环境对话框。为了方便绘制“日”形图案，打开环境设置对话框，设置“Snap（捕捉）”网格值为5。

6）画“日”形图案。单击绘图工具栏中的画直线按钮 ⁄ ，在前面绘制的矩形框中画“日”形图案并修改直线的“Line Width”（线宽）为“Medium”（中），如图3-43所示。

7）放置注释文字。单击 T 按钮，在“日”形图案旁放置注释文字a～g、上方放置注释文字DPY，如图3-44所示。

8）设置3号引脚为隐藏。双击3号引脚，在弹出的引脚属性对话框中，选中“Hidden”，隐藏3号引脚，得到图3-39所示的LED-7的图形。

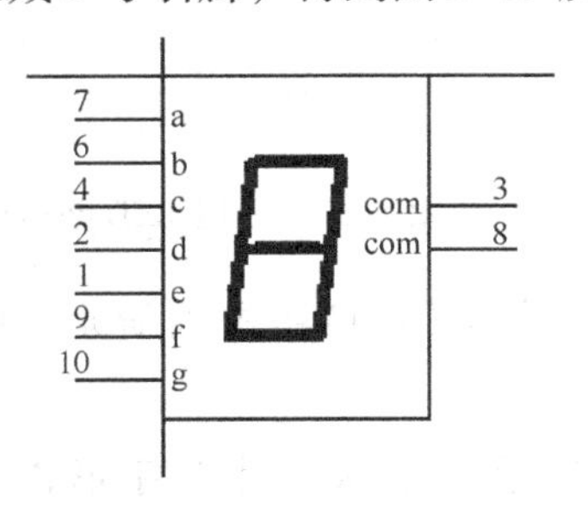

图3-43　绘制“日”形图案

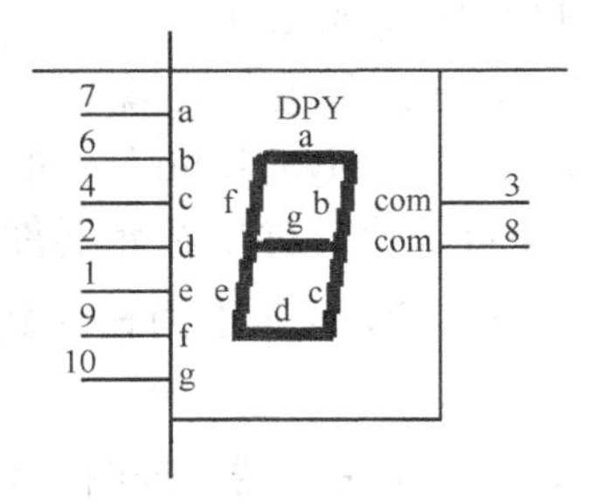

图3-44　放置注释文字的图形

9）定义元器件属性。单击元器件管理器的 Description 按钮，系统将弹出图3-45所示的元器件文本设置对话框。按照图中的设置：“Default Designator”（默认标号）栏为“DS?”，“Footprint1”（元器件封装）栏为“LED-7”，“Description”（描述）栏为“Seven-Segment Display”。单击 OK 按钮确定。

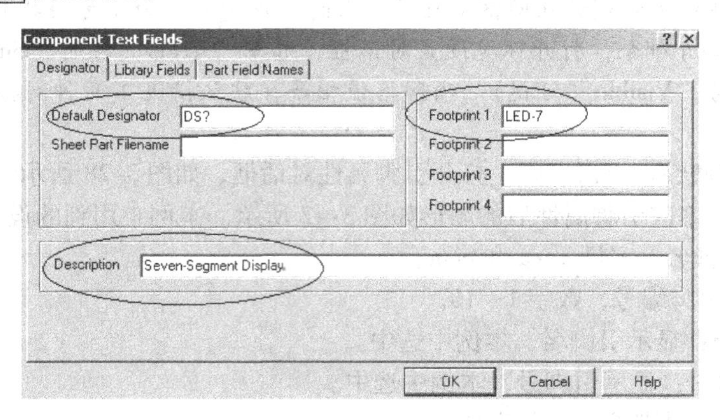

图3-45　元器件文本设置对话框

10）执行菜单File/Save命令保存元器件，七段显示数码管的元器件制作完毕。

3.2.2　创建带有子件的集成元器件

带有子件（单元）的集成元器件在原理图中其子件仍共用一个元器件标号（如U1），后面加字母（或数字）来区分不同的子件，如U1A、U1B等。设计这种元器件图形时只需画其中一个子件的图形，其他子件的图形用复制的方法产生，然后修改引脚号即可。带有子

件的集成元器件在数字集成电路中使用较多，如逻辑门、触发器等。

现在利用前面介绍的绘图工具，绘制具有低电平复位端和置位端、上升沿触发的D触发器74LS74（带有两个子件A和B），如图3-46所示，并将它保存在“D：\ EDA. Ddb \ Mylib1. lib”元器件库中，具体操作步骤如下。

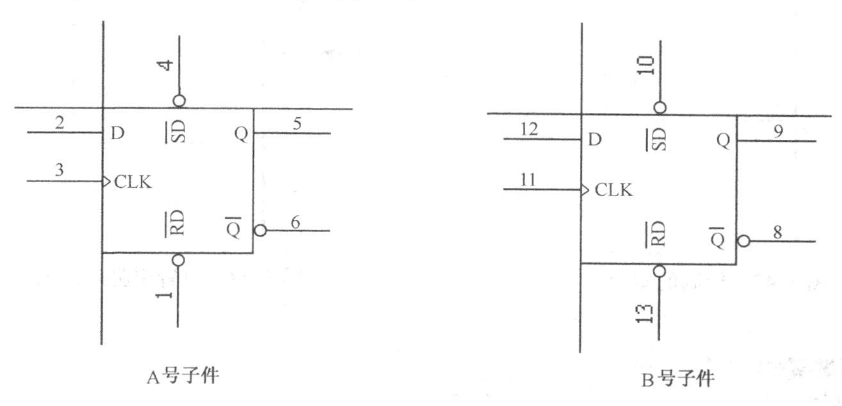

图3-46 D触发器74LS74

1. 建立新元器件编辑环境

打开元器件库文档“D：\ EDA. Ddb \ Mylib1. lib”，进入元器件编辑状态，利用菜单Tools/Rename Component命令或Tools/New Component命令弹出新元器件名对话框（如图3-33所示），在“Name”框内输入新元器件名称74LS74，单击 OK 按钮进入新元器件的编辑状态。

2. 显示第四象限

按Page Up键或单击放大图样按钮，将元器件绘图页的四个象限的相交点处放大到合适程度（因为一般元器件均是放置在第四象限，而象限交点为元器件的基准点）。

3. 画矩形

单击画矩形按钮，此时鼠标指针旁边会多出一个大“十”字形符号，将大“十”字形指针的中心移动到坐标轴原点处，单击鼠标左键，把它定为矩形的左上角；移动鼠标指针到矩形的右下角，使矩形的大小为6格×6格，再单击鼠标左键，绘制的矩形如图3-47所示。

4. 放置元器件引脚

单击放置元器件引脚按钮，切换到放置引脚模式，此时鼠标指针旁边会多出一个大“十”字符号及一条短线，此时按 Tab 键可进入引脚编辑属性对话框，如图3-28所示，将Pin Length（引脚长度）修改为30。接着分别放置8根引脚（在数字逻辑电路中的电源和接地引脚一般都是隐藏的），如图3-48所示，放置引脚时按空格键旋转引脚，使大“十”字形符号处于矩形边框上（带黑点的一端向外）。

5. 编辑引脚属性（A号子件）

双击需要编辑的引脚，打开引脚属性对话框，对引脚的属性进行修改。编辑1号引脚的属性如图3-49所示，其他引脚的修改方式如表3-3所示，引脚属性修改后的图形如图3-50所示。

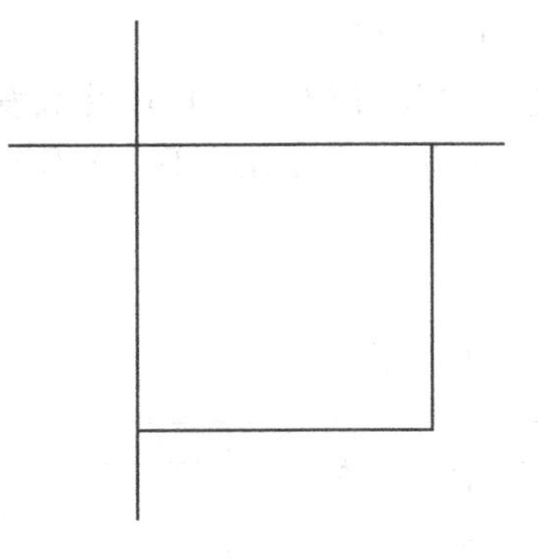

图 3-47　绘制的矩形

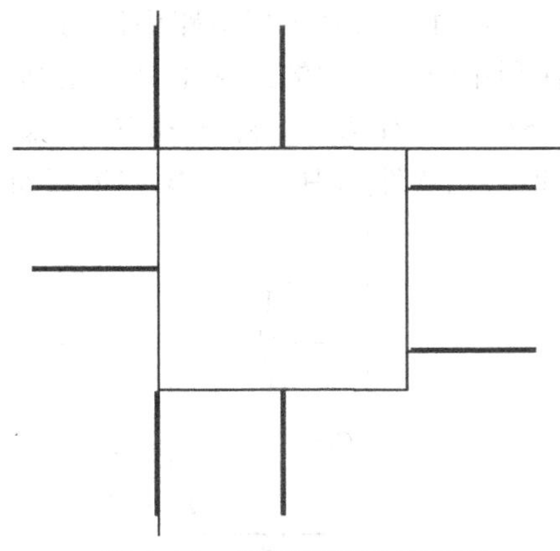

图 3-48　放置引脚后的图形

Pin

Properties

Name	R\D\
Number	1
X-Location	30
Y-Location	-60
Orientation	270 Degrees
Color	
Dot Symbol	☑
Clk Symbol	☐
Electrical Type	Input
Hidden	☐
Show Name	☑
Show Number	☑
Pin Length	30

图 3-49　编辑 1 号引脚的属性

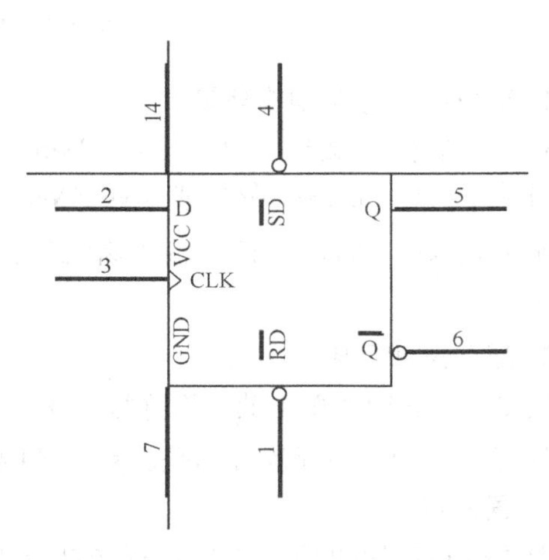

图 3-50　修改引脚属性后的 A 号子件

表 3-3　部分引脚的重要属性

引脚	Name	Number	Dot Symbol	Clk Symbol	Electrical Type	Show Name	Show Number
1	R\D\	1	√		Input	√	√
2	D	2			Input	√	√
3	CLK	3		√	Input	√	√
4	S\D\	4	√		Input	√	√
5	Q	5			Output	√	√
6	Q\	6			Output	√	√
7	GND	7			Power	√	√
14	VCC	14			Power	√	√

注意：在编辑引脚属性时，如果要在引脚名上输入非号，可使用“字符\”来实现。本例中引脚 6 的 Name 编辑框中输入“Q\”，在图形中显示的即为 $\overline{\mathrm{Q}}$。

6. 设计B号子件

先全选A号子件图形，然后用Edit/copy菜单命令复制（复制的基点选择坐标原点），再单击按钮撤消选取状态；接着单击添加子器件按钮或用Tools/New Part菜单命令，打开第2个子器件的设计环境，单击粘贴按钮将A号子件图形粘贴在新子器件（B号子件）编辑环境中；最后撤消B号子件的选取状态，并修改相应的引脚号，如图3-51所示。

7. 设置隐藏引脚

这种器件图形的VCC和GND引脚可以隐藏起来，并分别与电源和地线连接好，这一点只在PCB图上反映出来，而在原理图中不用显示，可使电路图更简洁。双击本例中的两个电源引脚：7号为GND、14号为VCC，在弹出的引脚属性对话框中，选中Hidden复选框（将电源引脚隐藏），设置好后单击OK按钮确定。在设计管理器中单击Part项中的<或>按钮，分别打开第1个子件图（1/2）和第2个子件图（2/2），设置7号和14号引脚的属性，最终获得A号子件图如图3-52所示。

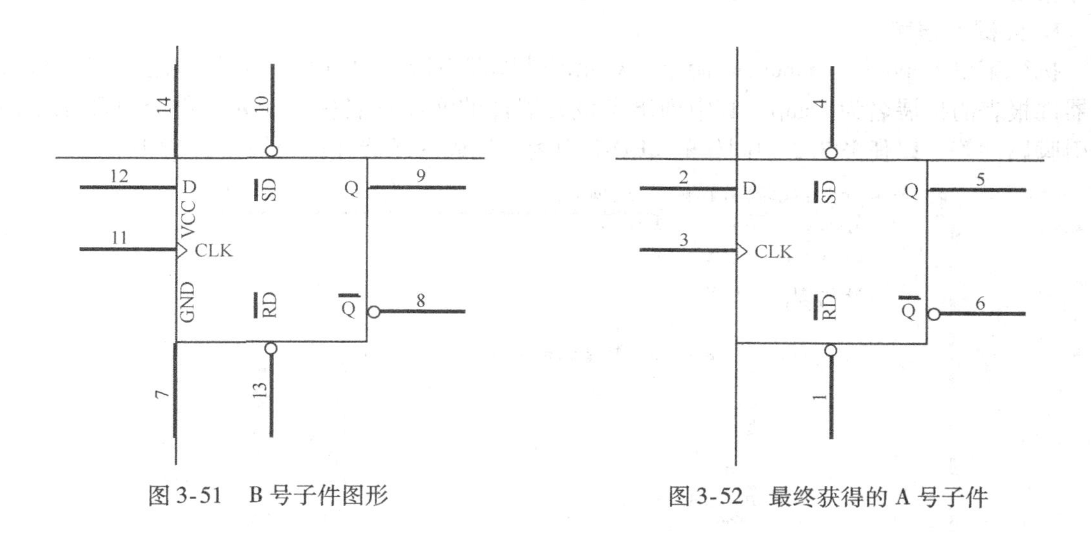

图3-51　B号子件图形　　图3-52　最终获得的A号子件

8. 定义器件属性

单击元器件管理器的Description按钮，系统将弹出元器件文本设置对话框，设置“Default Designator”栏为“U?”，“Footprint”栏为“DIP-14”，单击OK按钮确定。

9. 存盘

单击存盘按钮，元器件制作完毕。

另外，如果要在现有的元器件库中加入新设计的元器件，只要进入元器件库编辑器，选择现有的元器件库文件，再单击添加新元器件按钮，就可以按照上面的步骤设计新的元器件。

任务 3.3　元器件报告的生成

任务描述

执行菜单命令 Reports 中的 Component、Library、comports Rule Check 项目生成相应的元器件报告文件。

任务目标

了解在元器件库编辑器里生成元器件报表、元器件库报表、元器件规则检查表的方法。

任务实施

介绍在元器件库编辑器里生成元器件报告文件的方法。

在元器件库编辑器中，可以产生以下三种报告：元器件报表（Component Report）、元器件库报表（Library Report）和元器件规则检查表（Component Rule Check Report）。

1. 元器件报表

执行菜单 Reports/Component 命令，对元器件库编辑器中的当前元器件产生元器件报表，元器件报表的扩展名为 . cmp，其中列出了该元器件的元器件名称、子元器件个数和元器件的引脚属性等。以任务 3. 2 中制作的 LED-7 为例，生成的元器件报表如图 3-53 所示。

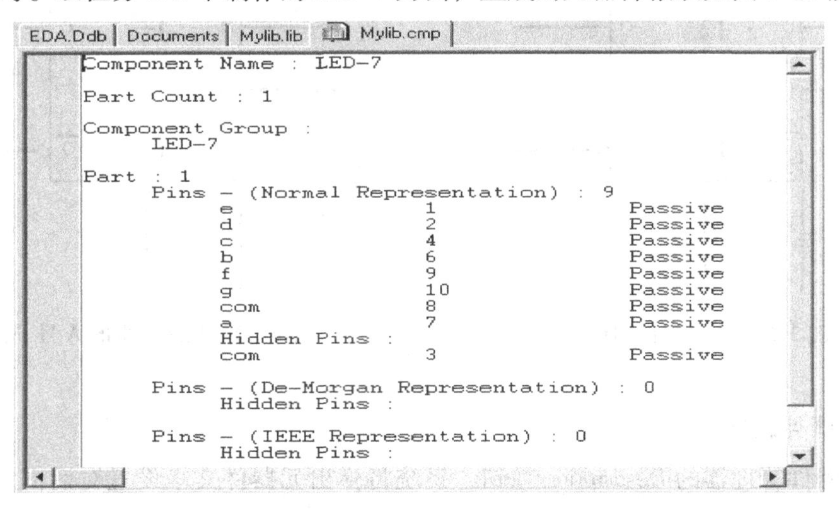


```
Component Name : LED-7

Part Count : 1

Component Group :
     LED-7

Part : 1
     Pins - (Normal Representation) : 9
          e              1              Passive
          d              2              Passive
          c              4              Passive
          b              6              Passive
          f              9              Passive
          g              10             Passive
          com            8              Passive
          a              7              Passive
          Hidden Pins :
          com            3              Passive

     Pins - (De-Morgan Representation) : 0
          Hidden Pins :

     Pins - (IEEE Representation) : 0
          Hidden Pins :
```

图 3-53　LED-7 的元器件报表

2. 元器件库报表

元器件库报表列出了当前元器件库中所有元器件的名称及其相关描述，元器件库报表的扩展名为 . rep。执行 Reports/Library 命令可对当前元器件库产生元器件库报表，报表内容如图 3-54 所示。

3. 元器件规则检查表

元器件规则检查表主要用于帮助用户进行元器件的基本验证工作，包括检查元器件库中

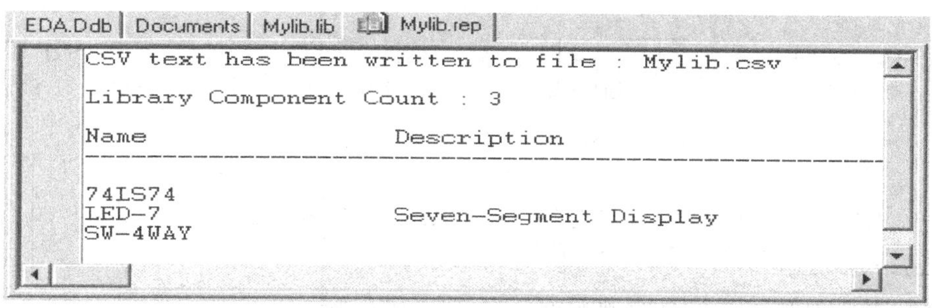

图 3-54　元器件库报表

的元器件是否有错、将有错的元器件列出来并指明错误原因等。执行菜单 Reports/comports Rule Check 命令打开图 3-55 所示的元器件规则检查设置框，在该对话框中可以设置检查的属性。以 Mylib. lib 为例，元器件规则检查表如图 3-56 所示。

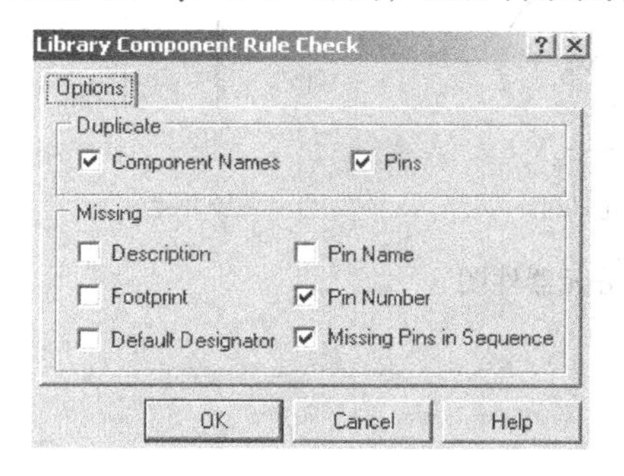

图 3-55　元器件规则检查设置框

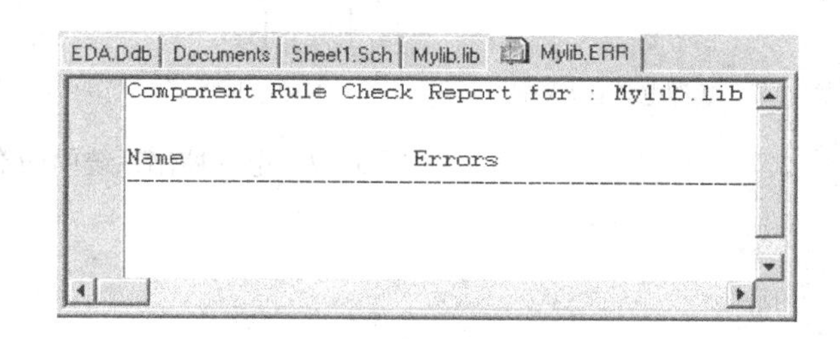

图 3-56　元器件规则检查表

练　习　3

3-1　在电气控制系统中，经常需要用到图 3-57 所示的自动化元器件。试在 D 盘下建立设计库：(MyLibs. Ddb，内建元器件子库：New1ib1. lib，并在该库中制作出这些元器件。)

提示：可能会用到如下菜单命令：Tools/New Component、Tools/Rename Component、Tools/Copy Component、Edit/Copy。

方法一：在 D 盘建立了 MyLibs. Ddb 设计数据库的情况下，执行 File/New 菜单，在弹出的窗口中选择 Schematic Library Document 图标，新建 Newlib1. lib 元器件库，然后采用相关的绘图工具或菜单命令制作元器件图。

方法二：先在 MyLibs. Ddb 库下新建一个原理图文件，然后把 Miscellaneous Devices. lib 元器件库中相似的元器件放置到原理图中，采用生成项目方案库的方式进入元器件库编辑器进行编辑。

3-2　用练习 3-1 所制作的元器件绘制图 3-58 所示的接触器直接起动三相异步电动机控制电路。

3-3　在 Newlib1. lib 元器件库中添加图 3-59 所示的集成电路 74LS138，其引脚属性的电气特性设置：1、2、3、4、5、6 号引脚为 Input 特性，7、9、10、11、12、13、14、15 号引脚为 Output 特性，8、16 号引脚为 Power 特性，并要求所有引脚长度为 30mil，8 和 16 号引脚设置为隐藏。

3-4　制作图 3-60 所示的二极管（器件名为 Diode-1）和极性电容器（元件名为 Electro1-1）。

3-5　制作含 4 个子件的与非门集成电路 74LS00（如图 3-61 所示），4 个子件共用 7 脚（GND）和 14 脚（VCC），且要求 GND 和 VCC 为隐藏属性。

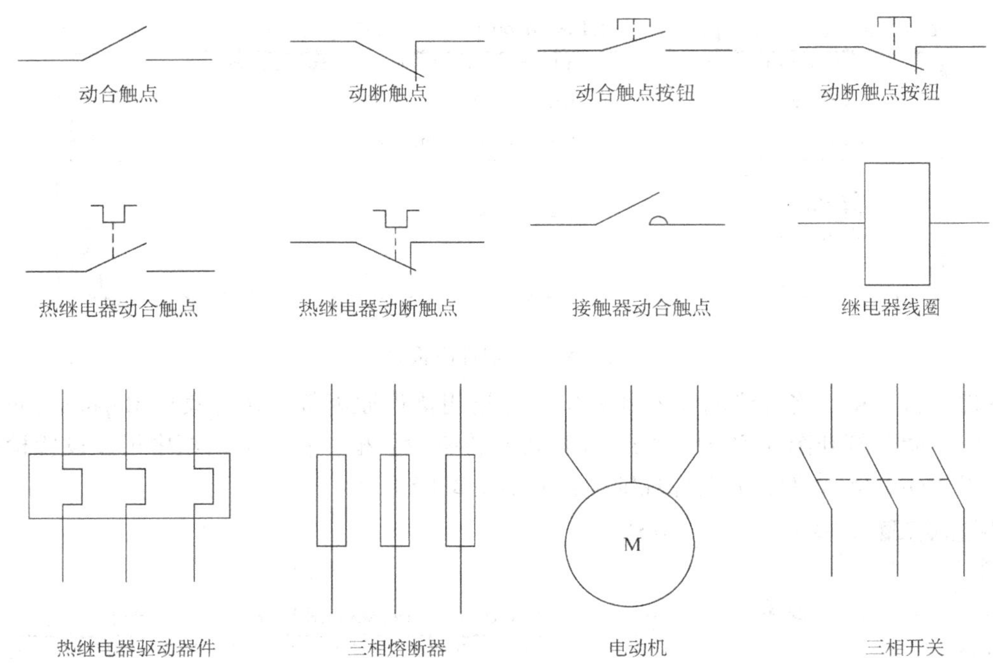

图 3-57 电气控制系统中的部分元器件图

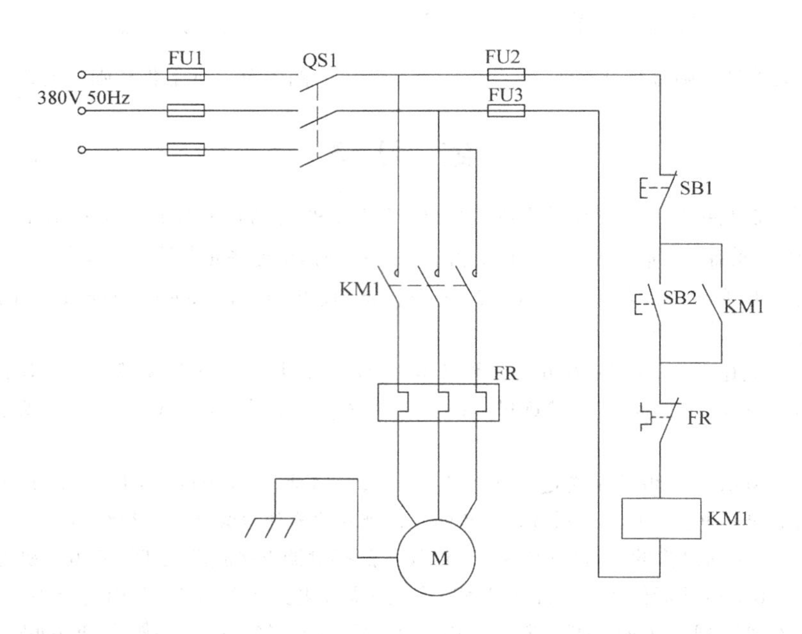

图 3-58 接触器直接起动三相异步电动机控制电路

3- 6 绘制图 3-62 所示的图形。

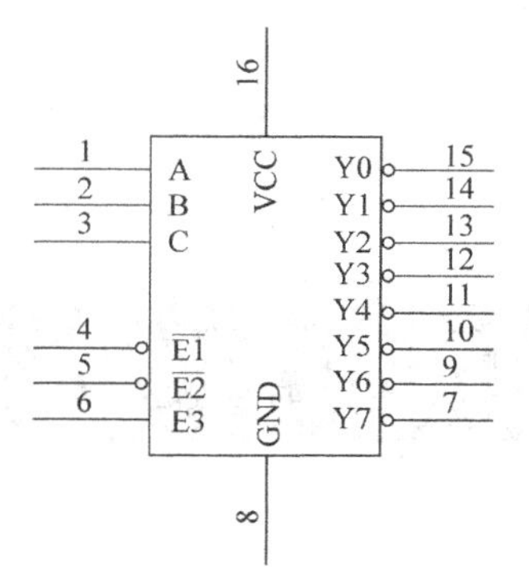

图3-59 74LS138

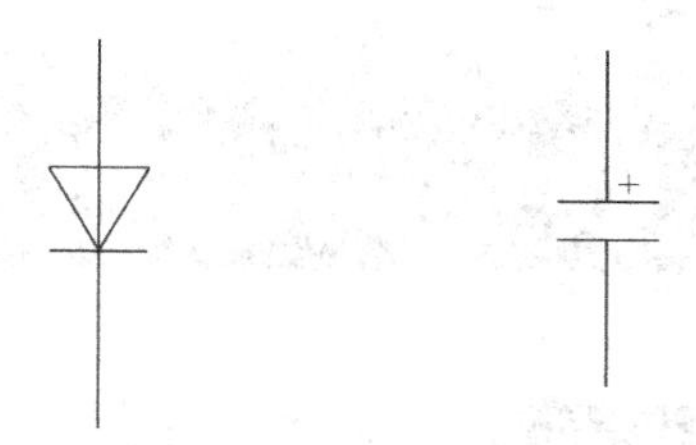

图3-60 二极管和极性电容器

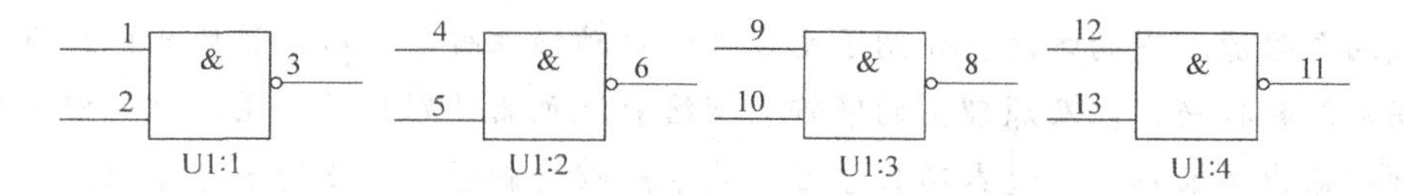

图3-61 集成电路74LS00

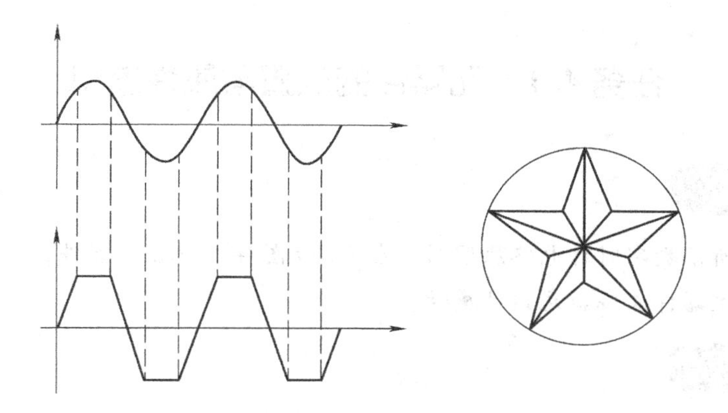

图3-62 练习3-6的图形

项目 4

数字时钟电路原理图的设计

项目描述

本项目以设计数字时钟电路原理图为例，讲述利用总线、总线分支、网络标号正确绘制带有总线的电路原理图的方法，介绍了元器件的自动标注编号、对象整体属性编辑和阵列式粘贴等高级编辑技巧，以及原理图的修饰、网络表及元器件列表的产生、电气规则检查和原理图的打印输出等操作。通过本项目学习，要求能够绘制带有总线的电路原理图，掌握在原理图中放置文字、绘制相应图形的方法，修饰原理图、根据原理图生成网络表及打印原理图的方法。

任务 4.1　元器件的放置与属性编辑

任务描述

根据图 4-1 所示数字时钟电路原理图，在 A4 号图样上放置元器件，并按照表 4-1 所示的数字时钟电路元器件表编辑元器件属性。

任务目标

学会元器件编号的自动标注方法，掌握元器件属性的整体编辑方法，进一步巩固元器件库装入和元器件放置的方法。

任务实施

本任务采用设置图样型号、装入元器件库并放置元器件、元器件的自动标注编号和元器件属性的编辑等内容实施。

数字时钟电路原理图如图 4-1 所示，所用元器件如表 4-1 所示。

表 4-1　数字时钟电路元器件表

元器件名称	型号	标号	封装	所在元器件库
74LS00	74LS00	U1、U2	DIP-14	自己制作
LED-7	LED-7	DS1、DS2、DS3 DS4、DS5、DS6	LED-7	自己制作

（续）

元器件名称	型号	标号	封装	所在元器件库
SW SPDT		S1、S2	TO-126	Miscellaneous Devices. lib
RES2	10k	R1、R2、R3、R4	AXIAL0. 3	Miscellaneous Devices. lib
RES2	10M	R5	AXIAL0. 3	Miscellaneous Devices. lib
CAP	56p	C1、C2	RAD0. 1	Miscellaneous Devices. lib
74LS290	74LS290	U3、U4、U5 U6、U7、U8	DIP-14	Protel DOS Schematic TTL. lib
RESPACK4	150	RP1	DIP-16	Miscellaneous Devices. lib
4511	CD4511	U9、U10、U11 U12、U13、U14	DIP-16	Protel DOS Schematic 4000 CMOS. lib
CRYSTAL	32768Hz	CR1	XTAL1	Miscellaneous Devices. lib
CON2	CON2	J1	SIP2	Miscellaneous Devices. lib
4060	CD4060	U15	DIP-14	Protel DOS Schematic 4000 CMOS. lib
74LS74	74LS74	U16	DIP-14	Protel DOS Schematic TTL. lib

4.1.1　设置图样型号

1. 进入原理图设计环境

新建（或打开）设计数据库文件，单击菜单 File/New 命令，从编辑器选择框中双击 Schematic Document（原理图编辑器）图标，新建原理图文件“数字钟 . sch”，并进入原理图设计环境。

2. 设置图样型号

用鼠标左键双击图样边框或执行菜单 Design/Option 命令，打开环境设置对话框，如图 4-2 所示，设置图样型号为 A4，单击 OK 按钮确定。

4.1.2　元器件库装入和元器件的放置

1. 制作元器件和装入元器件库

根据项目 3 中制作元器件的方法，制作七段数码管（LED-7）和 4-2 与非门（74LS00）并装入相应元器件库和 Miscellaneous Devices. ddb、Protel DOS Schematic Libraries. ddb 数据库。

2. 放置元器件

根据前面学习的放置元器件的方法放置各元器件并调整到合适位置。

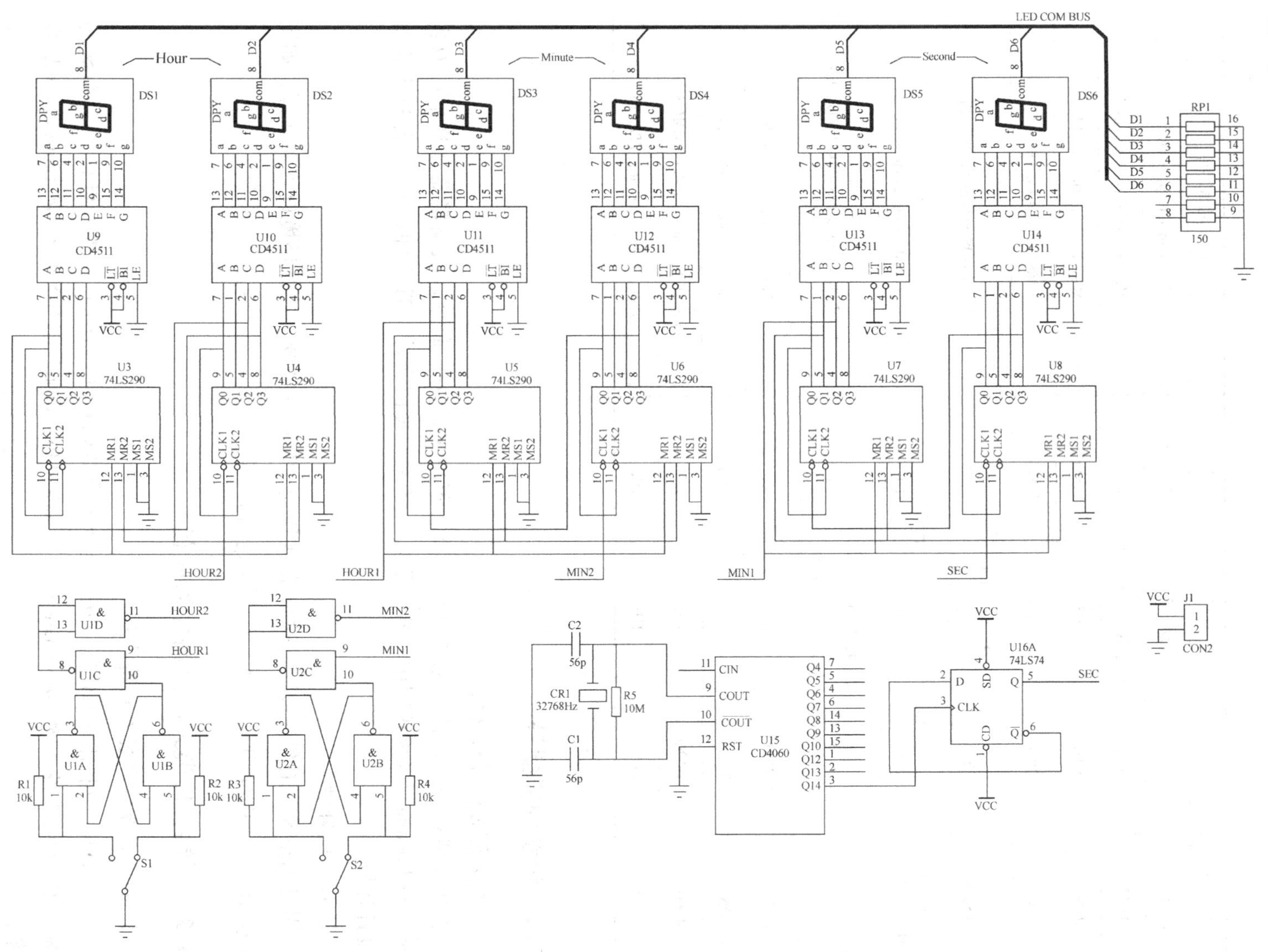

图4-1　数字时钟电路原理图

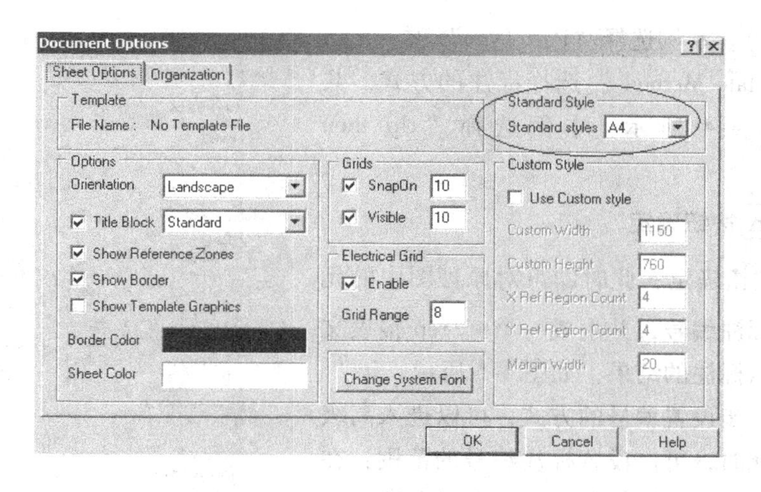

图4-2　环境设置对话框

在绘制复杂电路图时，不必在放置元器件时就立即设置元器件的具体标号，可保持为字母加"?"的形式，如"R?"、"U?"、"C?"、"DS?"等，待所有元器件放置好后用下面讲述的元器件自动编号功能进行标注，以防漏编和重编的情况发生。

4.1.3　元器件编号的自动标注

前面提到，若在放置图4-1所示原理图中的元器件时没有给定元器件的具体编号（采用字母加"?"的形式），则现在可以采用元器件自动编号的方法进行标注，具体步骤如下。

1. 执行菜单Tools/Annotate命令

执行菜单Tools/Annotate命令后，系统将弹出图4-3所示的元器件编号自动标注设置对话框。

2. 设置对话框

在图4-3所示的对话框中，可以设置自动编号的方式，下面简单介绍对话框中的各选项。

1）Annotate Options：选定自动标注的作用范围。

① 下拉列表中的四个选项。

- ? Parts：只对"?"号形式的元器件进行标注编号。
- All Parts：对所有元器件进行编号。
- Reset Designators：将所有元器件复位到原始状态。
- Update Sheets Number Only：仅更新原理图的图号（用于层次式电路图中）。

② Current sheet only：元器件的自动标注仅对当前原理图有效。

③ Ignore selected parts：对元器件进行编号时，忽略已选择的元器件。

本例选择"? Parts"项和"Current sheet only"项。

2）Group Parts Together If Match By：选择匹配成组的元器件（也称为复合封装的元器件），如果选中的域匹配了，则认为匹配的元器件是一个组，将按组元器件的方式设置（如

U1A，U1B……）。本例选择“Part Type”项。

3）Re-annotate Method：选择标注的方式，共有四种，如图4-4所示。本例选择“Up then across”项。

3. 单击OK按钮确定

单击OK按钮确定，此时即可对原理图中的元器件自动进行标注编号，并生成一个 *.rep 报表文件，该文件显示标注的结果，如图4-5所示。

如果想进一步设置编号的方式，可以进入高级设置选项卡。此时，可以设置标注编号的范围：在From编辑框中填入起始编号，To编辑框中填入终止编号，Suffix编辑框中填入编号的后缀。设定了起始编号和终止编号并执行了自动编号后，元器件的编号将限制在这个范围。

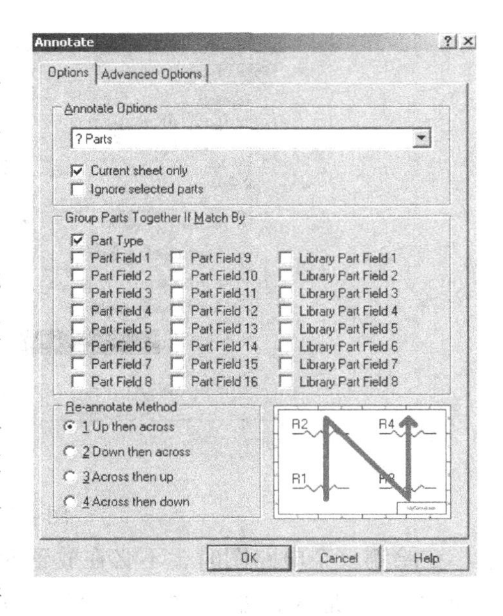

图4-3　元器件编号自动标注设置对话框

注意：如果自动（重新）编号后，感觉不满意，可以恢复原来的编号，此时只要执行Tools/Back Annotate菜单命令即可。

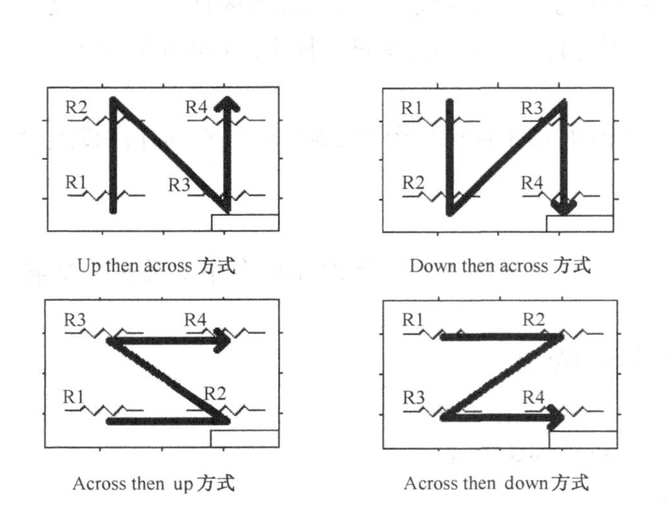

图4-4　标注的四种方式

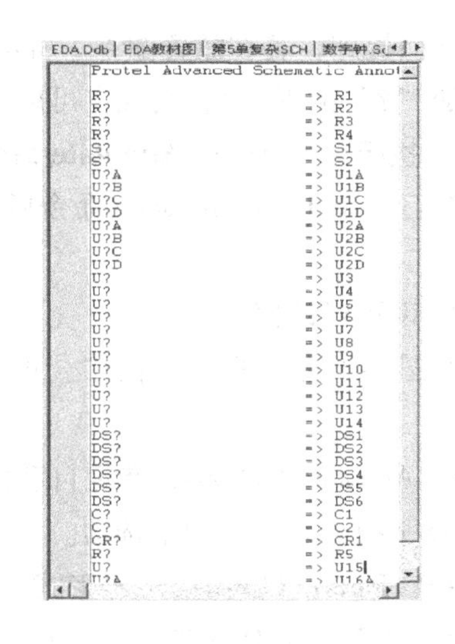

图4-5　标注结果报表文件

4.1.4　元器件属性的整体编辑

双击已放置好的元器件，可进入元器件属性对话框编辑元器件属性。

在实际设计中，如果多个元器件具有相同的属性（如元器件型号和封装），则可以用整体编辑的方法将这些属性值同时复制给多个元器件，而不需逐个元器件进行设置，大大提高

了操作效率。

对象的整体编辑是一项很实用的功能。下面以放置好的10个电阻为例介绍整体编辑，如图4-6所示。要求将这10个电阻设置为相同的电阻值10kΩ和相同的封装号AXIAL0.3。

双击其中一个电阻（双击其他元器件也可以），系统将弹出属性对话框，单击 Global >> 按钮将对话框延展开来，如图4-7所示。这时对话框分为三列：左边为“Attributes”（属性）输入栏，中间为“Attributes To Match By”（属性匹配条件）设置栏，右边为“Copy Attributes”（复制属性）和“Change Scope”（修改范围）栏。各列行数相同，每行对应一个属性值。

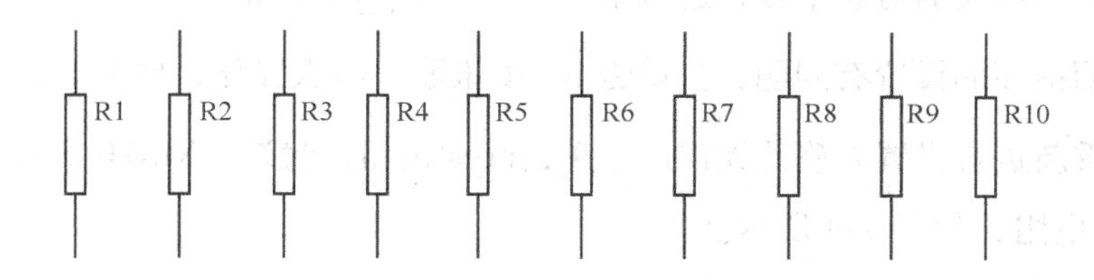

图4-6　放置好的10个电阻

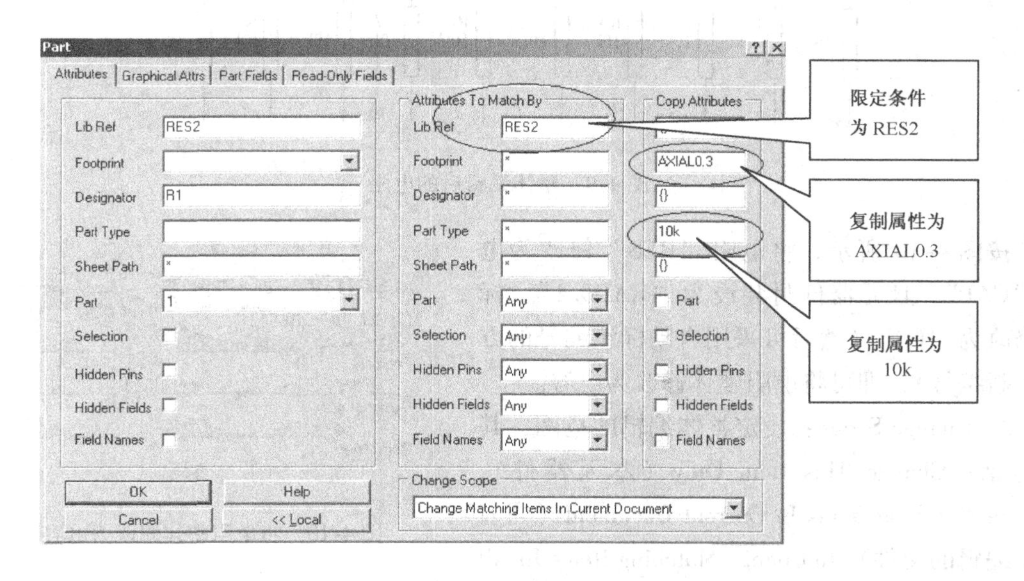

图4-7　元器件属性整体编辑设置对话框

1）Attributes To Match By：设置与“Attributes”栏同行属性值相匹配的条件值，这个条件限定整体编辑只会在同行属性值符合设定条件的对象中进行。

“*”符号表示任意条件；下拉式按钮 ▼ 设置条件有三项：Any（任意条件）、Same（相同条件）和Different（不同条件）。

2）Copy Attributes：设置对应左边同行属性的属性值。

“{}”用以指定如何修改，可以使用通配符号“*”或“?”；复选框“□”表示将符合条件的属性改为本对话框中设定的属性。例如“Part”项是将符合条件的元器件子单元改为本对话框中设定的单元号，“Selection”项是将符合条件的元器件设定为选取状态。灵活使用它们可进行各种复杂的整体编辑。

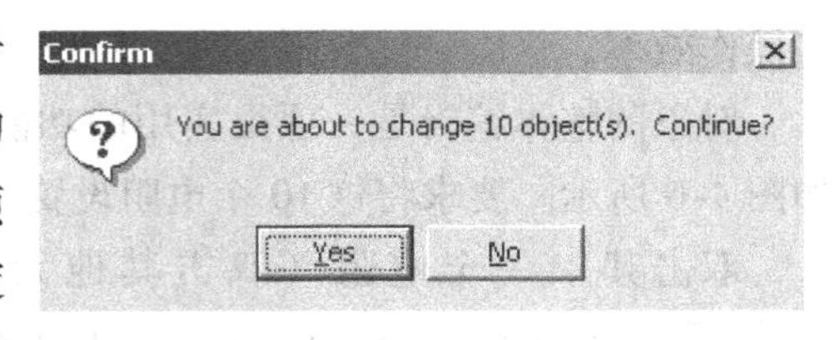

图4-8　确认对话框

按图4-7设置好各参数后单击OK按钮，系统将弹出确认对话框，如图4-8所示。在这里显示整体编辑所涉及的对象个数，这时不要马上单击Yes按钮，应加以核实，如果与预计数目不符，说明前面的设置有问题，应单击No按钮取消本次操作，然后再打开属性整体编辑设置对话框重新进行设置。确认无误后，单击Yes按钮，封装AXIAL0.3和电阻值10k即复制给这10个电阻，如图4-9所示。

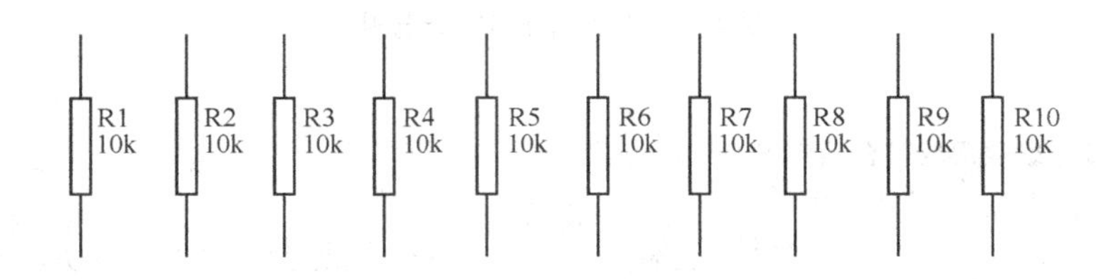

图4-9　整体编辑后的电阻

按图4-10所示，将电阻“RES”修改为电容“CAP”，且元器件封装设为“RAD0.1”、标号修改为“C?”（然后可采用自动标注编号的方法重新编号），即可将电阻整体修改为电容。

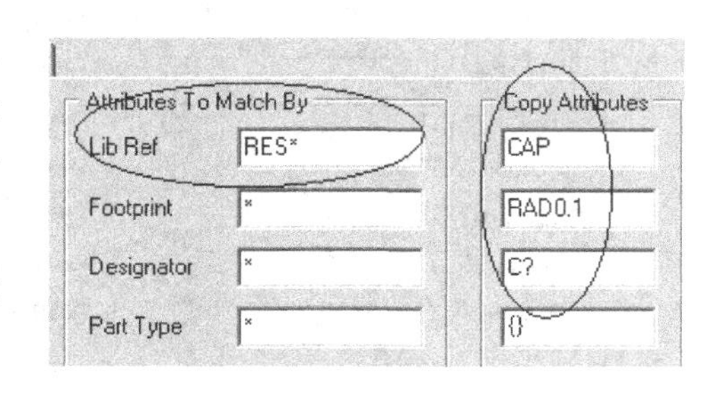

图4-10　将电阻整体修改为电容

3）Change Scope：设定整体编辑的范围，其中包括：Change This Item Only（本元器件）、Change Matching Items In Current Document（当前正在编辑的文件）和Change Matching Items In All Document（当前所有已打开的所有文件）。

任务4.2　放置导线、电源、总线及网络标号

任务描述

完成图4-1所示的数字时钟电路原理图导线、电源符号、总线及网络标号的放置。

任务目标

熟悉放置导线和电源符号的方法，掌握原理图总线、总线入口及网络标号的放置和属性设置，学会阵列式粘贴的操作方法。

任务实施

根据项目2介绍的方法先放置好导线和电源符号，然后详细介绍总线、总线入口及网络标号的放置。

4.2.1　放置导线和电源符号

单击按钮或执行菜单 Place/Wire 命令，放置导线；单击按钮放置电源和接地符号（注意网络属性）。

如果双击导线也可对其属性进行整体编辑，图4-11所示表示将相同线宽的导线整体修改为“Medium”。

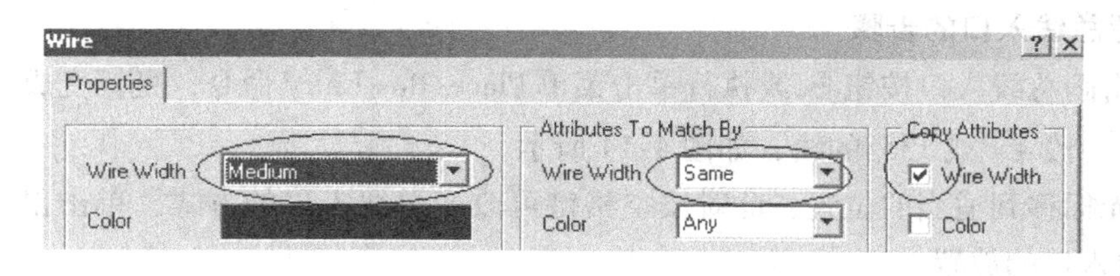

图4-11　整体编辑具有相同线宽的导线

4.2.2　放置总线

总线（Bus）是指一组具有相似功能的线的集合，用一根粗线表示。在 Schematic 中，总线仅仅是为了简化连线的表现方式，本身并没有任何实质上的电气意义。

习惯上，总线与导线相连时，使用总线入口（Bus Entry）与各导线连接。总线入口同样也不具有实际的电气连接意义，只是绘制的电路图看上去更具有专业水准。当通过菜单 Edit/Select/Net 命令选取网络时，会发现总线及总线入口并不会高亮显示。

在总线中，真正具有实际电气意义的是通过网络标号来表示逻辑连通性。总线、总线入口与网络标号之间的关系如图4-12所示。

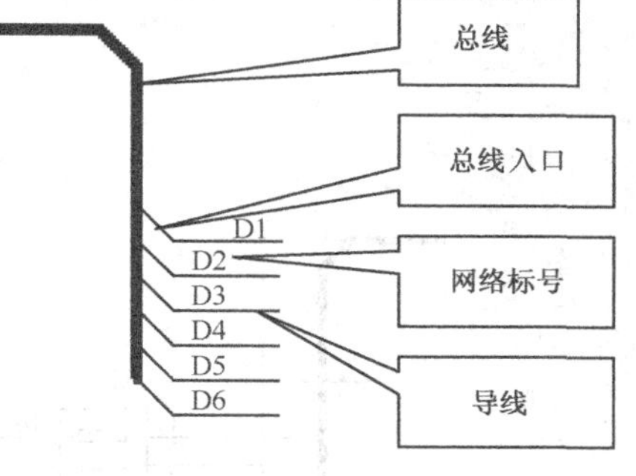

图4-12　总线、总线入口与网络标号

1. 放置总线的步骤

1）单击画总线按钮或执行菜单 Place/Bus 命令，光标变为“十”字形状。

2）将“十”字光标移到适当位置，单击鼠标左键确定总线的起点。

3）移动光标到总线的终点或拐角处（此时按空格键可以改变总线的方式），单击鼠标左键加以确认。单击右键或按Esc键完成一条总线的放置。

4）移动光标可继续放置其他总线。放置完毕，可单击右键或按Esc键退出放置总线状态。

2. 总线的属性

在放置总线时按Tab键或在放置完毕的总线上双击鼠标左键，系统会弹出总线属性对话框，如图4-13所示。

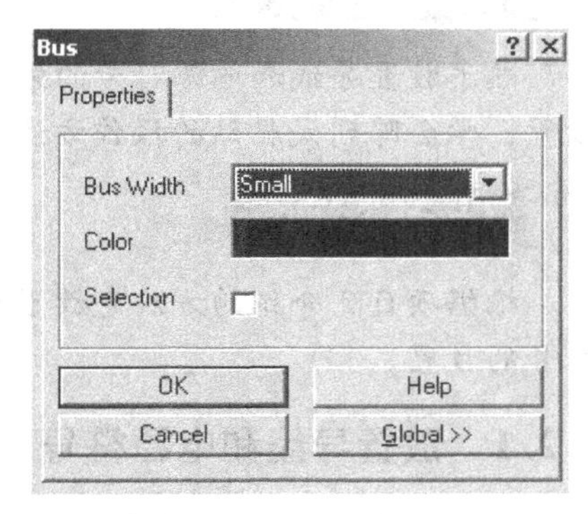

图4-13　总线属性对话框

1）Bus Width：设置总线宽度。该项对应的下拉列表框有“Smallest”（最小）、“Small”（小）、“Medium”（中）和“Large”（大）4种类型的线宽供选择。

2）Color：该项用于设置总线的颜色。

4.2.3　放置总线入口

1. 放置总线入口的步骤

1）单击画总线入口按钮或执行单击菜单Place/Bus Entry命令，光标变成“十”字形状且上面有一段45°或135°的线，如图4-14所示。

2）将光标移到适当的位置，此时按空格键可改变总线入口的方式，单击鼠标左键可完成一个总线入口的放置。

3）移动光标可继续放置其他总线入口，单击鼠标右键可结束总线入口放置状态。

2. 总线入口的属性

在总线入口放置状态下按Tab键或双击已放置完毕的总线入口，系统会弹出总线入口属性对话框，如图4-15所示。其中：

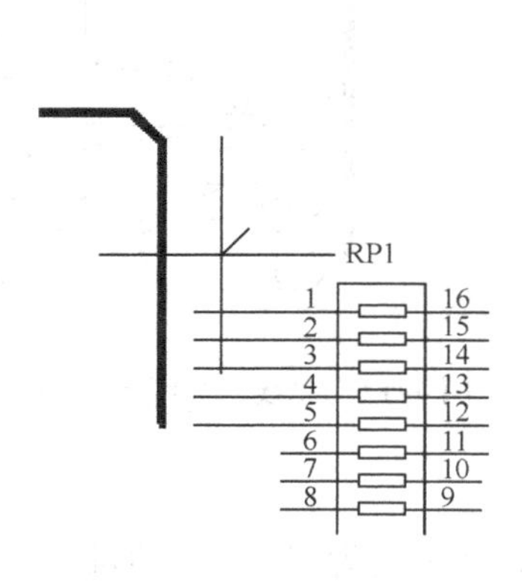

图4-14　放置总线入口

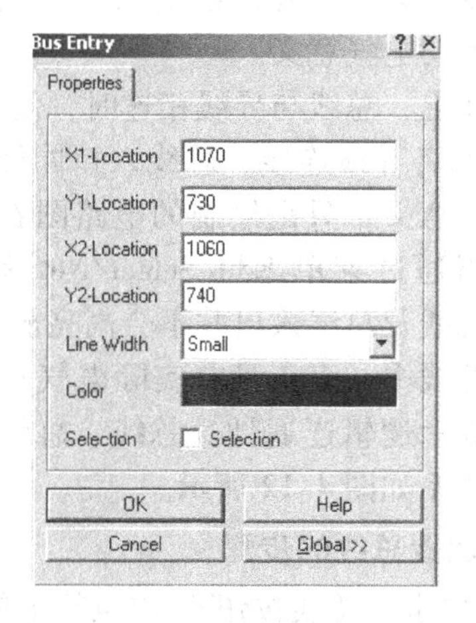

图4-15　总线入口属性对话框

1）X1-Location、Y1-Location：总线入口的起点坐标。

2）X2-Location、Y2-Location：总线入口的终点坐标。

4.2.4　放置网络标号

网络标号（也称网络名称）在电路图中具有实际的电气连接功能，具有相同网络标号的导线不管图上是否连接在一起，都被视为连接在一起。因此它可以在连接电路较远或较复杂时，利用网络标号代替实际走线而简化电路图，还可以区别总线或其他网络。

网络标号应放置在导线上，在数字时钟电路图中的电阻排 RP1 的引脚连线上放置网络标号 D1、D2、D3、D4、D5、D6，如图 4-16 所示。同理放置好其他的网络标号 SEC、MIN1、MIN2、HOUR1 和 HOUR2 等，如图 4-1 所示。

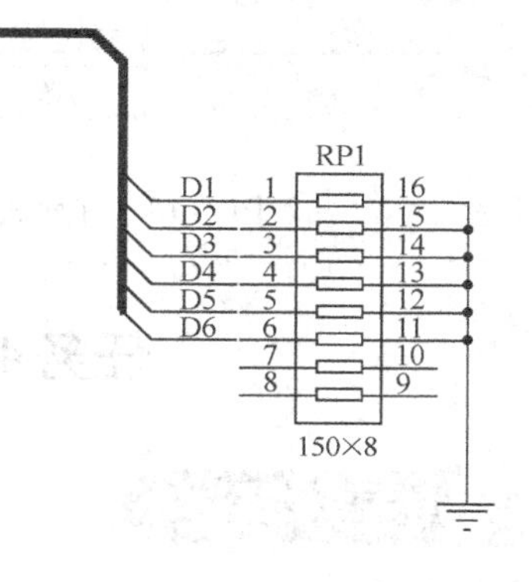

图 4-16　放置网络标号

4.2.5　阵列式粘贴的应用

阵列式粘贴是一种特殊的粘贴方式，一次可以按指定间距将同一个对象重复地粘贴到图样上，适应于绘制重复性高的电路图。例如放置图 4-16 所示电路中的总线入口，采用阵列式粘贴可大大提高绘图效率。下面以放置总线入口及网络标号为例，讲解阵列式粘贴的具体应用。具体操作步骤如下：

1. 准备要阵列式粘贴的对象

1）执行菜单 Place/Wire 命令，在 RP1 的第 1 号引脚端放置第一条导线。

2）执行菜单 Place/Bus Entry 命令，放置总线入口。

3）执行菜单 Place/Net Label 命令，在导线上放置网络标号 D1。

要阵列式粘贴的对象如图 4-17 所示。

2. 阵列式粘贴的操作

1）选取已完成的对象（导线、总线入口和网络标号作为一组对象），以电阻排 RP1 的 1 号引脚端为基点，单击剪切按钮剪切该对象（注意基点的选择很重要）。

2）单击画图工具栏的阵列式粘贴按钮或执行菜单 Edit/Paste Array 命令，系统会弹出阵列式粘贴对话框，如图 4-18 所示。对话框中的各项说明如下：

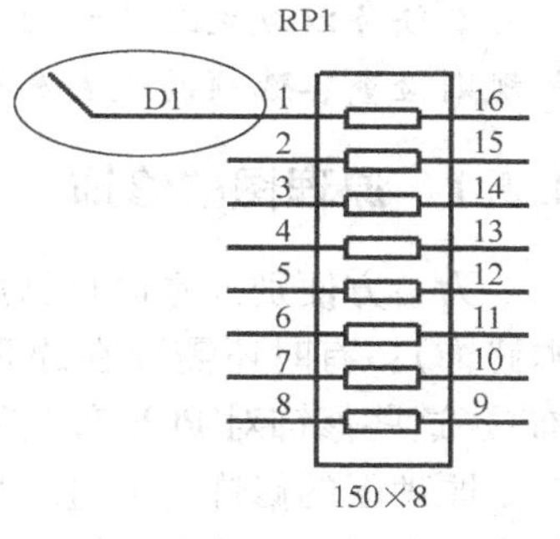

图 4-17　被阵列粘贴的对象

- Item Count：设置所要粘贴的对象个数。此处设为 6，表示粘贴 6 组。
- Text Increment：设置所要粘贴对象序号数字的增量。如果将该值设定为 1，如原来序号为 D1，则重复放置的对象的序号依次为 D1、D2、D3…。
- Horizontal：设置水平方向间距，如果为正值，则由左向右排列；为负值则由右向左排列。此处设为 0，表示水平方向无间距。
- Vertical：设置垂直方向间距，如果为正值，则由下向上排列；为负值则由上向下排列。此处设为 -10，表示从上向下每间隔 10mil 放置一组对象。间距值应取可视网格值，这样可使粘贴对象落在网格线上。

3）设置好各栏后，单击OK按钮，再将光标指向所要粘贴的位置（本例选择剪切对象时的基点），单击左键即可完成阵列式粘贴，最后取消选取状态，如图4-19所示。

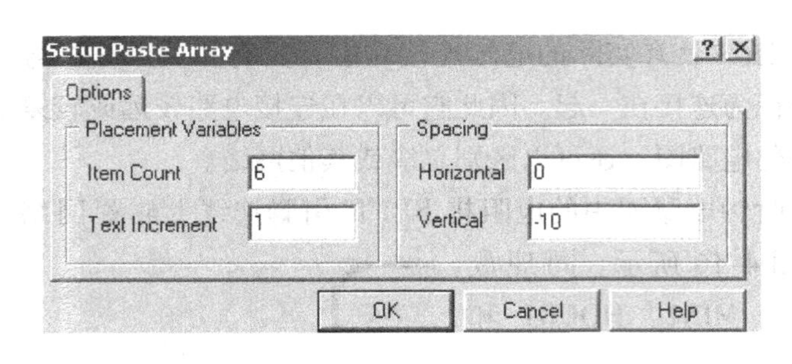

图4-18　阵列式粘贴对话框

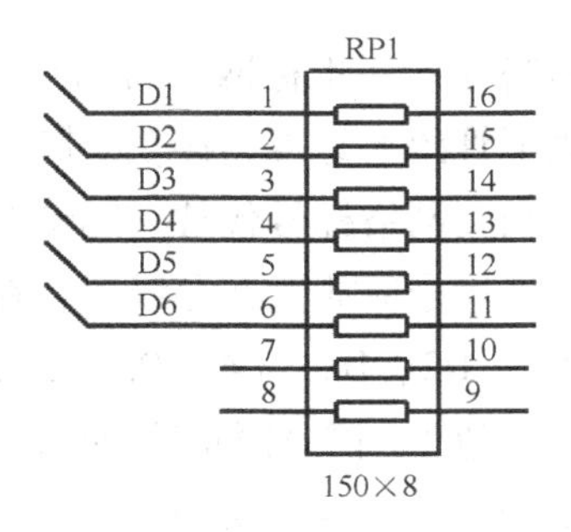

图4-19　完成阵列式粘贴

任务4.3　原理图修饰与电气规则检查

任务描述

在前面绘制的数字时钟电路原理图的时、分、秒数码管位置处分别放置“Hour”、“Minute”、“Second”注释文字，并对原理图进行电气规则检查。

任务目标

会使用绘图工具对原理图放置一些说明文字或图形符号，修饰原理图。

任务实施

本任务以放置文本为例介绍原理图修饰的方法，然后以数字时钟电路原理图为例介绍电气规则检查各选项的设置及报告的生成。

4.3.1　原理图的修饰

为了方便别人看懂自己所画的电路图，通常还需要在原理图中加上一些文字说明（文本修饰）；有时还需要在原理图中加上商标等图案，对原理图起说明及美化作用（图形修饰）。这些修饰对PCB布线不产生任何影响。

原理图的修饰可通过“Drawing Tools”（绘图工具）来实现。Protel 99 SE在画原理图时提供了直线、多边形、圆弧、曲线、矩形和饼形图等图形修饰功能，可以绘制各种图案，绘图方法与项目3中的元器件绘图工具的方法相似，本处不做介绍，仅介绍文本的修饰方法。

1. 放置单行文字注释

1）执行菜单Place/Annotation命令或单击画图工具栏上的放置注释按钮T，光标变成“十”字形状并带有一个虚线框。

2）按Tab键，系统将弹出图4-20所示的注释属性对话框，在“Text”栏中填入想放置

的注释文字，单击OK按钮。此处填入“Data Bus”。

3）将“十”字光标移到所需位置，单击鼠标左键即可。

4）移动光标可继续放置其他注释文字。单击鼠标右键或按Esc键可退出放置注释文字状态。

本例中还需在数码管的时、分、秒位置上放置“Hour”、“Minute”、“Second”注释文字。

如果要修改注释文字的字体，可以单击Change按钮，系统将弹出一个字体设置对话框，此时可以设置字体的属性。

2. 放置文本框

前面所介绍的注释文字仅限于一行的范围，如果需要多行的注释文字，就必须使用文本框（Text Frame）。

（1）放置文本框的步骤

1）单击绘图工具栏上的▤按钮或执行菜单Place/Text Frame命令，光标变成“十”字状态。

2）在需要放置文本框的一个角处单击鼠标左键，然后移动鼠标就可以在屏幕上看到一个虚线的预拉框，用鼠标左键单击该框的对角位置，就结束了当前文本框的放置过程，文本框中有一个“Text”字串，如图4-21所示。可单击鼠标右键或按Esc键结束放置文本框状态。

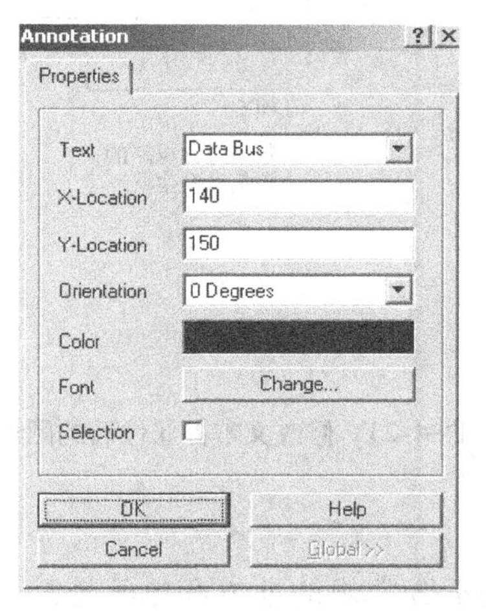

图4-20　注释属性对话框

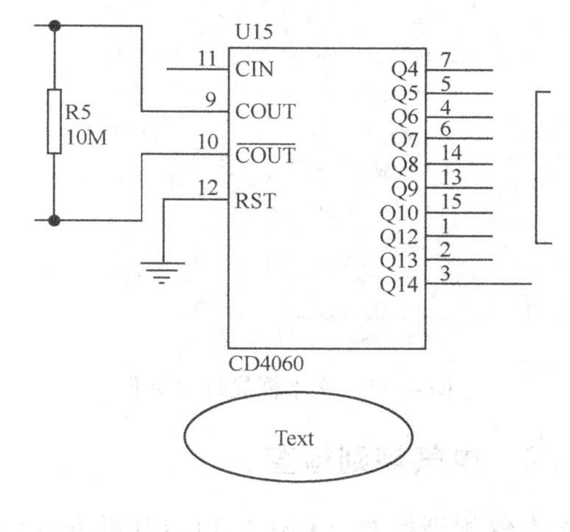

图4-21　放置文本框

（2）编辑文本框的属性　在放置文本框的过程中按Tab键或者用鼠标左键双击放置好的文本框，系统将弹出文本框属性对话框，如图4-22所示。其中：

- Text：负责显示在绘图页中的注释文字串，但在此处并不局限于一行。单击“Text”栏右边的Change按钮可打开“Edit Text Frame Text”窗口，这是一个文字编辑窗口，可以在此编辑要显示的文字串。“Text”栏是最重要的选项。
- Show Border：设置是否显示文本框的边框，默认是不显示的。
- Alignment：设置文本框内文字对齐的方式。系统提供了“Center”（居中）、“Left”

（居左）和“Right”（居右）共3种对齐方式。

● Word Wrap：设置自动换行。选中该项时，当文本超过一行时会自动换行；如果不选中，超过一行的内容将不显示出来，系统默认为选中。

● Clip To Area：当文字长度超出文本框宽度时，自动截去超出的部分。

这里对图4-21所示的文本框进行属性修改，“Text”设置为“数字时钟电路的秒信号发生器”，字体修改为“楷体GB3212”，字号为“14号”，“Alignment（文本布置）”设定为“Left”，其他不变，修改属性后的文本框如图4-23所示。如果直接用鼠标左键单击文本框，可使其进入选中状态，同时出现一个环绕整个文本框的虚线边框，此时可直接拖动文本框本身来改变其放置的位置。

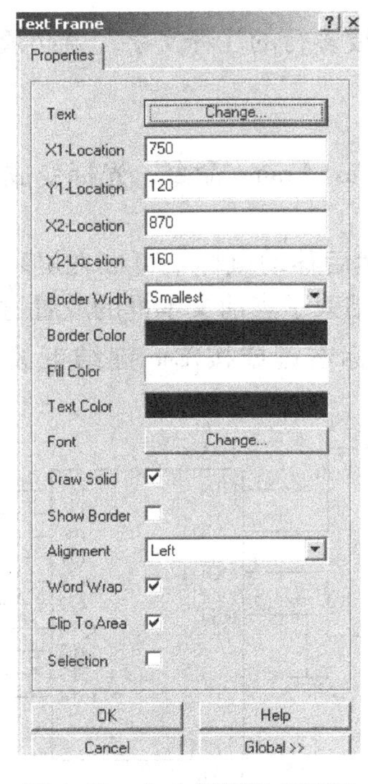

图4-22 文本框属性对话框

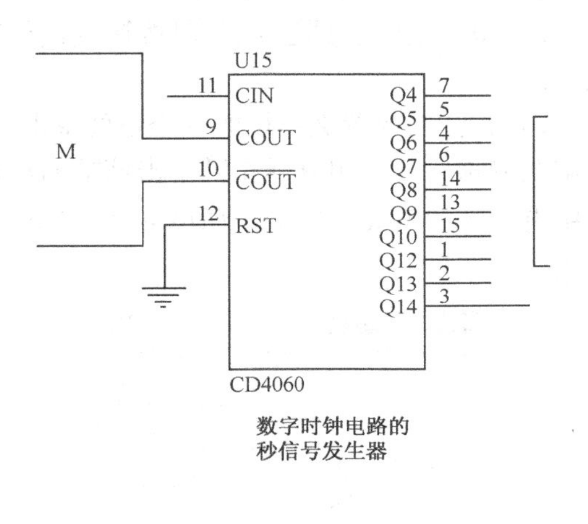

图4-23 修改文本框属性后的图形

4.3.2 电气规则检查

电气规则检查（ERC）可以帮助发现电路中一些不合常规的地方和电气连接方面的错误。例如，某个输出引脚连接到另一个输出引脚就会造成信号冲突，未连接完整的网络标号会造成信号断线，重复的元器件标号会使Advanced Schematic无法区分不同的元器件等。执行ERC后，程序会自动生成相应的检查错误报告，并且在发生错误的位置放置特殊符号以提示设计人员。设计人员也可以人为地在原理图的指定位置上放置“No ERC”符号以避开ERC检查。

1. 电气规则检查对话框的各选项

执行菜单Tools/ERC命令，系统将弹出图4-24所示的电气规则检查对话框，该对话框主要用于设置电气规则的选择、范围和参数，然后执行检查。该对话框包括Setup和Rule

Matrix 两个选择卡。

1）Setup 选项卡，如图 4-24 所示。

① ERC Options：该区域设置检查错误的种类，其中：

- Multiple net names on net：同一个网络上有多个不同网络标号。
- Unconnected net labels：有未连接的网络标号。
- Unconnected power objects：有未连接的电源对象。
- Duplicate sheet numbers：项目（多原理图设计）中，原理图的图号重复。
- Duplicate component designators：有重复的元器件标号。
- Bus label format errors：总线上网络标号格式错误。
- Floating input pins：输入引脚悬空。
- Suppress Warnings：不将警告信息记录在错误报告中。

② Options：该区域给出处理错误的方法，其中：

- Create report file：产生 ERC 信息报告文件。
- Add error markers：在有错误的地方加错误标记。
- Descend into sheet parts：检查结果深入到每个原理图。

③ Sheet to Netlist：设置检查范围。

④ Net Identifier Scope：设置端口和网络标号的有效范围。

2）Rule Matrix 选项卡，如图 4-25 所示，它是一个彩色的正方形区块，称为电气规则矩阵。

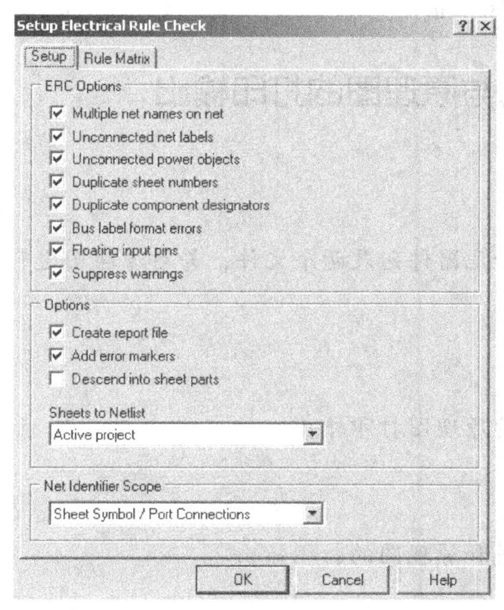

图 4-24 电气规则检查对话框

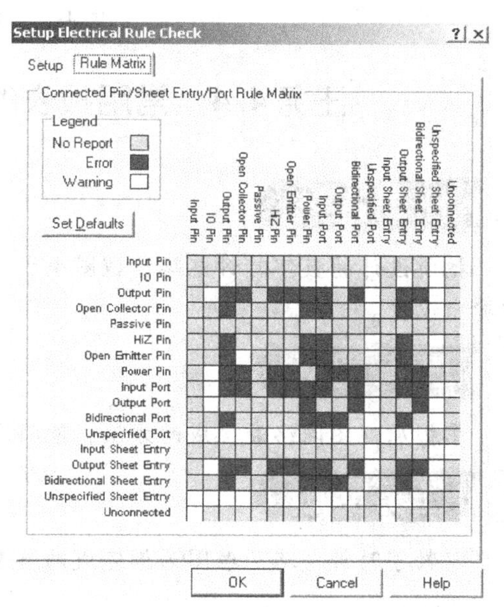

图 4-25 电气规则矩阵

该选项卡主要是用来定义各种引脚、输入/输出端口和绘图页出/入端口彼此间的连接状态是否已经构成错误或警告等级的电气冲突。

这个矩形是以交叉接触的检查形式读入的。如果看输入引脚连接到输出引脚的检查条件，就观察矩阵左边的 Input Pin 这一行和矩阵上方的 Output Pin 这一列之间的交叉即可。矩阵中彩色方块表示检查结果：绿色方块表示这种连接方式不会产生报告信息（No Report）；黄色方块表示这种连接方式会产生警告信息（Warning）；红色方块则表示这种连接方式会产生错误（Error）。

电气规则矩阵定义的检查条件可由用户自行加以修改，只需在矩阵上单击鼠标左键即可进行切换。切换顺序为绿色、黄色与红色，然后再回到绿色。

2. 电气规则检查报告

以图 4-1 所示的数字时针电路为例，生成 ERC 报告的步骤如下：

1）打开原理图文件，执行菜单 Tools/ERC 命令。

2）设置有关电气规则检查的选项。

3）单击 OK 按钮。这时会生成相应的检查报告（扩展名为 . ERC），如图 4-26 所示。

系统在发生错误的位置会放置红色的符号。

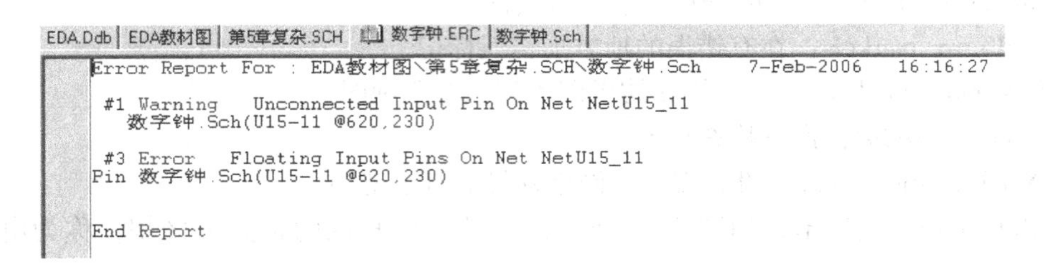

图 4-26　电气规则检查报告

任务 4.4　常用报表的生成与原理图的打印输出

任务描述

把所设计的数字时钟电路原理图生成网络表和元器件列表两个文件，并对原理图进行打印输出设置。

任务目标

掌握原理图网络表生成的方法，能将所设计的原理图打印输出。

任务实施

以数字时钟电路原理图为例完成网络表的生成和原理图的打印输出。

4.4.1　网络表的生成

在原理图编辑环境中可以获得多种有关电路图的报表。如果说原理图是电路的图形表达形式，则各种报表就是电路数据的综合表达形式。下面介绍几种最为常用的报表。

元器件之间的连接线路称为网络，则网络表就是描述元器件及元器件连接关系的文本文件，是原理图与印制电路板（PCB）之间的桥梁。

1. 产生网络表

1）完成原理图的设计，对所有元器件的“Designator”（标号）和“Footprint”（封装）等进行定义，并对当前设置进行保存。

2）执行菜单 Design/Create Netlist 命令，系统会弹出图 4-27 所示的创建网络表对话框，该对话框包括 Preferences 和 Trace Options 两个选项卡，其中主要是对 Preferences 选项卡进行设置。

- Output Format：选择网络表输出的格式。
- Net Identifier Scope：设置网络标识符的有效范围。
- Sheets to Netlist：生成网络表的图样范围。
- Append sheet numbers to local nets：在网络标号中加入原理图编号。
- Descend into sheet parts：细分到图样符号中的电路。
- Include un-named single pin nets：无网络标号的单个引脚也生成网络表。

一般设置前面 3 个就可以了。

3）单击 OK 按钮即可产生网络表文件（扩展名为 .NET），如图 4-28 所示。

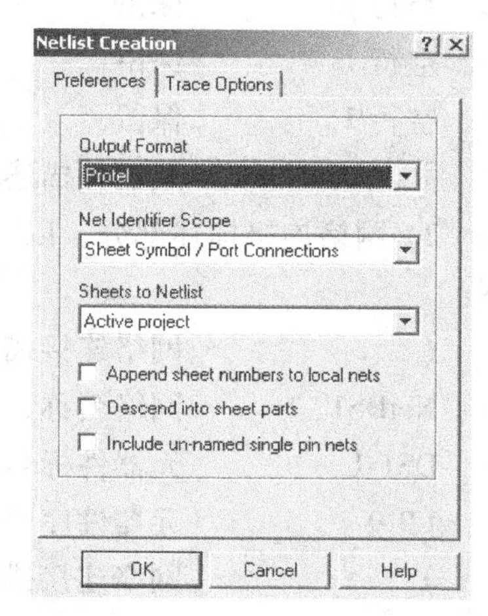

图 4-27　创建网络表对话框

2. 网络表的格式

Protel 99 SE 提供了 Protel、Protel2 和 EEsof 等多种格

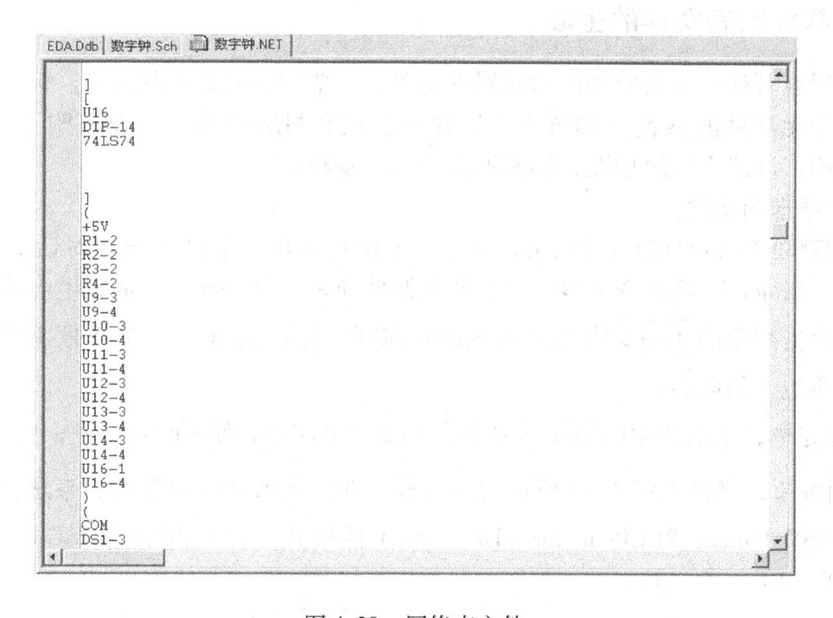


```
]
[
U16
DIP-14
74LS74



]
(
+5V
R1-2
R2-2
R3-2
R4-2
U9-3
U9-4
U10-3
U10-4
U11-3
U11-4
U12-3
U12-4
U13-3
U13-4
U14-3
U14-4
U16-1
U16-4
)
(
COM
DS1-3
```

图 4-28　网络表文件

式，我们最常用的是 Protel 格式。

Protel 格式的网络表是一种文本文件，由元器件描述和网络连接描述两部分组成。

1）元器件描述部分，以“［”开始，以“］”结束，将其内容包含在内，其格式如下：

[　　　　　元器件描述开始
C1　　　　元器件标号
RAD0.1　　元器件封装
56p　　　　元器件类型
空行 1　　　保留
空行 1　　　保留
空行 1　　　保留
]　　　　　元器件描述结束

2）网络连接描述部分，以“（”开始，以“）”结束，将其内容也包含在内，其格式如下：

(　　　　　网络连接描述开始
NetDS1_1　　网络名称，没有命名时系统自动产生
DS1-1　　　元器件标号及元器件引脚号
U9-9　　　元器件序号及元器件引脚号
)　　　　　网络连接描述结束

注意：网络表（*.net）是联系原理图和 PCB 的文本文件，可以用来建立 PCB。网络表文件不但可以从原理图获得，而且还可以自己按规则编写。

4.4.2　元器件列表文件的生成

元器件列表可列出电路原理图的元器件清单，主要包括元器件的类型、标号和封装等内容。它可用于元器件的核查（如核查元器件的参数和封装号等）以及采购元器件时参考。以图 4-1 为例，讲述产生原理图元器件列表的基本步骤：

1）打开原理图文件。

2）执行菜单 Report/Bill of Material 命令，系统会弹出元器件表向导对话框，如图 4-29 所示。其中“Project”项是产生整个项目的元器件列表，“Sheet”项是产生当前原理图的元器件列表。单击图中的 Next > 按钮可进入图 4-30 所示的对话框，此对话框主要用于设置元器件列表中所包含的内容。

3）设置完毕，单击图中的 Next > 按钮，可进入图 4-31 所示的对话框，定义表栏名称；单击 Next > 按钮，可进入图 4-32 所示的对话框，选择元器件列表格式，系统共提供了 Protel Format、CSV Format 和 Client Spreadsheet 共 3 种格式，在本例中选择 Client Spreadsheet（电子表格式）项。

4）选择 Client Spreadsheet 格式后，单击图中的 Next > 按钮，可进入图 4-33 所示的对话框。然后单击图中的 Finish 按钮，系统进入表格编辑器，并产生扩展名为 *.xls 的元器件列表，如图 4-34 所示。

BOM Wizard
Welcome To Schematic BOM Wizard
This wizard will help you generate custom Bill of Material documents that are automatically loaded into the Spread Sheet or Text Editor.
Do you want to generate BOM for the current sheet or project?
Project
Sheet
< Back
Next >
Cancel

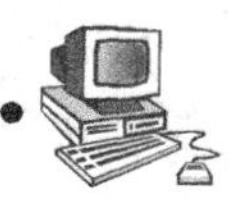

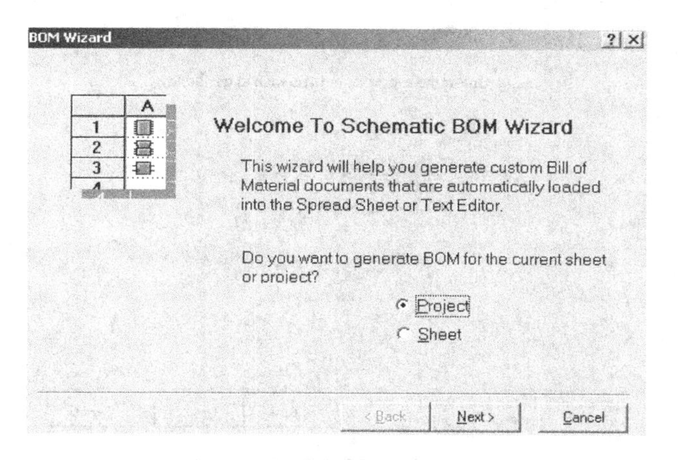

图 4-29　元器件表向导对话框

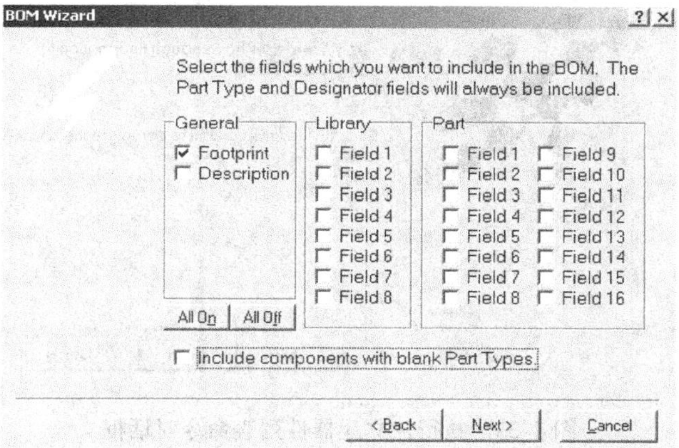

BOM Wizard
Select the fields which you want to include in the BOM. The Part Type and Designator fields will always be included.
General
Footprint
Description
All On
All Off
Library
Field 1
Field 2
Field 3
Field 4
Field 5
Field 6
Field 7
Field 8
Part
Field 1
Field 2
Field 3
Field 4
Field 5
Field 6
Field 7
Field 8
Field 9
Field 10
Field 11
Field 12
Field 13
Field 14
Field 15
Field 16
Include components with blank Part Types
< Back
Next >
Cancel

图 4-30　设置元器件列表的内容

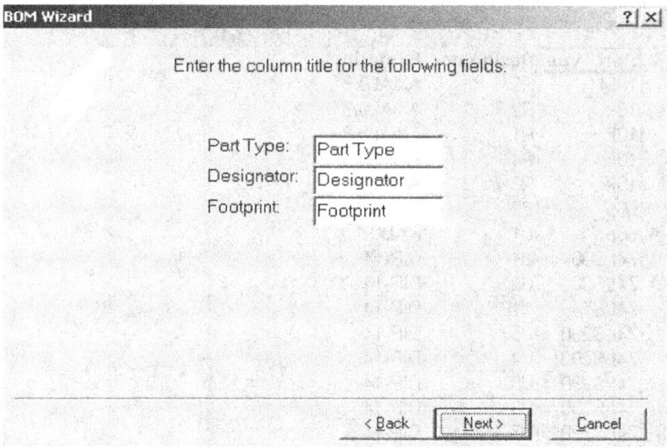

BOM Wizard
Enter the column title for the following fields:
Part Type:
Part Type
Designator:
Designator
Footprint:
Footprint
< Back
Next >
Cancel

图 4-31　定义元器件表栏名称对话框

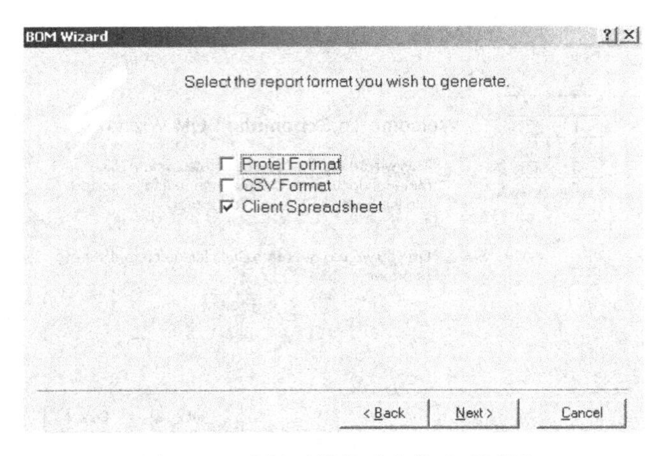

图 4-32　选择元器件列表格式对话框

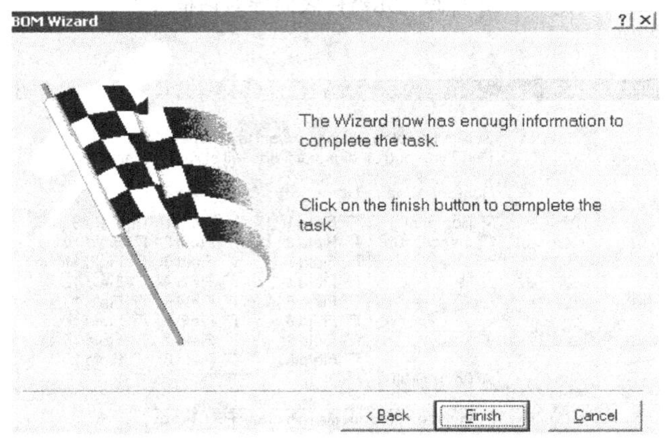

图 4-33　执行建立元器件列表命令对话框

EDA.Ddb | 数字钟.Sch | 数字钟.NET | 数字钟.XLS

A1 | Part Type

	A	B	C	D	E	F
1	Part Type	Designator	Footprint			
2	10M	R5	AXIAL0.3			
3	10k	R2	AXIAL0.3			
4	10k	R1	AXIAL0.3			
5	10k	R4	AXIAL0.3			
6	10k	R3	AXIAL0.3			
7	56p	C2	RAD0.1			
8	56p	C1	RAD0.1			
9	74LS00	U1	DIP-14			
10	74LS00	U2	DIP-14			
11	74LS74	U16	DIP-14			
12	74LS290	U5	DIP-14			
13	74LS290	U4	DIP-14			
14	74LS290	U8	DIP-14			
15	74LS290	U6	DIP-14			
16	74LS290	U3	DIP-14			
17	74LS290	U7	DIP-14			
18	150×8	RP1	DIP-16			

图 4-34　元器件列表表格文件

4.4.3　原理图的打印输出

原理图绘制结束后，通常要用打印机或绘图仪输出，以供设计人员参考和存档。若用打印机打印输出，首先要对打印机进行设置，包括打印机的类型、纸张大小、打印的方向和比例等内容。其基本步骤如下：

1）执行菜单 File/Setup Printer 命令或单击打印按钮，系统将弹出图4-35所示的打印设置对话框。

2）设置各项参数。在这个对话框中需要进行打印机类型的设置、纸张大小的设定和原理图样的设定等内容。

① Select Printer：选择打印机。用户根据实际的硬件配置来进行设定。

② Batch Type：选择输出的目标图形文件。有两种选择：

- Current Document：只打印当前正在编辑的图形文件。
- All Document：打印输出整个项目的所有文件。

③ Color Mode：输出颜色的设置。

- Color：彩色输出。
- Monochrome：单色输出。

④ Margins：设置页边空白宽度。

⑤ Scale：设置缩放比例。

3）单击图4-35中的 Properties 按钮，可对打印机的属性进行设置。

4）单击图4-35左下角的 Print 按钮，系统开始打印。

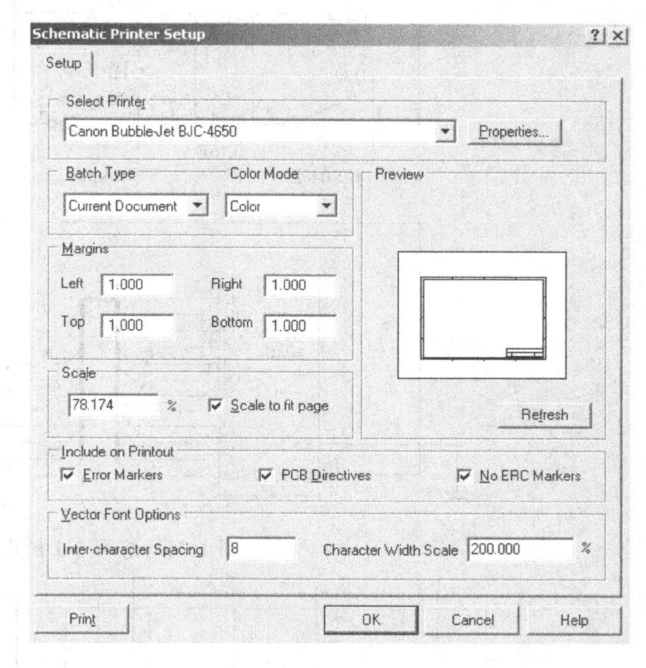

图4-35　原理图打印设置对话框

练　习　4

4-1　绘制图4-36所示的电路图，元器件表如表4-2所示。

表4-2　练习4-1的元器件表

元器件名称	元器件型号	元器件标号	元器件封装	元器件所属元器件库
CAP	0.1μF	C9	RAD0.2	Miscellaneous Devices.lib
CRYSTAL	4.915MHz	XTAL1	XTAL1	
SN74LS04	74LS04	U1	DIP14	
RES2	470Ω	R1 R2	AXIAL0.4	
4040	4040	U2	DIP16	
CON4	CON4	J1	SIP4	
SW-DIP8	SW-DIP8	SW1	DIP16	

4-2　绘制图4-37所示的电路原理图，其中“3Min、4Min、5Min、6Min”为文本注释，“1Hz、IN1、IN2、OUT1”为网络标号。元器件表如表4-3所示。

表4-3 练习4-2的元器件表

元器件名称	元器件型号	元器件标号	元器件所属元器件库
74LS390	74LS390	U1、U2	Protel DOS Schematic TTL. lib
4081	4081	U3、U4	Protel DOS Schematic 4000 CMOS. lib
4071	4071	U5	Protel DOS Schematic 4000 CMOS. lib
SW-4WAY		SW1	自己制作
CON4	CON4	J1	Miscellaneous Devices. lib

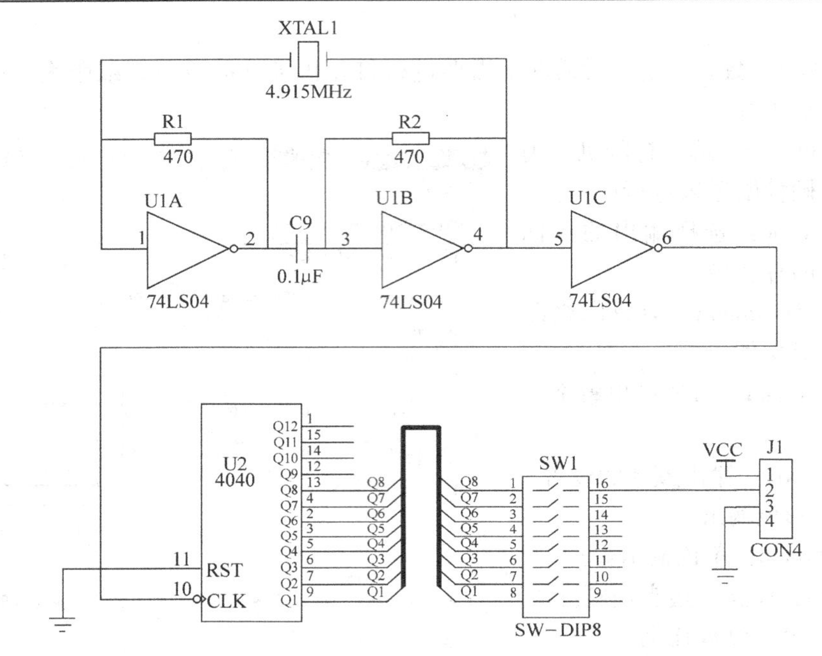

图4-36 练习4-1的电路图

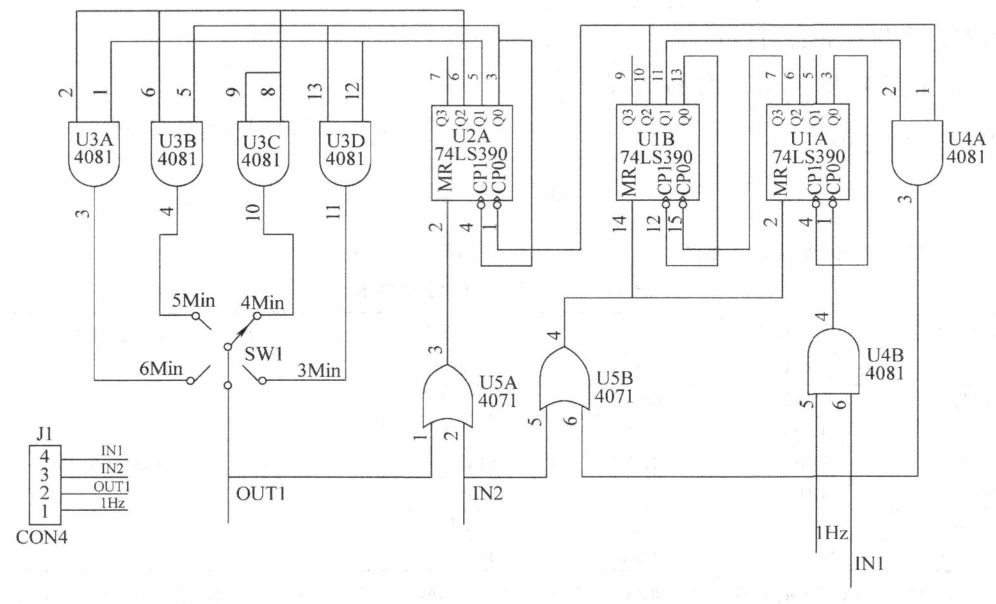

图4-37 练习4-2的电路原理图

4-3　绘制图4-38所示的串联型稳压电源电路图，元器件表如表4-4所示。

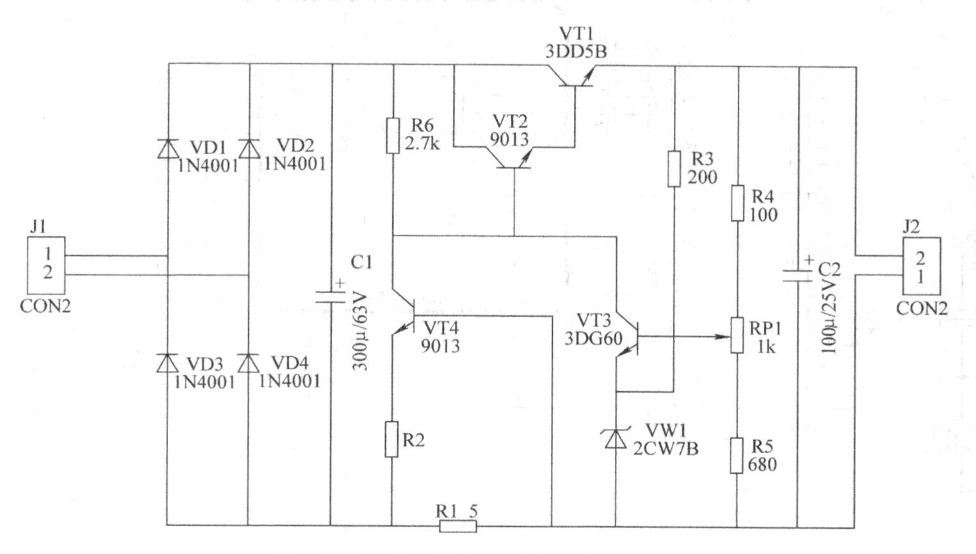

图4-38　串联型稳压电源电路图

表4-4　串联型稳压电源电路的元器件表

元器件名称	元器件标号	元器件型号	元器件封装	元器件所属元器件库
CON2	J1、J2	CON2	SIP2	Miscellaneous Devices. lib
RES2	R1	5Ω	AXIAL0. 4	
RES2	R3	200Ω	AXIAL0. 4	
RES2	R4	100Ω	AXIAL0. 4	
RES2	R5	680Ω	AXIAL0. 4	
RES2	R6	2. 7kΩ	AXIAL0. 4	
POT2	RP1	1kΩ	VR4	
ELECTRO1-1	C1	300μF/63V	RB. 2/. 4	自己制作
ELECTRO1-1	C2	100μF/25V	RB. 2/. 4	
DIODE-1	VD1、VD2、VD3、VD4	1N4001	DIODE 0. 4	
NPN-1	VT1	3DD5B	TO-66	
NPN-1	VT2、VT4	9013	TO-5	
NPN-1	VT3	3DG60	TO-5	
ZENER3-1	VW1	2CW7B	DIODE0. 4	

提示：绘制电路图时电容器、二极管、晶体管和稳压管可用Miscellaneous Devices. lib库中相应的元器件，最后用生成项目库的方法修改以上元器件，然后再更新原理图即可。

4-4　绘制图4-39所示的单片机最小应用系统电路原理图，元器件表如表4-5所示。

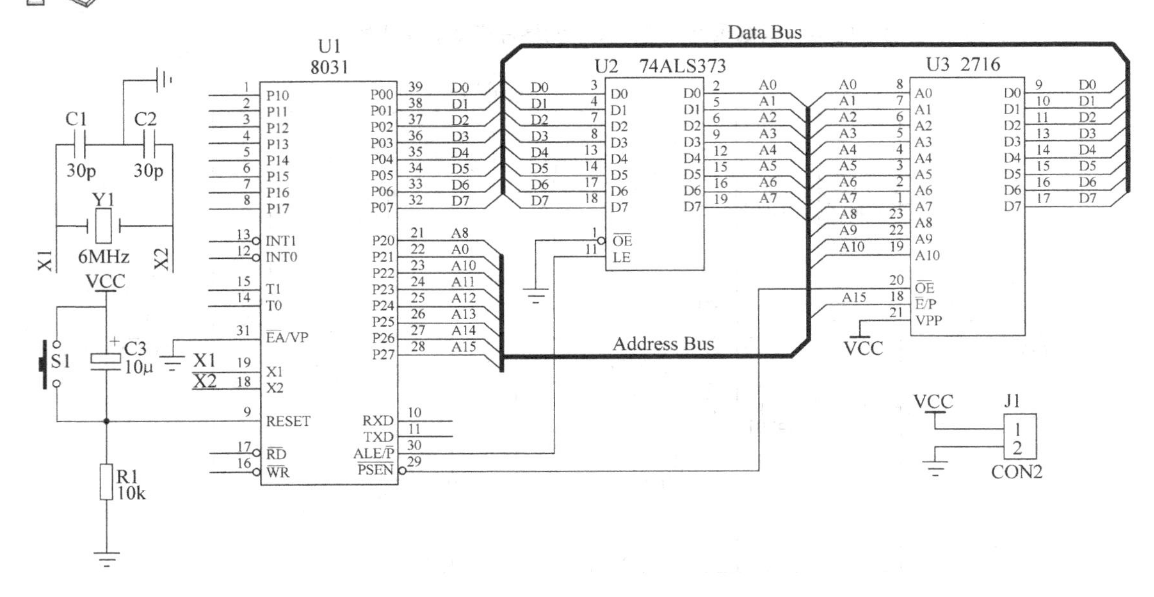

图 4-39 单片机最小应用系统电路原理图

表 4-5 单片机最小应用系统电路的元器件表

元器件名称	元器件标号	元器件型号	元器件封装	元器件所属元器件库
CAP	C1、C2	30pF	RB. 2/. 4	Miscellaneous Devices. lib
ELECTRO1	C3	10μF	RAD0. 2	Miscellaneous Devices. lib
CON2	J1	CON2	SIP2	Miscellaneous Devices. lib
RES2	R1	10kΩ	AXIAL0. 4	Miscellaneous Devices. lib
8031	U1	8031	DIP-40	Protel DOS Schematic Intel. lib
74LS373	U2	74LS373	DIP-20	Protel DOS Schematic TTL. lib
2716	U3	2716	DIP-20	Protel DOS Schematic Memory Devices. lib
CRYSTAL	Y1	6MHz	XTAL1	Miscellaneous Devices. lib
SW-PB	S1		SIP2	Miscellaneous Devices. lib

项目 5

设计 4 串行接口电路层次原理图

项目描述

通过对 4 串行接口电路层次原理图的设计，了解利用层次电路设计大型复杂电路的基本方法，理解层次电路的文件管理结构及不同文件之间的切换方法，掌握层次原理图自顶向下和自底向上的设计方法。

任务 5.1　认识层次电路原理图

任务描述

理解层次电路的文件管理结构及不同文件切换的含义。

任务目标

认识层次电路原理图的结构，学会层次电路设计中不同文件之间的切换方法。

任务实施

通过打开 Protel 99 SE 提供的 4 串行接口电路层次原理图，来认识层次电路原理图结构。

当绘制一个非常复杂庞大的电路原理图时，往往不可能一次完成，也不可能将这个原理图绘制在一张图纸上，更不可能由一个人单独完成。层次电路原理图设计是在实践的基础上提出的，是随着计算机技术的发展而逐步实现的一种先进的原理图设计方法，即层次电路设计方法，它是把一个非常复杂庞大的电路原理图作为一个项目，并将此项目划分为多个功能模块，由各个工作组成员来设计各个功能模块。Protel 99 SE 提供了一个很好的项目组设计工作环境。

5.1.1　打开示例层次原理图

在介绍层次电路原理图的设计方法之前，先打开 Protel 99 SE 安装目录中存放的“4 Port Serial Interface. ddb”文件。

1）启动 Protel 99 SE，执行菜单 File/Open 命令或单击工具栏上的按钮，在如图 5-1 所示的打开设计数据库窗口内，选择“Program Files \ Design Explorer 99 SE \ Examples”目录下的“4 Port Serial Interface. ddb”文件，并打开该文件。

2）在“设计管理器”窗口内，单击“4 Port Serial Interface. ddb”设计数据库文件包及其子目录前的小方块，显示设计数据文件包内的目录结构如图 5-2 所示，找出并单击文件名

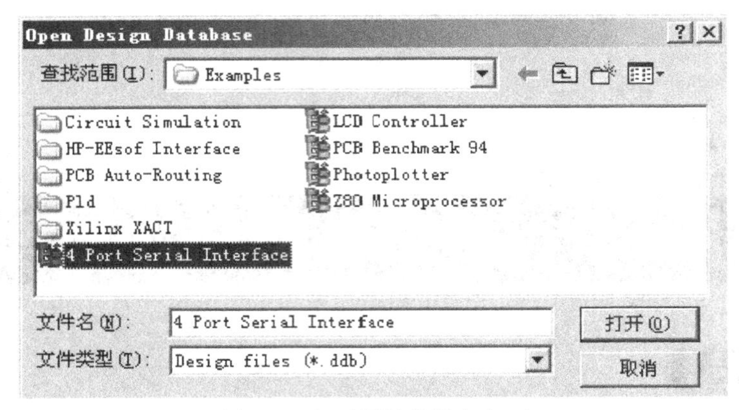

图5-1 打开设计数据库窗口

为“4 Port Serial Interface. prj”的原理图文件，并适当放大“4 Port Serial Interface. prj”文件编辑窗口工作区，即可看到如图5-3所示的4串行接口方块电路图。

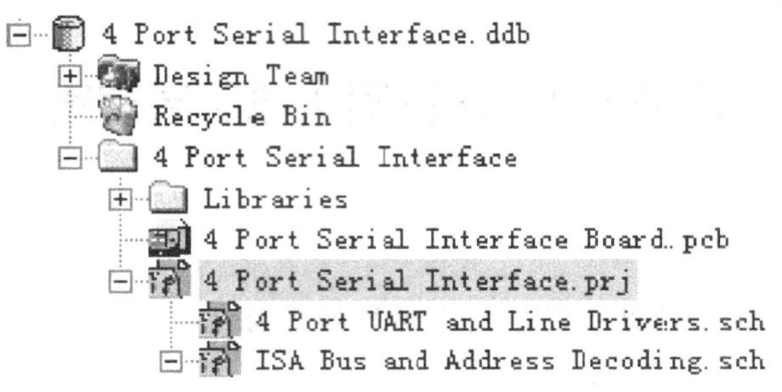

图5-2 4 Port Serial Interface. ddb文件的目录结构

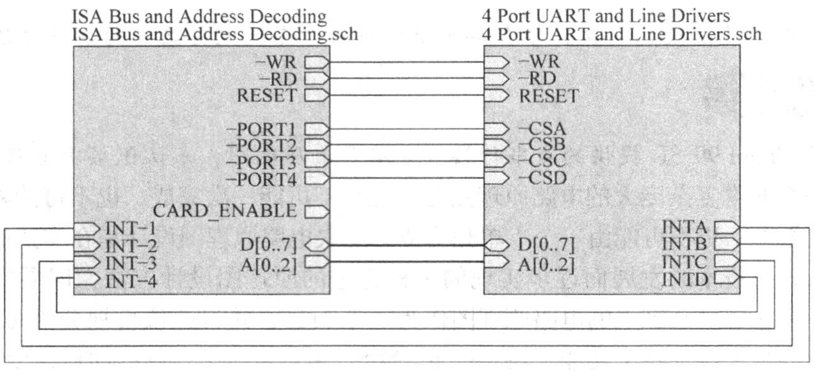

图5-3 4串行接口方块电路图

可见4串行接口电路（4 Port Serial Interface ）由4串行接口与线驱动模块（4 Port UART and Line Drivers）和ISA总线与地址解码模块（ISA Bus and Address Decoding）两个模块组成。项目文件（ *. prj）本质上还是原理图文件，只是扩展名为 *. prj 而已。当模块电路原理图内含有更低层次的子电路时，该模块电路原理图文件扩展名依然为 *. sch。

3）在“设计管理器”窗口中，在4 Port Serial Interface. ddb文件目录中找到并单击文件名为“ISA Bus and Address Decoding. sch”的原理图文件，即可打开如图5-4所示的IAS总线与地址解码模块电路原理图；找到并单击文件名为“4 Port UART and Line Drivers. sch”的原理图文件，即可打开如图5-5所示的4串行接口与线驱动模块电路原理图。

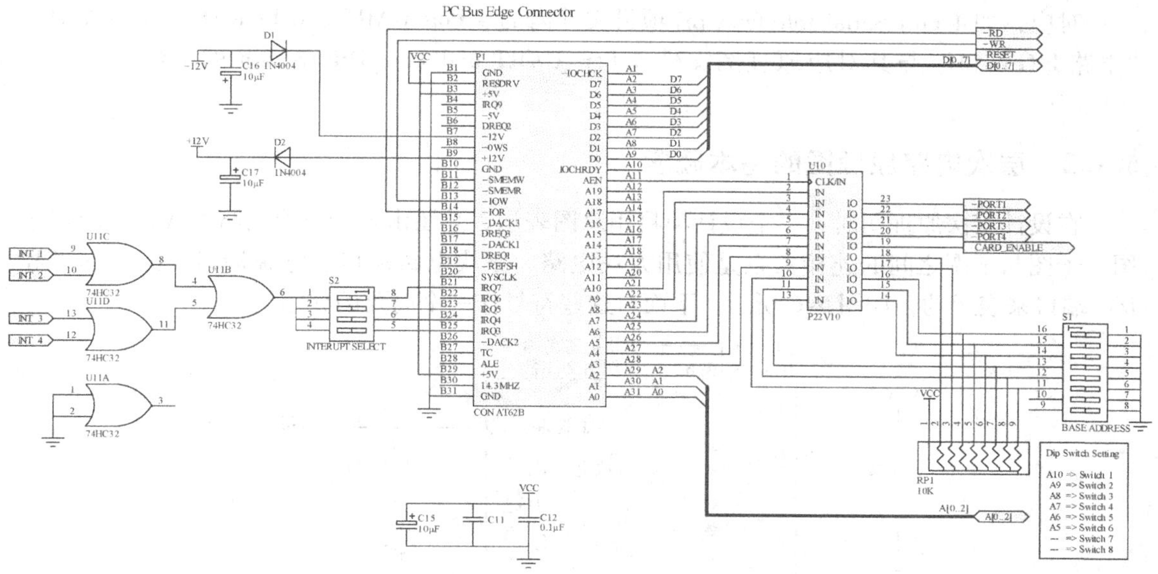

图5-4 ISA总线与地址解码模块电路原理图

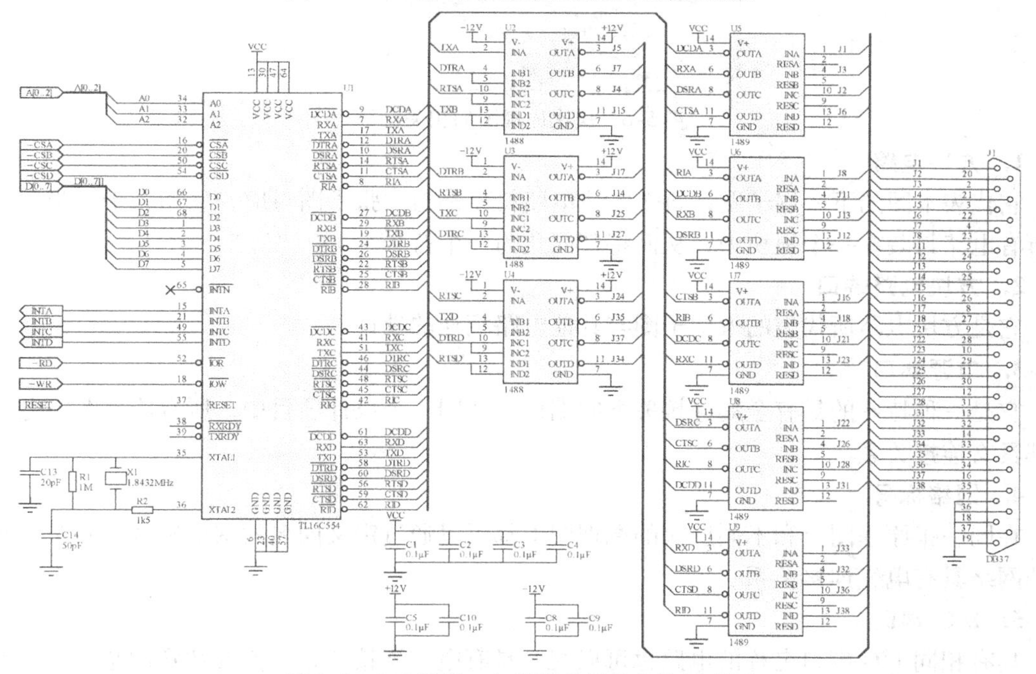

图5-5 4串行接口与线驱动模块电路原理图

由此可见，在层次电路设计中，项目文件电路图非常简洁，只有表示各模块电路的方框（即方块电路）内的I/O端口和表示各模块电路之间连接关系的导线和总线。当然，项目文件电路图内也允许存在少量元器件和连线（即 *.prj 项目文件也可以含有部分实际电路）。而方块电路的具体内容（包含什么元器件以及各元器件的连接关系）在对应模块电路的原理图（*.sch）中给出，甚至模块电路原理图内还可以包含更低层次的方块电路。另外，我们不难发现，项目文件内模块中的“I/O端口”与模块对应的原理图文件的I/O端口一一对应，如 4 Port Serial Interface. prj 项目文件内的 4 Port UART and Line Drivers 模块中的“电路 I/O 端口”与其对应原理图文件 4 Port UART and Line Drivers. sch 的 I/O 端口一一对应。

5.1.2 层次电路原理图的基本概念

在设计层次原理图时，一个设计项目用总图表示，总图由若干方块电路组成，总图与子图、子图与子图之间的连接关系是使用方块电路、方块电路端口、电源端口、网络标号和 I/O 端口来表示的，如图 5-6 所示。下面对这些符号作一个简要的介绍。

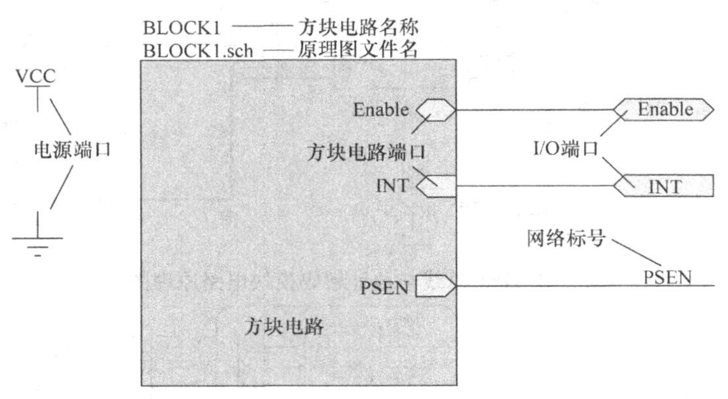

图 5-6 层次原理图的相关符号

1. 方块电路

它代表本图的下一层子图，每个方块电路符号都与一张子图对应，它相当于一张原理图的所有电路封装在一个模块中，从而将其简化为一个符号。

2. 方块电路端口

它是方块电路所代表的下层子图与其他电路相连的端口。

3. 电源端口

它是一种特殊的具有全局连接关系的端口。在同一个设计项目中，所有原理图的电源端口都具有连接关系。

4. 网络标号

在同一张原理图上和不同层次的原理图上都可以通过定义同名的网络标号使两个没有连接的网络具有电气连接关系。

5. I/O 端口

具有相同 I/O 端口名称的电路也可以视为具有电气连接关系。需要注意的是，在同名的 I/O 端口中必须正确定义端口的电气特性。

5.1.3 层次电路设计中不同文件之间的切换

在层次电路中含有多张电路图，不同层次电路图之间的切换是必不可少的。切换的方法有：

1）利用设计管理器。用户可以直接用鼠标左键单击设计管理器窗口的层次结构中所要编辑的文件名。

2）执行菜单命令 Tool \ Up \ Down Hierarchy 或用鼠标左键单击主工具栏的按钮。执

行命令后，光标变成了十字形状。如果由项目文件窗口切换到某一模块电路窗口时，可将光标移到相应方块电路上，单击鼠标左键即可切换到相应的模块电路窗口内；若由某一模块电路窗口切换到另一模块电路窗口时，可将光标移到与目标模块电路相连的I/O端口上，单击鼠标左键即可迅速切换到与该I/O端口相连的上一层或下一层电路窗口中；若不需要再切换到其他电路窗口，则可单击鼠标右键，退出“层次电路切换”命令状态。

任务5.2　绘制层次电路原理图

任务描述

采用自上而下的层次电路原理图设计方法绘制图5-3所示的4串行接口电路方块电路图，然后绘制图5-4所示的ISA总线与地址解码模块电路原理图和图5-5所示的4串行接口与线驱动模块电路原理图。

任务目标

掌握层次原理图自顶向下和自底向上的设计方法。

任务实施

以重新绘制4串行接口电路层次原理图为例来介绍设计层次电路原理图的基本方法。

简单地说，层次电路图的设计就是模块化电路图设计。用户可以将待设计的系统划分为多个子系统，子系统下面又可分划分为若干功能模块，功能模块再细分为若干个基本模块。设计好基本模块，定义好模块之间的连接关系，即可完成整个设计过程。设计时可以从系统开始，逐级向下进行，也可以从最基本的模块开始，逐级向上进行，前者是自顶而下的设计方法，而后者即自底而上的设计方法。

下面采用自顶而下的方法，以绘制4串行接口电路层次原理图为例来介绍建立层次电路原理图的操作过程。

1. 建立层次原理图文件

建立数据库“4串行接口电路.ddb”，启动原理图编辑器并建立原理图文件。

2. 放置方块电路

1）执行菜单命令Place \ Sheet Symbol或用鼠标左键单击Wiring Tools中的▭按钮。

提示：在此命令状态下，若单击Tab键，系统会出现方块电路属性对话框，可以进行方块电路属性设置。

2）移动鼠标到原理图工作区，这时光标变成十字形，并带着方块电路，如图5-7所示。移动光标到合适位置，单击鼠标左键，确定方块电路的左上角位置。然后拖动鼠标，移动到适当的位置后，单击鼠标左键，确定方块电路的右下角位置。这样就定义了方块电路的大小和

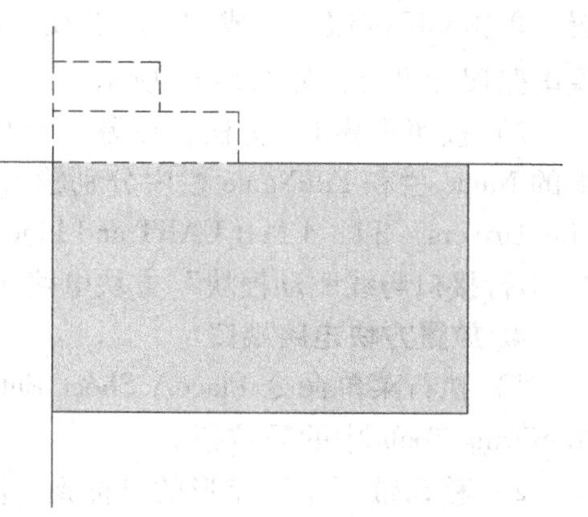

图5-7　放置方块电路状态

位置，绘制出了一个电路子模块，如图 5-8 所示。

3）放置好一个方块电路后，光标变成一个“十”字形，“十”字形光标的右下角有一个与刚才放置的方块电路大小相同的方块电路。如果不调整方块电路的大小，直接双击鼠标左键，可以直接放置另一个方块电路。如果需要调整方块电路的大小，可重复步骤 2），完成两个方块电路的放置。最后单击鼠标右键，结束方块电路放置状态。

图 5-8　确定方块电路的大小和位置

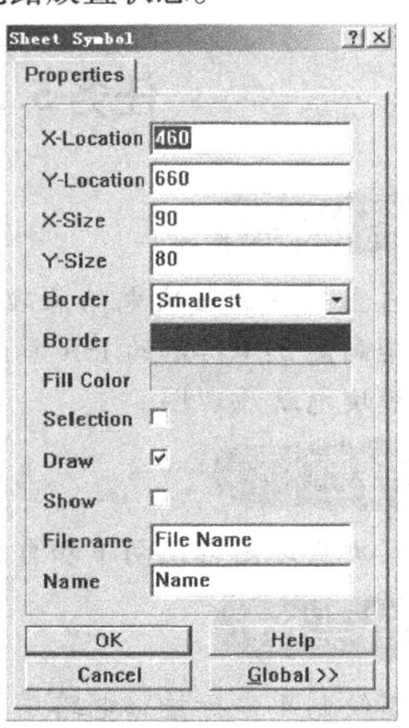

图 5-9　方块电路属性对话框

3. 设置方块电路属性

1）用鼠标左键双击之前放置好的方块电路，系统弹出方块电路属性对话框，如图 5-9 所示。在对话框中 Name 栏输入方块电路名“ISA Bus and Address Decoding”，在 FileName 栏输入方块电路名（包括扩展名 . sch），即原理图文件名“ISA Bus and Address Decoding. sch”，其他选项采用默认设置，单击 OK 按钮，完成“ISA 总线与地址解码模块”方块电路属性设置，如图 5-10 所示。

2）按照步骤 1）方法，在另一个方块电路的属性对话框的 Name 栏和 FileName 栏中分别输入“4 Port UART and Line Drivers”和“4 Port UART and Line Drivers. sch”，进行“4 串行接口与线驱动模块”方块电路属性设置。

图 5-10　ISA 总线与地址解码模块方块电路

4. 放置方块电路端口

1）执行菜单命令 Place \ Sheet Entry 或用鼠标左键单击 Wiring Tools 中的按钮。

2）移动带“十”字形的光标到方块电路内需要放置方块电路端口的位置上，单击鼠标左键，光标处将出现方块电路的端口符号，如图 5-11 所示。

注意：当在需放置端口的方块电路图上单击鼠标左键，光标处出现方块电路的端口符号后，光标就只能在该方块电路图内部移动，直到放置了端口并结束该步操作以后，光标才能在绘图区域自由移动。

3）在此命令状态下，单击Tab键，会出现如图5-12所示的方块电路端口属性对话框。

4）设置端口“-WR”的属性。在Name栏输入端口名“-WR”，在I/O Type栏选择端口类型为“Output”，在Side栏选择端口的位置在右边即“Right”，在Style栏选择端口的风格为“Right”，其他选项采用默认设置，单击OK按钮。

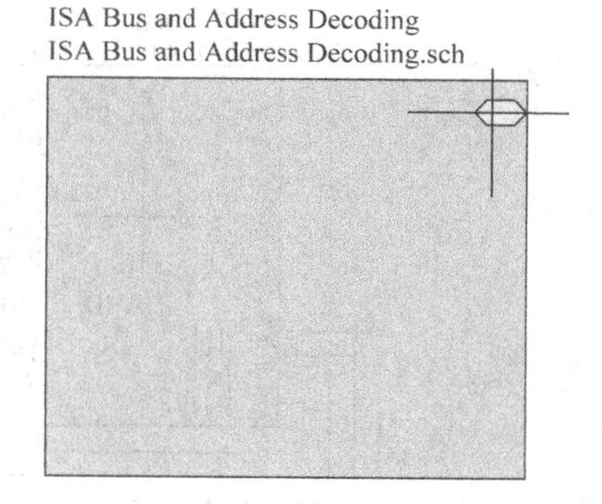

图5-11　放置方块电路端口状态

5）移动光标到适当位置，单击鼠标左键，完成方块电路端口“-WR”的放置，如图5-13所示。

6）按照上述方法，按照图5-3所示的4串行接口方块电路图，可以在ISA总线与地址解码模块上放置其他端口，如图5-14所示。

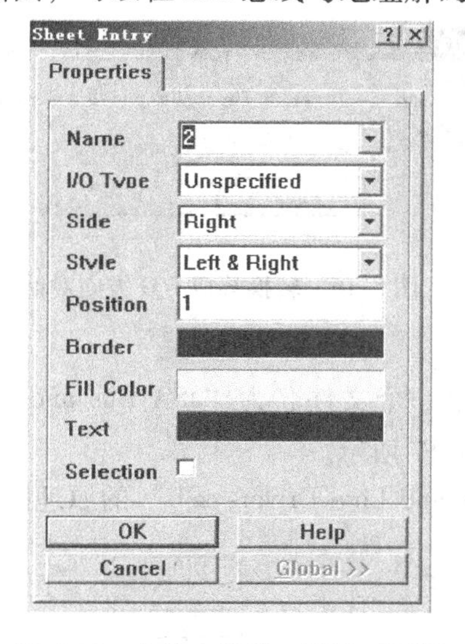

图5-12　方块电路端口属性对话框

图5-13　放置方块电路端口“-WR”

7）采用同样的方法，按照图5-3所示的4串行接口方块电路图，可以放置4串行接口与线驱动模块电路的端口。

5. 连接方块电路的端口

按照图5-3所示电路，用导线或总线将两个方块电路的端口连接起来，完成4串行接口方块电路图的设计。

注意：两个方块电路的端口“D［0..7］”之间、“A［0..7］”之间采用总线连接。

6. 由方块电路生成原理图文件

1）执行菜单命令Design \ Create Sheet From Symbol，光标变成“十”字形，将其移到4串行接口方块电路中的ISA Bus and Address Decoding模块上，如图5-15所示。

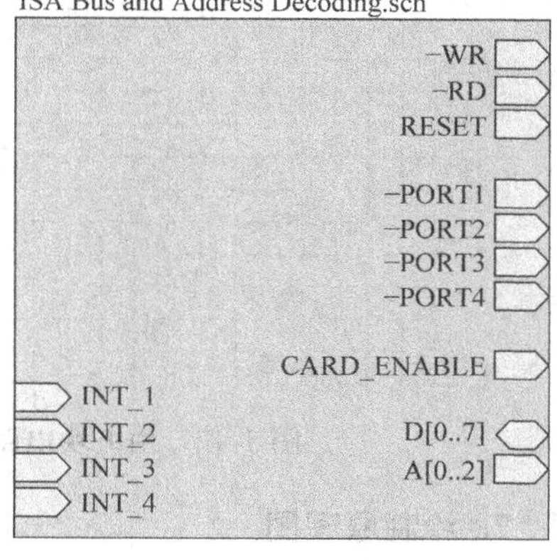

图5-14　放置完端口的ISA总线与地址解码模块

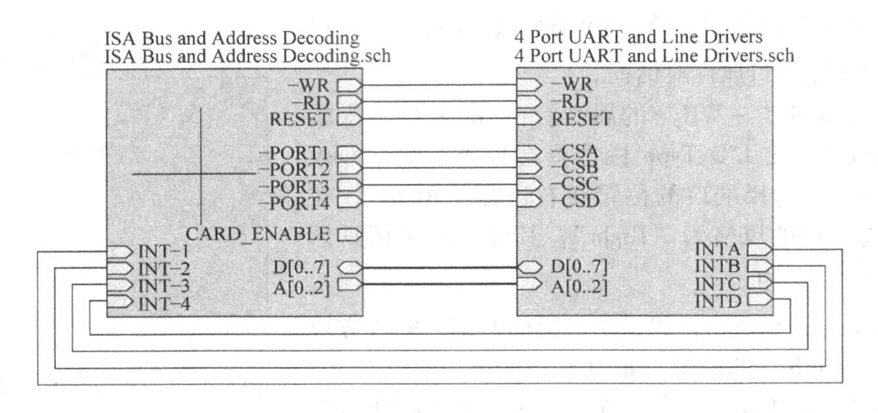

图5-15　移动光标至方块电路中

2）单击鼠标左键，产生转换端口I/O方向的对话框，如图5-16所示。

注意：不要在方块电路的端口上单击鼠标。

若单击对话框中的Yes按钮，新产生的原理图中I/O端口的输入/输出方向将与方块电路端口方向相反；若单击ON按钮，新产生的原理图中I/O端口的输入输出方向将与方块电路端口方向相同。

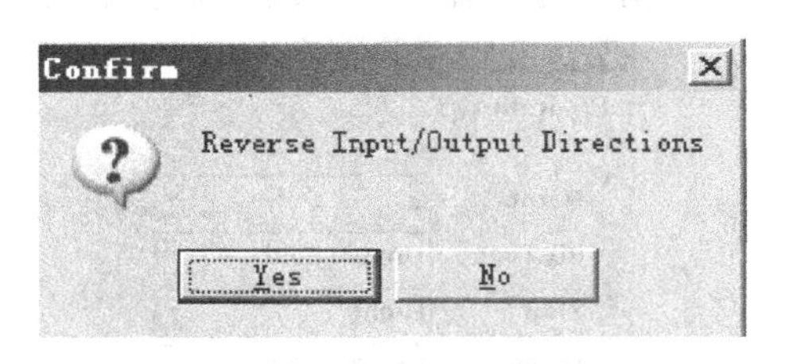

图5-16　转换端口I/O方向对话框

3）若单击对话框中的ON按钮，系统将自动产生一个文件名为“ISA Bus and Address Decoding. sch”的原理图，并布置好I/O端口，如图5-17所示。

采用同样的方法，由方块电路产生“4 Port UART and Line Drivers. sch”的原理图。

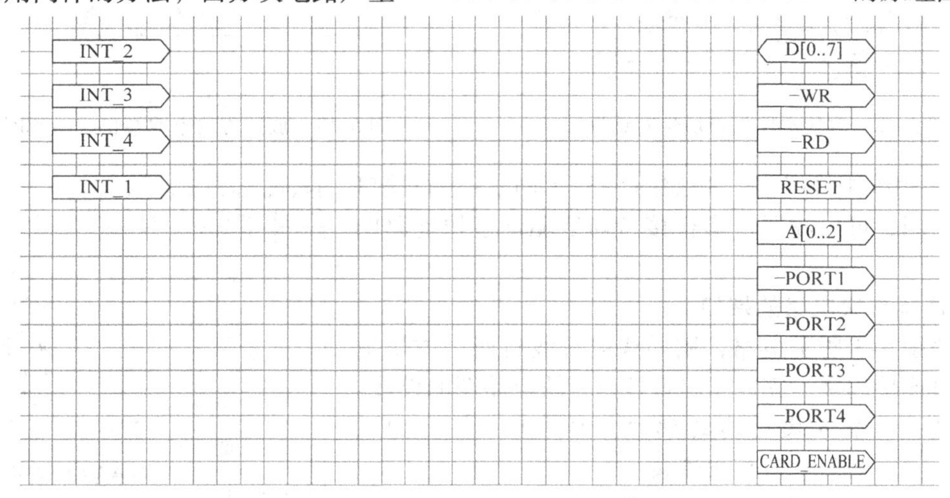

图5-17　由方块电路产生的原理图ISA Bus and Address Decoding. sch

7. 绘制原理图

由方块电路产生的原理图只包含与方块电路端口对应的I/O端口，所以要完成原理图绘制，还必须放置元器件、导线、总线、网络标号、电源端口等。请读者按照图5-4和图5-5

所示的电路完成 ISA Bus and Address Decoding. sch 和4 Port UART and Line Drivers. sch 原理图的绘制。

自底而上的设计方法是指首先绘制表示基本模块的原理图，然后由原理图生成方块电路，最后绘制总图的层次原理图。

练　习　5

5-1　打开存放在“Program Files \ Design Explorer 99 SE \ Examples”目录下的原理图编辑演示文件包“Z80 Microprocessor. ddb”或“LCD Controller. ddb”文件，浏览文件包文件结构，从中了解电路原理图结构及其层次电路的切换方法。

5-2　采用“自顶而下”和“自底而上”两种层次电路设计方法分别完成4串行接口电路层次原理图的设计。

项目6

认识印制电路板的设计环境

项目描述

本项目主要介绍与印制电路板结构有关的一些基本知识，如PCB分类、元器件封装、铜膜导线、焊盘和过孔及PCB设计的一般原则等；印制电路板工作层的概念及工作层的设置、打开或关闭；PCB编辑器系统参数的设置。通过本项目的学习，掌握PCB图的常用设计对象、PCB工作层的概念；了解PCB编辑器工作参数的设置。

任务6.1 认识印制电路板

任务描述

初步认识印制电路板。

任务目标

了解PCB的结构、常用设计对象及设计的一般流程。

任务实施

用一块已制作好的成品PCB，并结合PCB图，让学生了解PCB的基本知识。

在学习PCB设计之前，我们要先来了解一下有关PCB的概念、结构形式、设计流程和设计的一般原则。

6.1.1 PCB的结构

PCB是印制电路板（Printed Circuit Board）的英文缩写。几乎在每一种电子设备中，只要有电子元器件，那么它们都是嵌在大小各异的PCB上，除了固定各种小零件外，PCB的主要功能是提供电路板上各元器件相互间的电气连接。按电路板的导电层数，印制电路板可分为单面板、双面板和多层板。

1. 单面板

单面板是指只有一面敷铜的电路板，其特点是成本低，适用于比较简单的电路或元器件分布密度不高的印制电路板。如一般的小型电子产品、小型家电产品电路等。

2. 双面板

双面板是指两面都敷铜的电路板，由顶层（Top Layer）和底层（Bottom Layer）构成。

顶层用于放置元器件，底层用于焊接元器件引脚，两层之间由金属化过孔来实现电气连接。因为双面板的面积比单面板大了一倍，而且布线可以互相交错，它更适合用在比单面板更复杂的电路上。

3. 多层板

多层板是由交替的工作层及绝缘层叠压粘合而成的电路板。它主要用于复杂的电路设计，如在微机中，主机板、显示卡等PCB采用4~6层电路板设计。多层板除了顶层和底层之外，还包含若干中间层、电源层和地线层。各层之间通过金属化过孔实现电气连接，图6-1所示的结构为典型的四层电路板的结构，包含顶层、底层和两个中间层。

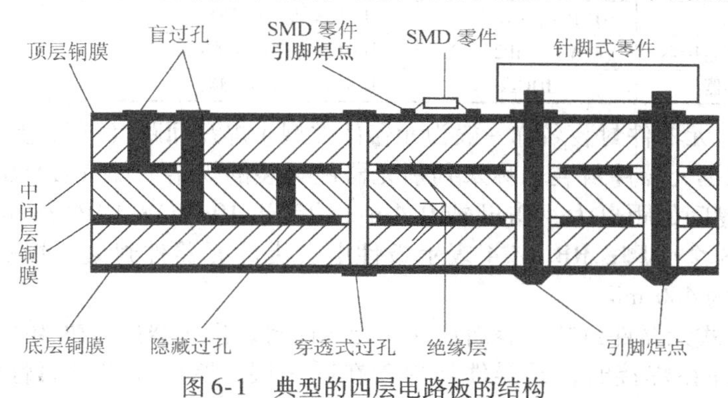

图6-1　典型的四层电路板的结构

6.1.2　PCB图的常用设计对象

PCB图的设计对象主要有Component（元器件封装）、Pad（焊盘）、Via（过孔）、Track（铜膜导线）、Fill（矩形填充）、Polygon Plane（多边形敷铜）、Arc（圆弧）、String（字符串）和Clearance Constraint（安全间距）等。下面只介绍其中部分常用设计对象。

1. 元器件封装

元器件封装是指实际元器件焊接到电路板上时所指示的外观和焊盘的位置。因此不同的元器件可共用同一元器件封装，如晶体管和场效应晶体管；同类元器件也可有不同的元器件封装，如电阻类的元器件封装有AXIAL0.3~1.0。

所以在PCB设计时不仅要知道元器件的标号，而且要确定元器件封装，元器件封装最好在设计原理图时指定。

（1）元器件封装的分类　元器件的封装形式分为针脚式和表面贴片式（STM）两大类。

1）针脚式元器件封装。采用针脚式元器件封装的元器件很多，如电阻、电容、晶体管和双列直插式（DIP）元器件等。这类封装的元器件在焊接时，一般要把引脚从顶层插入焊盘通孔，在底层进行焊接。由于针脚式元器件的引脚要贯穿整个电路板，所以在其焊盘属性对话框中，PCB图的Layer（层）属性必须设为Multi Layer（多层）。常用的针脚式元器件封装名称如表6-1所示。

表6-1　常用的针脚式元器件封装名称

元器件类型	元器件封装名称	说　明
电阻或无极性二端元器件	AXIAL0.3~1.0	数字表示焊盘间距，单位为英寸
无极性电容器	RAD0.1~0.4	数字表示焊盘间距

（续）

元器件类型	元器件封装名称	说　　明
有极性电容器	RB.2/.4～.5/1.0	斜杠前的数字表示焊盘间距，斜杠后的数字表示电容外直径
二极管	DIODE0.4～0.7	数字表示焊盘间距
按键开关、指拨式开关	SIP2、DIPx	数字表示焊盘数
石英晶体振荡器	XTAL1	
晶体管、FET	TO－xxx	其中xxx为数字，表示不同的晶状体封装
电源连接头	POWERx、SIPx	x表示引脚数
可变电阻器	VR1～VR5	
双列直插式IC	DIPxx、DIP－xx	其中xx表示引脚数
单列直插式元器件或连接器	FLY4、SIP2～20	其中数字表示引脚数
双排封装的连接器	IDCxx	其中xx表示引脚数

在表6-1中，元器件封装名称一般为元器件类型＋焊盘间距（或焊盘数）（＋元器件外形尺寸），可以根据元器件封装名称来判别元器件封装的规格。如AXIAL0.4表示该元器件封装为轴状，焊盘间的距离为400mil或0.4in（约等于10mm）；DIP8表示双排引脚的元器件封装，两排共8个引脚；RB.2/.4表示极性电容类的元器件封装，焊盘间的距离为200 mil，元器件直径为400 mil。

2）表面贴片式元器件封装。表面贴片式元器件封装指元器件引脚用焊锡粘贴在PCB的表层，这类元器件在焊接时，元器件与焊盘在同一层，所以在焊盘属性对话框中，Layer（层）属性必须设为单一板层，如Top Layer或Bottom Layer。如陶瓷无引线芯片载体LCC（Leadless Chip Carrier）、小尺寸封装SOP（Small Outline Package）等，详见附录B。

（2）元器件封装图与元器件原理图

1）元器件封装图结构。一般元器件的封装图结构如图6-2所示，它包含元器件图形、焊盘和元器件封装属性三部分。其中元器件图形是元器件的几何图形，不具备电气性质，一般用丝网漏印方法漏印到电路板的元器件层上；焊盘（Pad）就是元器件的引脚，焊盘上的号码就是元器件对应的引脚号码；元器件封装属性用于设置元器件的位置、层次、标号和型号等内容，元器件封装的基本属性是标号（Designator）和型号（或参数）（Comment）。

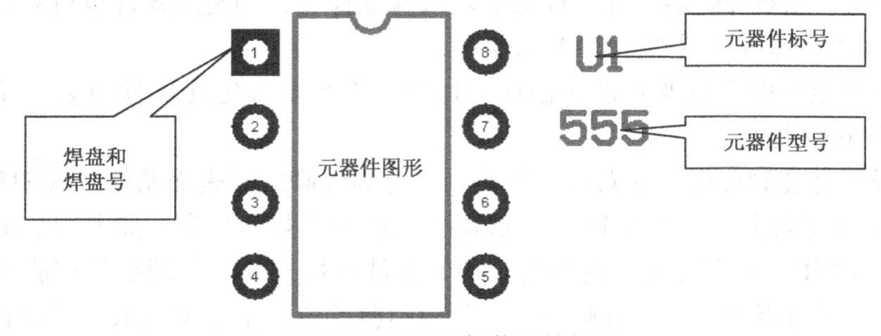

图6-2　DIP-8封装图结构

2）元器件封装图与元器件原理图之间的关系。原理图中的元器件图由元器件符号、元器件引脚和元器件属性构成。其中，元器件符号是以图形形式来表现元器件的功能和用途；元器件引脚主要提供元器件与其他元器件间电气连接的端点；元器件属性通常有元器件的标号、元器件的型号或标称值等可见参数和元器件封装形式等不可见信息。

原理图中元器件之间的电气连接是通过引脚与引脚之间的导线连接来实现的，引脚号是重要的电气对象；而印制电路板中元器件封装之间的连接是在焊盘与焊盘之间用铜膜导线的

连接来实现的，原理图元器件的引脚号码必须与元器件封装图中的焊盘号码一致，否则会在网络表装入电路板图环境时出现错误。要让原理图能够直接转换为PCB布线的信息，就必须保证原理图中元器件属性的内容能够转换为PCB中所对应的属性要求。NPN型晶体管的原理图形符号与PCB器件封装图的对应关系如图6-3和表6-2所示。

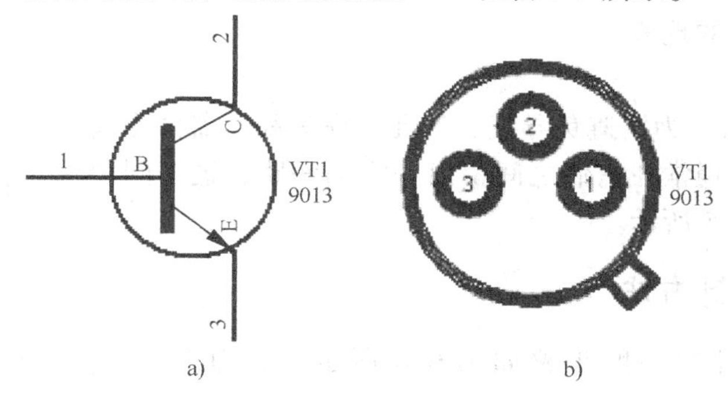

图6-3　NPN型晶体管的原理图形符号与PCB器件封装图的对应关系
a）NPN型晶体管的原理图形符号　b）PCB器件封装图

表6-2　NPN型晶体管的原理图器件与PCB器件封装图的对应关系

中文属性	Protel Schematic		Protel PCB	
封装形式	Footprint	TO-18	Footprint	TO-18
元器件标号	Designator	VT1	Designator	VT1
元器件型号或标称值	Part Type	9013	Comment	9013
引脚号	Pin Number	1、2、3	Pad Designator	1、2、3

2. 焊盘

焊盘用于固定元器件引脚、引出线或测试线等。Protel 99 SE在封装库中给出了一系列不同形状和大小的焊盘，如圆形、方形和八角形等，根据元器件封装类型，焊盘也分为针脚式和表面贴片式两种。

3. 过孔

过孔又称金属化孔，是在钻孔后的基材孔壁上淀积金属层以实现不同导电层之间的电气连接。过孔有3种类型：贯穿整个电路板的穿透式过孔、从顶层至中间某层的盲过孔以及内层间的隐藏过孔。过孔的内径与外径尺寸一般小于焊盘的内、外径尺寸。图6-4所示为过孔的内径与外径尺寸。

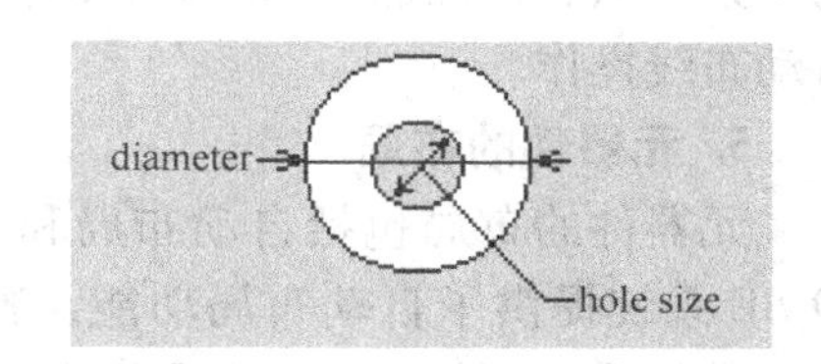

图6-4　过孔的内径与外径尺寸

4. 铜膜导线与飞线

1）铜膜导线。印制电路板上用于传递各种电流信号的铜质导线称铜膜导线，简称导线。它可以通过过孔把一个导电层与另一个导电层连接起来。PCB设计都是围绕如何布置导线来进行的。

2）飞线。飞线是与导线有关的另外一种线，它是加载网络表后，系统根据规则生成的，用来指引自动布线的一种连线。

3）导线与飞线的关系。飞线指用来指示导线的实际布置，没有电气连接意义，导线实现飞线的意图，是具有电气连接意义的连线。

5. 大面积敷铜

印制电路板上的大面积的敷铜有两种作用：一种是散热；另一种是用于屏蔽电磁干扰。在使用大面积的敷铜时，应在其上开窗口或将其设计成网状，以防止印制电路板的基板与铜箔间的粘合剂在浸焊或长时间受热时，产生的挥发性气体无法排除、热量不易散发，而导致产生铜箔膨胀、脱落的现象。

6. 安全间距

进行 PCB 设计时，为了避免导线、过孔、焊盘和元器件距离过近而造成相互干扰，通常在它们之间留出一定的间距，这个间距称为安全间距，如图 6-5 所示。

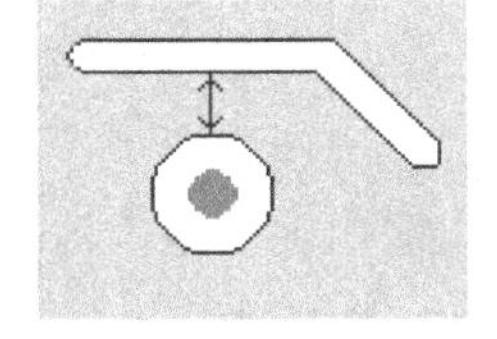

图 6-5　安全间距

6.1.3　PCB 的设计方法

印制电路板设计的一般步骤如图 6-6 所示，分为以下几步。

原理图设计 → 规划电路板 → 设置参数 → 加载网络表 → 元器件的布局 → 布线规则设置 → 自动布线和手工调整 → 报表输出 → 文件的保存和输出

图 6-6　PCB 设计的一般步骤

1. 原理图设计

利用原理图设计工具绘制电路原理图，并生成网络表。对于比较简单的电路可不必绘制原理图而直接进入 PCB 设计环境中。

2. 规划电路板

规划电路板主要是确定电路板的物理边界、电气边界、板层结构和布局要求等任务。

3. 设置参数

参数的设置包括工作层的参数、PCB 编辑器的工作参数、自动布局和布线参数的设置等。

4. 加载网络表

网络表是自动布线的关键，是连接电路原理图和 PCB 图的桥梁。只有正确加载网络表，才能对电路板进行自动布局和自动布线操作。

5. 元器件的布局

元器件的布局包括自动布局和手工调整两个过程。Protel 99 SE 系统提供了自动布局功能，若自动布局结果不尽人意，则再进行手工调整，也可以采用手工布局。

6. 布线规则设置

系统根据网络表中的连接关系和设置的布线规则进行自动布线，布线规则设置包括导线线宽、平行线间距、过孔大小、导线与焊盘之间的安全间距的设置等内容。

7. 自动布线和手工调整

只要元器件的布局合理，布线参数设置得当，系统就可完成自动布线。布线完成后，系统会给出布线成功率、所布导线总数以及花费时间的提示。也可以对自动布线的结果进行手工调整，如调整导线的走向、导线的粗细和标注字符等。

8. 报表输出

Protel 99 SE 提供在 PCB 图中产生电路板设计的相关报表功能，如元器件引脚报表、网

络状态报表和电路板信息报表等。

9. 文件的保存和输出

完成 PCB 设计后，应将文件保存，然后利用各种图形输出设备，输出 PCB 图。

6.1.4 PCB 设计的一般原则

1. 元器件布局的一般原则

1）按照电路的流程安排各个功能电路单元的位置，使布局便于信号流通，并使信号尽可能保持一致的方向。

2）以每个电路的核心元器件为中心，围绕它进行布局，元器件应均匀、整齐、紧凑地排列在 PCB 上，尽量减少和缩短各个元器件之间的引线和连接。

3）易受干扰的元器件不能相互挨得太近，输入和输出元器件应尽量远离。

4）某些元器件或导线之间可能有较高的电位差，应加大它们之间的距离，以免放电引起短路。带强电的元器件应尽量布置在调试时手不易触及的地方。

5）较重的元器件，应当用支架加以固定，然后焊接。

6）发热元器件应放在有利于散热的位置，必要时可装散热器。

7）热敏元器件应远离发热元器件。

8）对于电位器、可调电感线圈、可变电容器和微动开关等可调元器件的布局，应考虑整机的结构。若是机内调节，应放在印制电路板上便于调节的地方；若是机外调节，其位置要与调节旋钮在机箱面板上的位置相适应。

9）位于电路板边缘的元器件，离电路板边缘一般在 2mm 以上。

10）电路板的最佳形状为矩形，长宽比例为 3∶2 或 4∶3。电路板面尺寸大于 200mm × 150mm 时，应考虑电路板所受的机械强度。

2. 布线的一般原则

1）输入和输出的导线应尽量避免相邻平行。最好在输入、输出端的导线之间添加地线，以免发生反馈耦合。

2）印制电路板导线的最小宽度主要由导线与绝缘基板间的粘附强度和流过它们的电流值决定。一般导线宽度选在 0.3 ~ 2mm。实验表明：当铜箔厚度为 0.05mm、导线宽度为 1 ~ 1.5mm 时，通过电流 2A 时，温度升高少于 3℃。因此，一般选用 1 ~ 1.5mm 导线宽度就可以满足设计要求而不致引起过高温升。对于集成电路，尤其是数字电路，通常选 0.2 ~ 0.3mm 导线宽度。当然，只要允许，应尽可能用较宽的线，尤其是电源线和地线。

3）导线宽度不宜大于焊盘尺寸。

4）印制电路板导线不能有急剧的拐角和拐弯，拐角不得小于 90°，最佳的拐弯方式是采取圆弧形，采取直角或夹角时铜箔容易剥离或翘起。此外，应尽量避免使用大面积铜箔，否则当长时间受热时，易发生铜箔膨胀现象。必须用大面积铜箔时，最好做成栅格状，这样有利于排除铜箔与基板间的粘合剂受热产生的挥发性气体。

5）模拟电路和数字电路的地线应分开布线以减少相互间的干扰。

6）在设计 PCB 时，不允许有交叉的铜膜走线，对于可能交叉的线条，可以用“钻”或“绕”的办法解决。即让走线从别的电阻、电容及晶体管等元器件下的空隙处“钻”过去，或从可能交叉的某条导线的一端“绕”过去。在特殊情况下，如果电路很复杂（或遇到必须交叉的情况时），可以用绝缘导线跨接交叉点的方法解决。

7）设计PCB图时，在使用IC座的场合下，一定要特别注意IC座上定位槽放置的方位是否正确，并注意各个IC脚的位置是否正确，例如第1脚只能位于IC座的左下角或右上角，而且紧靠定位槽（从器件表面看）。

任务6.2 PCB设计编辑器的启动

任务描述

启动PCB设计编辑器，并通过执行相应的菜单命令打开编辑器的常用工具栏。

任务目标

学会启动进入PCB设计编辑器的方法，会打开并初步认识编辑器的工具栏。

任务实施

分别通过新建一个设计数据文件和通过打开已存在的PCB文件两种方法启动PCB设计编辑器，并用相关菜单命令逐个打开PCB编辑器的工具栏。

印制电路板的设计工作在Protel 99 SE提供的PCB设计编辑器内进行，启动PCB编辑器后，即可进行印制电路板的设计。

6.2.1 PCB设计环境的进入和退出

1. 启动PCB设计编辑器

可以有两种方法启动PCB设计编辑器。

1）通过新建一个设计数据库文件启动，其操作方法如下：

① 进入Protel 99 SE环境，执行菜单File/New命令（若有其他数据库打开则执行菜单File/New Design命令），系统将弹出新建设计数据库对话框，输入数据库文件名（*.ddb），单击OK按钮，即可建立一个新的设计数据库文件。

② 在设计管理器中打开Documents文件夹，执行菜单File/New命令，系统将弹出图6-7所示的新建设计文档对话框，选择“PCB Document”图标，单击OK按钮，即可在Documents文件夹下建立一个PCB文件（*.PCB），默认文件名为PCB1.PCB，此时可改名。

注意：用户可以在*.ddb数据库文件的根目录下创建PCB文件，也可以双击“Documents”图标，进入Documents文件夹创建PCB文件。

③ 双击PCB1.PCB图标，可启动PCB设计编辑器，如图6-8所示。

2）通过打开已存在的设计数据库文件启动，其操作方法如下：

① 进入Protel 99 SE环境，执行菜单File/Open命令，或单击主工具栏按钮，在弹出的对话框中找到要打开的设计数据库文件名，单击打开按钮。

② 在设计管理器中，找到扩展名为“.PCB”的文件，单击该文件，就可启动PCB设计编辑器。

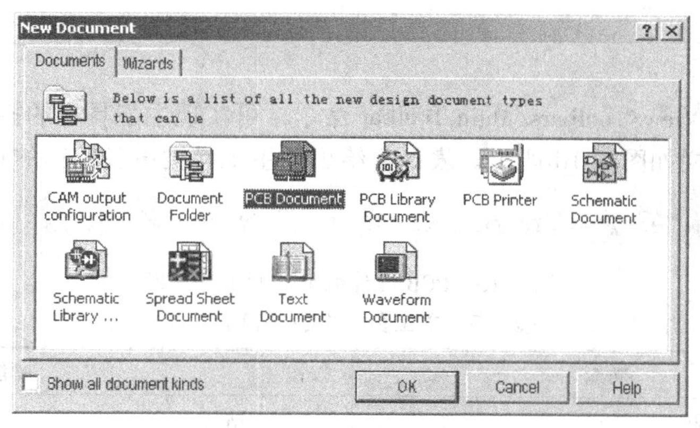

图 6-7　新建设计文档对话框

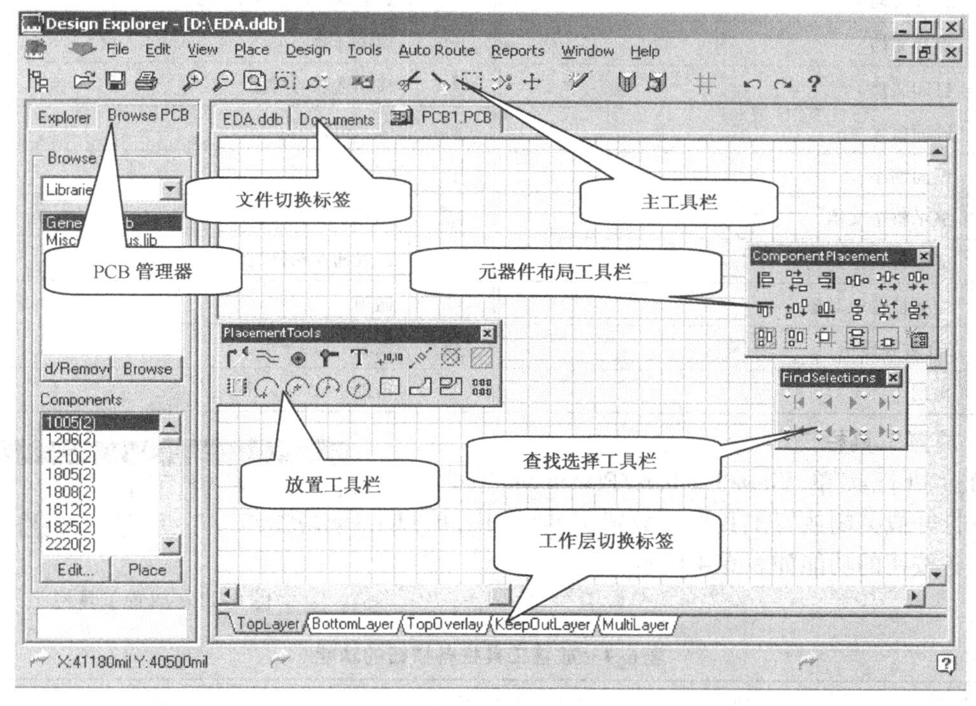

图 6-8　PCB 设计编辑器

2. 退出 PCB 设计编辑器

在 PCB 设计编辑器状态下，执行菜单 File/Close 命令，或在 PCB 设计编辑器中，用鼠标右键单击要关闭的 PCB 文件的标签，在弹出的菜单中选择 Close 命令，如图 6-9 所示，都可退出 PCB 设计编辑器。

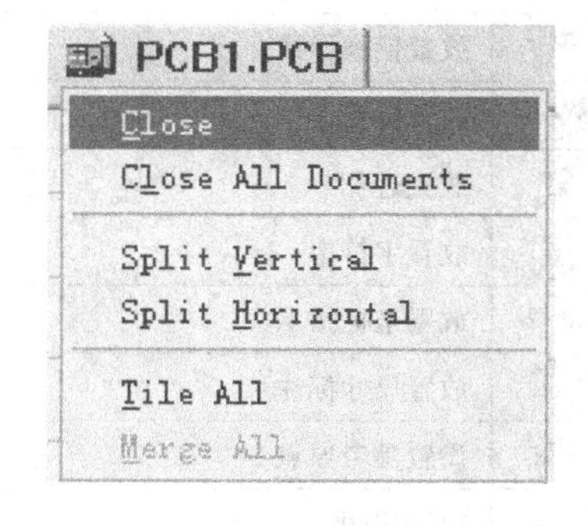

图 6-9　Close 命令

6.2.2　PCB 工具栏

PCB 设计编辑器中的工具栏主要是为了方便用户的操作而设计的，一些菜单命令的运行也可以通过工具栏按钮来实现。当光标指向某些按钮时，系统就会弹出一个画面说明该按钮的功能。

1. 主工具栏

通过执行菜单 View/Toolbars/Main Toolbar 命令，可实现主工具栏的打开或关闭。PCB 设计编辑器的主工具栏如图 6-10 所示。表 6-3 给出了主工具栏中各按钮的功能。

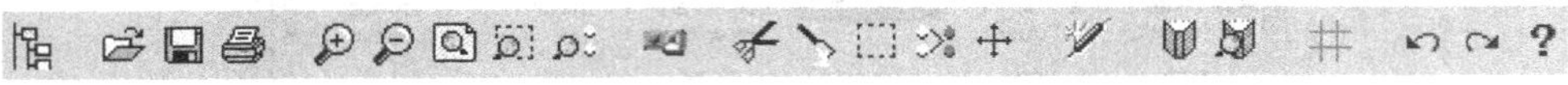

图 6-10　PCB 设计编辑器的主工具栏

表 6-3　主工具栏中各按钮的功能

按钮	功能	按钮	功能
	切换设计管理器		粘贴
	打开文档		选取区域内的所有对象
	保存文档		撤消选择
	打印文档		移动选取的对象
	画面放大		交叉指针
	画面缩小		打开库管理
	显示整个文档		浏览元器件封装库
	显示区域中的内容		设置捕获栅格尺寸
	突显被选取对象		撤消
	3D 方式显示		恢复
	剪切		帮助

2. 放置工具栏

通过执行菜单 View/Toolbars/Placement Tools 命令，可打开或关闭放置工具栏。放置工具栏如图 6-11 所示，各按钮的功能如表 6-4 所示。

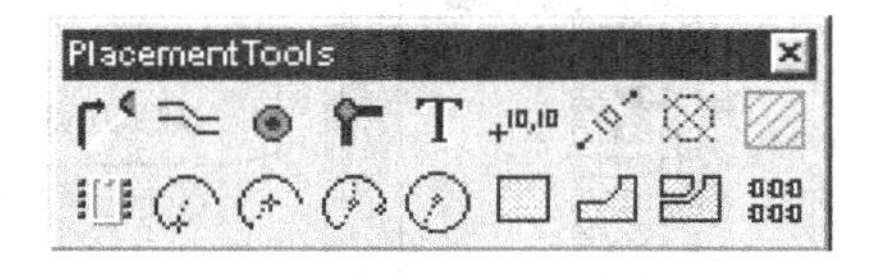

图 6-11　放置工具栏

表 6-4　放置工具栏各按钮的功能

按钮	功能	按钮	功能
	放置交互式铜膜导线		放置元器件封装
	放置铜膜导线		边缘法放置圆弧
	放置焊盘		中心法放置圆弧
	放置过孔		任意角度法放置圆弧
	放置字符串		放置圆
	放置坐标指示		放置矩形填充区
	放置尺寸标注		放置多边形敷铜
	设置参考原点		放置内层分割线
	放置房间		阵列式粘贴

3. 元器件布局工具栏

通过执行菜单 View/Toolbars/Component Placement 命令，可打开或关闭元器件布局工具栏。元器件布局工具栏如图 6-12 所示。

4. 查找选取工具栏

通过执行菜单 View/Toolbars/Find Selections 命令，可打开或关闭查找选取工具栏。查找选取工具栏如图 6-13 所示。

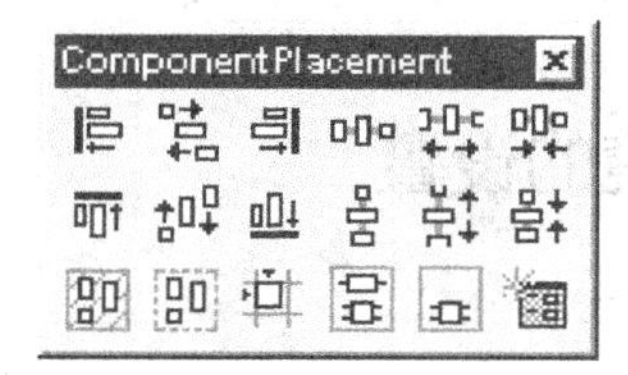

图 6-12　元器件布局工具栏

图 6-13　查找选取工具栏

5. 状态栏与命令栏

执行菜单 View/Status Bar 命令，可打开或关闭状态栏。若 Status Bar 前有 ✔，说明状态栏处于打开状态，状态栏将显示当前光标的坐标位置等信息。

执行菜单 View/Command Status 命令，可打开或关闭命令栏，命令栏将显示当前正在执行的命令。

6. PCB 管理器

单击主工具栏的按钮，或执行菜单 View/Design Manager 命令，可打开或关闭 PCB 管理器。打开 PCB 管理器，可利用它的浏览功能实现快速查看 PCB 文件、查找和定位元器件及网络等操作；关闭它，可以增加工作窗口的可视面积。

打开的 PCB 管理器如图 6-8 中所示。

7. 编辑区的缩放

在进行电路板图的设计时，经常需要对工作窗口进行放大、缩小和刷新等操作，这些操作，既可以通过单击主工具栏的按钮，也可以通过执行菜单命令或按下快捷键等方法来实现。

1）画面的放大。有 4 种方法可以实现：

① 单击按钮；

② 执行菜单 View/Zoom In 命令；

③ 使用 Page Up 键；

④ 在工作窗口中单击鼠标右键，在弹出的菜单中选择 Zoom In 命令。

2）画面的缩小。有 4 种方法可以实现：

① 单击按钮；

② 执行菜单 View/Zoom Out 命令；

③ 使用 Page Down 键；

④ 在工作窗口中单击鼠标右键，在弹出的菜单中选择 Zoom Out 命令。

3）区域放大。

① 单击按钮或执行菜单 View/Area 命令，可以实现对鼠标划定区域内容的放大显示。

② 执行菜单 View/Around Point 命令，将以中心区域方式进行放大显示。

4）显示整个图形文件/整个电路板。

① 单击按钮或执行菜单 View/Fit Document 命令，整个图形文件将显示在窗口内。

② 执行菜单 View/Fit Board 命令，整个电路板的内容将全部显示在窗口内。

5）画面的刷新。

按下 END 键或执行菜单 View/Refresh 命令，系统对窗口的内容进行刷新。

任务 6.3　PCB 设计环境的设置

任务描述

设置电路板的工作层和 PCB 的系统参数。

任务目标

掌握电路板工作层和 PCB 系统参数的设置方法。

任务实施

在 PCB 设计环境中，学习工作层类型、栅格、电路板编辑及显示设置、屏幕及元器件显示、工作层颜色和信号完整性分析等内容的设置。

PCB 设计环境的设置主要是指对电路板工作层的设置和系统参数的设置，其中包含工作层类型设置、栅格设置、电路板编辑和显示设置、工作层颜色设置、显示/隐藏设置、默认设置和信号完整性设置等内容。

6.3.1　电路板工作层的设置

1. 工作层的管理

在 PCB 设计时，首先要了解电路板的工作层，Protel 99 SE 提供了 32 个信号层、16 个内部电源/地线层和 16 个机械层。在层堆栈管理器中用户可以定义板层结构，并能看到多层板组成的立体效果。

执行菜单 Design/Layer Stack Manager 命令，或在设计窗口中单击鼠标右键在弹出的菜单中，选择 Options/Layer Stack Manager 命令，将弹出图 6-14 所示的层堆栈管理器对话框。

1）多层电路板实例样板。在图 6-14 所示的对话框的空白处单击鼠标右键，系统将弹出图 6-15 所示的快捷菜单，选择 Example Layer Stacks 子菜单，通过它可选择具有不同层数的电路板样板。

2）添加信号层。单击要添加的工作层位置后，单击 Add Layer 按钮可添加信号层，而单击 Add Plane 按钮可添加内部电源/接地层。

3）删除工作层。单击要删除的工作层位置后，单击 Delete 按钮可删除不需要的工作层。

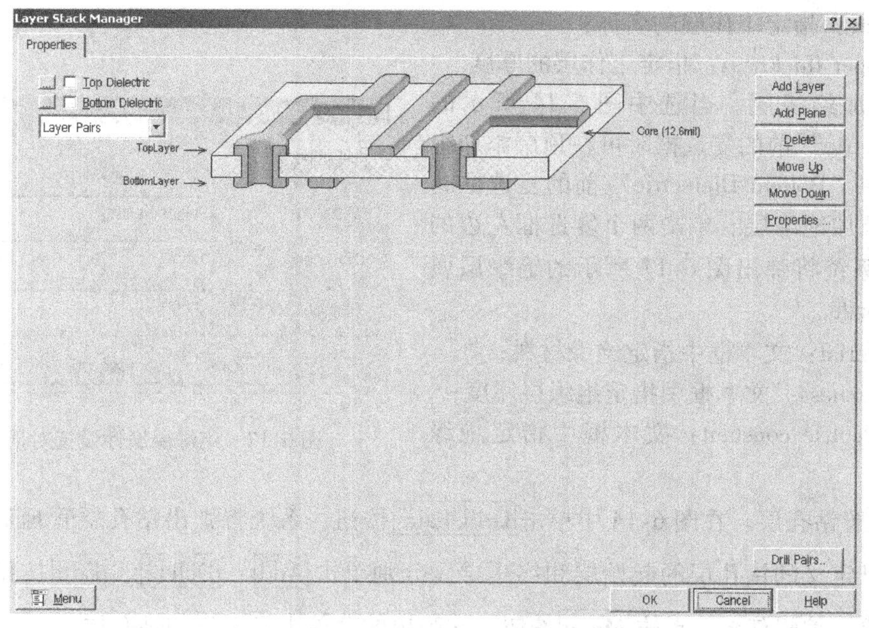

图 6-14　层堆栈管理器对话框

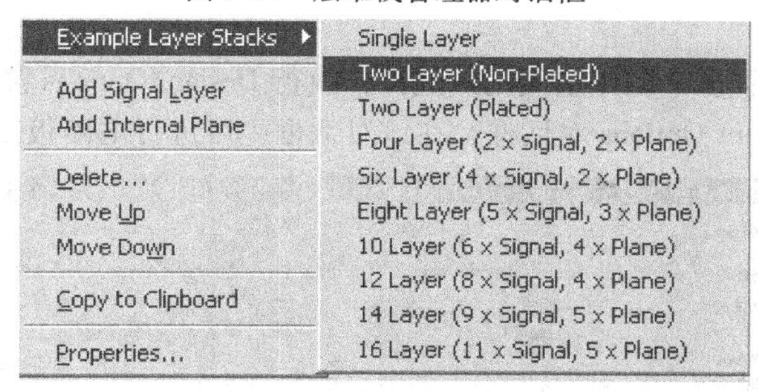

图 6-15　右键快捷菜单

4）调整中间工作层的位置。当需要调整中间某工作层的位置时，可先单击该工作层，然后根据需要单击 Move Up 按钮实现层上移或单击 Move Down 按钮实现层下移。

5）编辑工作层。当某工作层的层名或厚度需要修改时，可先单击该工作层，然后单击 Properties... 按钮，在弹出的工作层属性编辑对话框中进行修改，如图 6-16 所示。

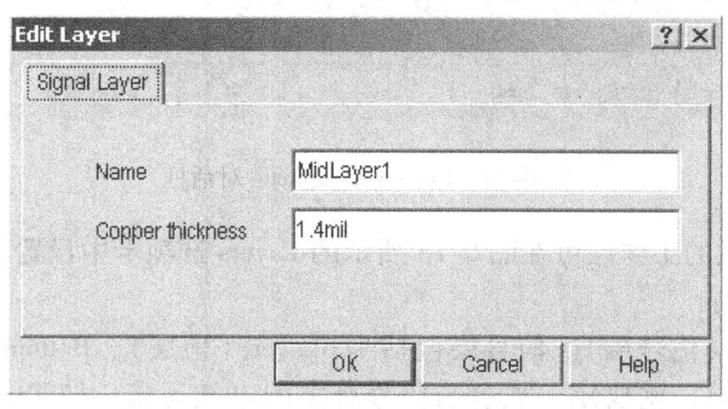

图 6-16　工作层属性编辑对话框

- Name：指定工作层的名称；
- Copper thickness：指定工作层的厚度。

6）添加绝缘层。当选中图 6-14 所示的“Top Dielectric”前的复选框时可在顶层添加绝缘层，选中“Bottom Dielectric”前的复选框时可在底层添加绝缘层。单击两个复选框左边的 ... 按钮，系统将弹出图 6-17 所示的绝缘层属性设置对话框。

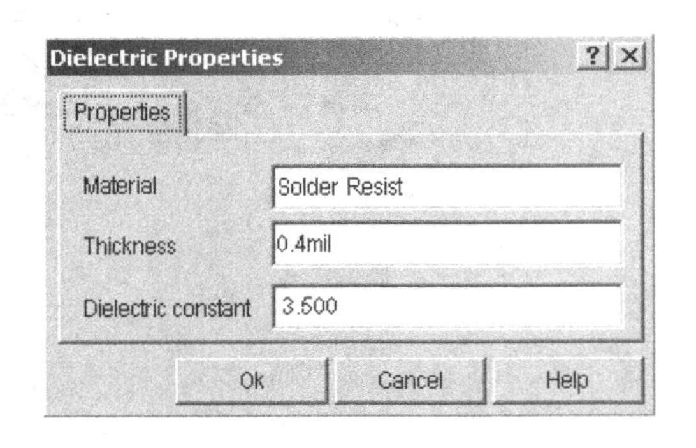

图 6-17　绝缘层属性设置对话框

- Material：文本框中指定绝缘材料；
- Thickness：文本框中指定绝缘层厚度；
- Dielectric constant：文本框中指定绝缘系数。

7）设置钻孔层。在图 6-14 中单击 Drill Pairs 按钮，系统将弹出钻孔层管理对话框，其中列出了已定义的钻孔层的起始层和终止层。分别单击 Add 、 Delete 、 Edit 按钮，可完成添加、删除和编辑任务。单击 Menu 按钮，在弹出的菜单中可以添加钻孔层。

2. 工作层的类型

Protel 99 SE 提供了多个工作层供用户选择，执行 Design/Options 菜单命令，系统将弹出图 6-18 所示的 Document Options 对话框，在该对话框中可进行电路板工作层的设置。

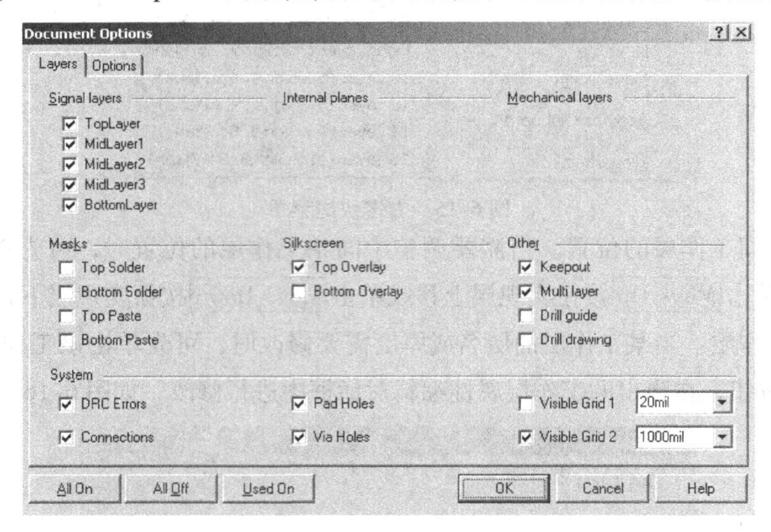

图 6-18　Document Options 对话框

Protel 99 SE 提供的工作层可在图 6-18 所示的 Layers 选项卡中设置，复选框选中表示打开，主要有以下几种：

1）Signal layers（信号层）。信号层包括 TopLayer（顶层）、BottomLayer（底层）和 30 个 MidLayer（中间层），主要用于放置与信号有关的电气元素。如 TopLayer 用于放置元器件，BottomLayer 用作焊锡面，MidLayer 用于布置信号线。如果用户没有设置 MidLayer，则这

些层不会显示在该对话框中。

2）Internal planes（内部电源/接地层）。Protel 99 SE 提供了16个内部电源/接地层，主要用于布置电源线和接地线，该类型的层只能用于多层板结构中。

3）Mechanical layers（机械层）。Protel 99 SE 提供了16个机械层，一般用于绘制各种指示标识和说明文字。执行菜单 Design/Mechanical layers 命令，系统将弹出图6-19所示的机械层设置对话框，在该对话框中可以进行添加机械层、设置机械层是否可见等操作。

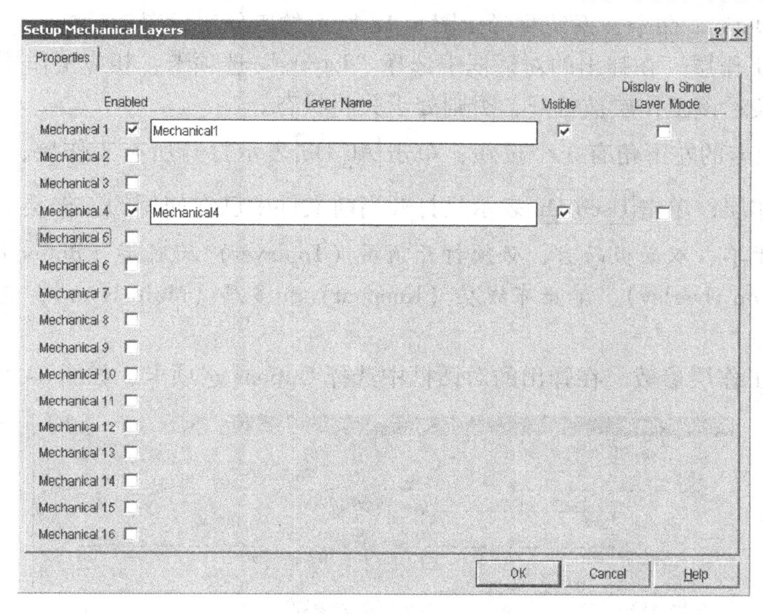

图6-19　机械层设置对话框

4）Masks（阻焊层和锡膏层）。阻焊层一般由阻焊构成，Protel 99 SE 提供了 Top Solder（顶层）和 Bottom Solder（底层）两个阻焊层。锡膏层用于产生表面安装所需的专用锡膏层，用以粘贴表面安装元器件，Protel 99 SE 提供了 Top Paste（顶层）和 Bottom Paste（底层）两个锡膏层。

5）Silkscreen（丝印层）。丝印层主要用于放置元器件的轮廓、标注和各种注释等印制信息，包括 Top Overlay（顶层丝印层）和 Bottom Overlay（底层丝印层）两层。

6）Other（其他工作层）。

- Keepout（禁止布线层）：用于设定电路板的电气边界和禁止布线区。
- Multi layer（多层）：用于放置所有穿透式焊盘和过孔。若不选中，焊盘和过孔将无法显示出来。
- Drill layer（钻孔层）：用于标识钻孔的位置和尺寸类型。钻孔层包括 Drill guide（钻孔导引层）和 Drill drawing（钻孔图层）两层。

7）System（系统设置）。在对话框中的 System 区域中，设置 PCB 系统设计参数，各项功能如下：

- DRC Errors：设置是否显示电路板上违反 DRC 的检查标记。
- Connections：设置是否显示飞线。
- Pad Holes：设置是否显示焊盘的通孔。

- Via Holes：设置是否显示过孔的通孔。
- Visible Grid1：设置是否显示第一组栅格及栅格大小。
- Visible Grid2：设置是否显示第二组栅格及栅格大小。一般我们在工作窗口中看到的栅格为第二组栅格，放大画面后可见到第一组栅格。

3. 工作层的设置

执行菜单 Design/Options 命令或在电路板编辑区单击鼠标右键，在弹出的菜单中选择 Options/Board Options 命令，系统将弹出图 6-18 所示的工作层设置对话框。

（1）选择工作层　在弹出的对话框中选择"Layers"选项卡，相应工作层前的复选框为选中状态，则表示该工作层被打开，否则处于关闭状态。

Layers 选项卡的左下角有 3 个按钮：单击 All On 表示打开所有工作层；单击 All Off 表示关闭所有工作层；单击 Used On 表示只打开当前文件中已在使用的工作层。

注意：对于单、双面板而言，必须打开顶层（Toplayer）及底层（Bottomlayer）信号层、顶层丝印层（Top Overlay）、禁止布线层（Keepout）和多层（Multi layer），其他的工作层可以关闭。

（2）设置工作层参数　在弹出的对话框中选择 Options 选项卡，如图 6-20 所示。

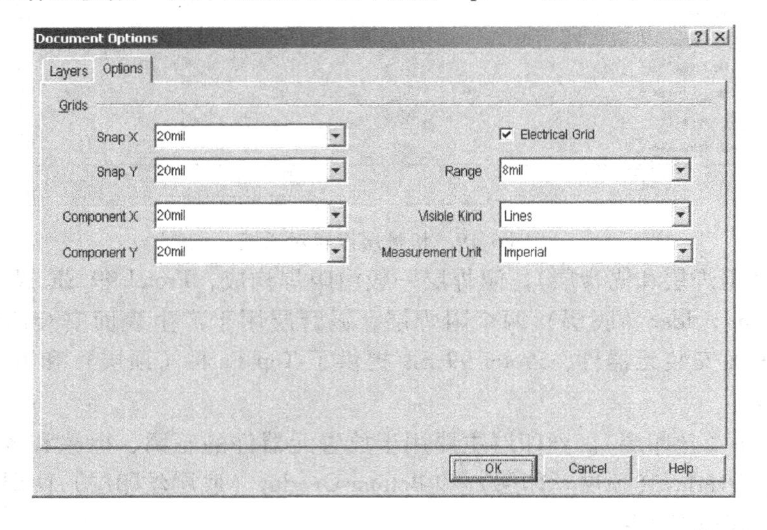

图 6-20　Options 选项卡

1）度量单位的设置。Measurement Units（度量单位）用于设置系统的度量单位，在 PCB 设计系统中提供 Metric（公制）和 Imperial（英制）两种计量单位，分别对应的单位为毫米（mm）和毫英寸（mil），系统默认为英制。公制和英制的换算关系如下：1mm = 40 mil；1mil = 0.0254mm。

2）捕获栅格的设置。用于设置光标移动的间距。在 Snap X 和 Snap Y 两个文本框中分别设置在 X、Y 方向上捕获栅格的间距；或在工作窗口中单击鼠标右键，在弹出菜单的 Snap Grid 子菜单中选择捕获栅格的间距；或单击主工具栏中的 # 按钮，在弹出的对话框中设置捕获栅格的间距。系统默认捕获栅格的间距为 20mil。

3）元器件移动间距的设置。在 Component X 和 Component Y 两个文本框中分别设置元

器件在 X、Y 方向上的移动间距。系统默认的元器件移动间距为 20mil。

4）电气栅格的设置。Electrical Grid 复选框用于设置是否显示电气栅格，Range 用于设置电气栅格的间距，一般要比捕获栅格小一些。

5）可视栅格类型（Visible kind）。Protel 99 SE 提供两种可视栅格类型，即 Lines（线状）和 Dots（点状）栅格，如图 6-21 所示。

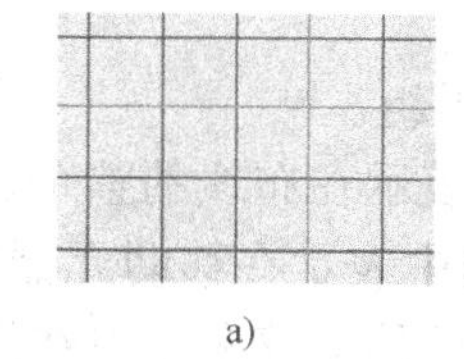

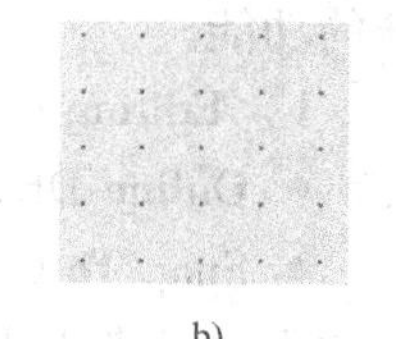

a)　　b)

图 6-21　可视栅格类型

a）线状栅格　b）点状栅格

技巧：工作层的选择也可直接通过单击图样屏幕下方的工作层切换标签，如图6-22所示。

图 6-22　工作层切换标签

6.3.2　PCB 系统参数的设置

Protel 99 SE 提供的 PCB 系统参数包括特殊功能、显示设置、工作层颜色、显示/隐藏和默认参数等，设置系统参数是电路板设计过程中重要的步骤，根据实际需要和自己的喜好来设置这些工作参数，可建立一个适合于自己的工作环境。

执行菜单 Tools/Preferences 命令，或在设计窗口中单击鼠标右键，在弹出的菜单中选择 Options/Preferences... 命令，系统将弹出图 6-23 所示的系统参数设置对话框，该对话框中共有 6 个选项卡，下面分别进行介绍。

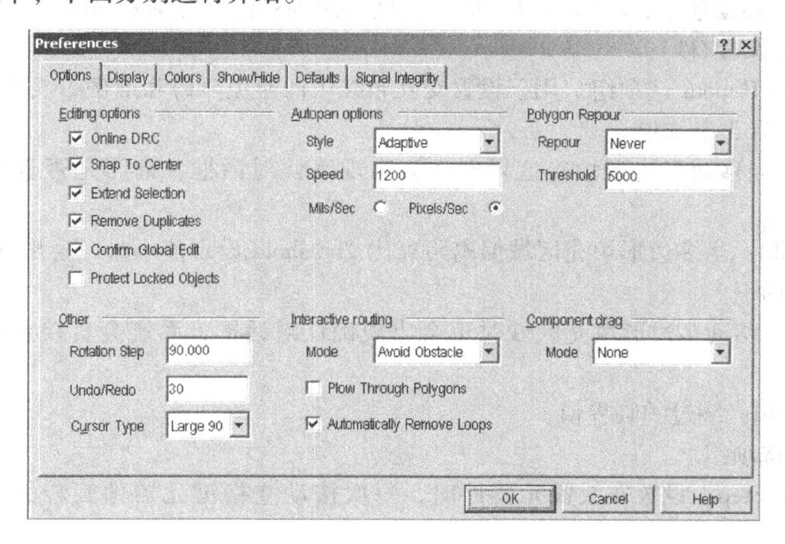

图 6-23　系统参数设置对话框

1. Options 选项卡

在系统参数设置对话框中打开 Options 选项卡，它有 6 个选项组，主要用于设置一些特殊的功能。

1）Editing options 选项组。

● Online DRC：选中表示在布线的整个过程中，系统进行在线的DRC检查。

● Snap To Center：选中表示在移动元器件或字符串时，光标会自动移到元器件或字符串的平移参考点上。元器件的平移参考点在元器件的第1脚位置上，字符串的平移参考点在字符串的左下角。系统默认选中此项。

● Extend Selection：选中表示在选取操作时，可连续选取多个对象；否则只有最后一次的选取操作有效。系统默认选中此项。

● Remove Duplicates：选中表示系统将自动删除重复的对象。系统默认选中此项。

● Confirm Global Edit：设置进行整体性修改时是否出现要求确认的对话框。系统默认选中此项。

● Protect Locked Objects：选中表示在高速自动布线时保护锁定的对象。

2）Autopan options 选项组。用于设置自动移动功能。

① Style：用于设置自动移动模式，共有7种方式可供选择。

● Disable：取消自动移动功能。

● Re-Center：当光标移到编辑区边缘时，以光标所在的位置作为新的编辑区中心。

● Fixed Size Jump：当光标移到编辑区边缘时，系统以Step Size项的设定值移动。

● Shift Accelerate：自动移动时，按住Shift键会加快移动速度。

● Shift Decelerate：自动移动时，按住Shift键会减慢移动速度。

● Ballistic：非定速移动，当光标越靠近编辑区边缘移动时，移动速度越快。

● Adaptive：自适应模式，以Speed项的设定值来控制移动操作的速度。系统默认为此模式。

② Speed：移动速率，默认值为1200。速度有两种单位，分别是Mils/Sec（毫英寸/秒）和Pixels/Sec（像素/秒）。

3）Polygon Repour 选项组。用于设置交互布线中的避免障碍和推挤布线方式。

① Repour 有3个选项

● Never：当移动多边形填充区域时，会出现确认对话框，询问是否重建多边形填充区域。

● Threshold：当多边形填充区域偏离距离比Threshold设定值小时，会出现确认对话框，否则不出现对话框。

● Always：移动多边形填充区域时不会出现确认对话框，系统会直接重建多边形填充区域。

② Threshold：绕过的临界值。

4）Other 选项组。

● Rotation Step：设置在放置元器件时，每次按动空格键元器件旋转的角度，默认值为90°。

● Undo/Redo：设置最大保留的撤消/恢复操作的次数，默认值为30次，撤消操作对应主工具栏的 按钮，恢复操作对应主工具栏的 按钮。

● Cursor Type：设置光标形状，有Large 90（大“十”字形）、Small 90（小“十”字

形）和 Small 45（小叉线）3 种形状，如图 6-24 所示。

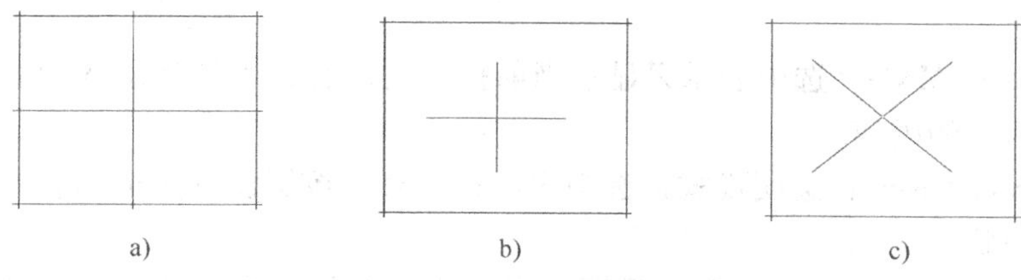

图 6-24　光标形状

a）90°大“十”字形光标　b）90°小“十”字形光标　c）45°小叉线光标

5）Interactive routing 选项组。

- Mode：设置交互式布线的模式。Ignore Obstacle 选项用于布线遇到障碍时强行布线；Avoid Obstacle 选项用于布线遇到障碍时设法绕过障碍；Push Obstacle 选项用于布线遇到障碍时设法移开障碍。系统默认为 Avoid Obstacle 模式。
- Plow Through Polygons：选中表示在布线时采用多边形来检测布线障碍。
- Automatically Remove Loops：选中表示在布线过程中，在绘制一条导线后，若系统发现还有其他回路可以取代此导线的作用，则系统将删除多余的导线。

6）Component drag 选项组。

- Mode：选择 None，在拖动元器件时，只拖动元器件本身；选择 Connected Tracks（连接导线），则在拖动元器件时，该元器件的连线也跟着移动。

2. Display 选项卡

单击“Display”选项即可进入 Display 选项卡，如图 6-25 所示。Display 选项卡用于设置屏幕显示和元器件显示的模式，其中主要可以设置如下一些选项。

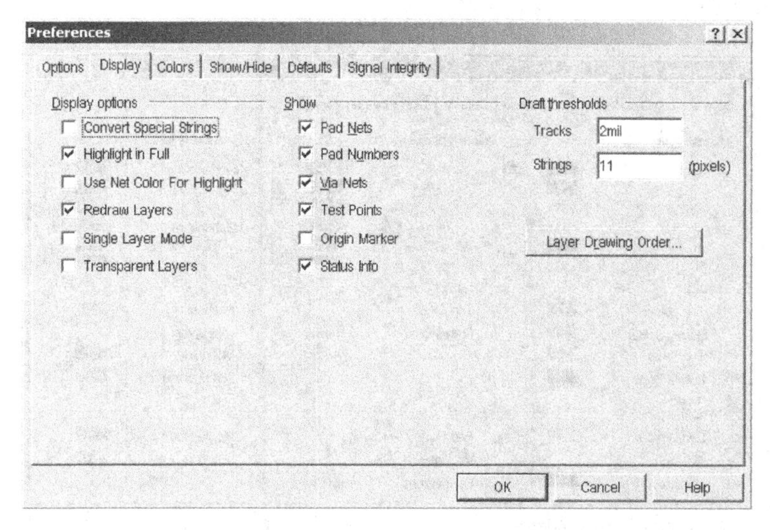

图 6-25　Display 选项卡

1）Display options 选项组：用于屏幕显示设置。

- Convert Special Strings：选中用于设置将特殊字符串转化为它所代表的文字显示。
- Highlight in Full：选中用于设定选取图形的高亮显示。
- Use Net Color For Highlight：选中表示将使用网络颜色标识选取的网络。

● Redraw Layers：选中表示当重画电路板时，系统将一层一层地重画，最后重画当前板层。

● Single Layer Mode：选中表示只显示当前板层的内容，其他板层的内容不被显示。反之将显示全部板层的内容。

● Transparent Layers：透明模式，选中表示将所有的板层设置为透明状，则所有的导线和焊盘变为透明状。

2）Show 选项组：用于 PCB 显示设置。当工作窗口处于合适的缩放比例时，选中下面的选项，所选取的属性值会显示出来。

● Pad Nets：用于设置是否显示焊盘的网络名称。

● Pad Numbers：用于设置是否显示焊盘的序号。

● Via Nets：用于设置是否显示过孔的网络名称。

● Test Points：用于设置是否显示设置的测试点。

● Origin Marker：用于设置是否显示原点标志。

● Status Info：用于设置是否显示当前工作的状态信息。

3）Draft thresholds 选项组：用于设置图形的显示极限。

● Tracks：用于设置导线的显示极限，默认值为 2mil，大于此值的导线以实际轮廓显示，否则以简单直线显示。

● Strings：用于设置字符串的显示极限，默认值为 11pixels，若像素大于该值的字符以文本显示，否则只显示字符的轮廓。

3. Colors 选项卡

单击“Colors”选项即可进入 Colors 选项卡，如图 6-26 所示，该选项卡用于设置板层和系统对象的显示颜色。

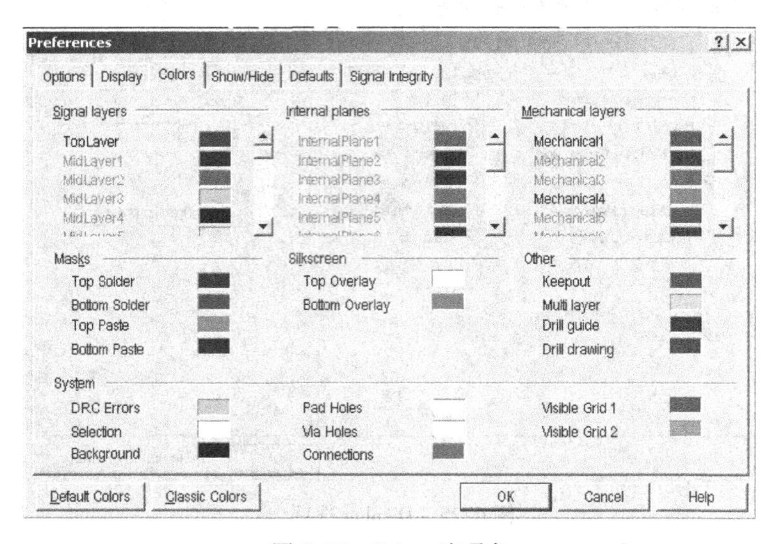

图 6-26　Colors 选项卡

在 Colors 选项卡中列出了所有电路板板层、DRC 标识、系统背景以及焊盘、过孔、导线和可视栅格等的颜色设置。单击 Default Colors 按钮，可以把所有的颜色设置恢复到系统

的默认值，单击 Classic Colors 按钮，可以把所有的颜色设置定义为传统的黑底设计界面。

单击要更改颜色的项目右边的颜色块，系统将弹出图 6-27 所示的颜色选择对话框，系统共设置了 238 种颜色。单击 Define Custom Colors... 按钮，系统将弹出图 6-28 所示的自定义颜色对话框，选择基本颜色进行调和，将增加颜色设置的种类。

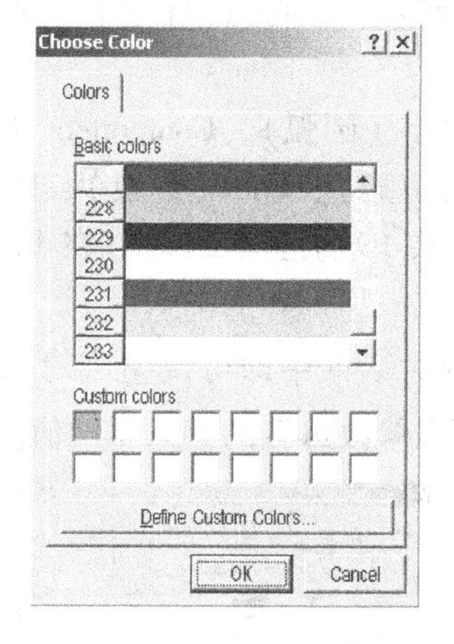

图 6-27　颜色选择对话框

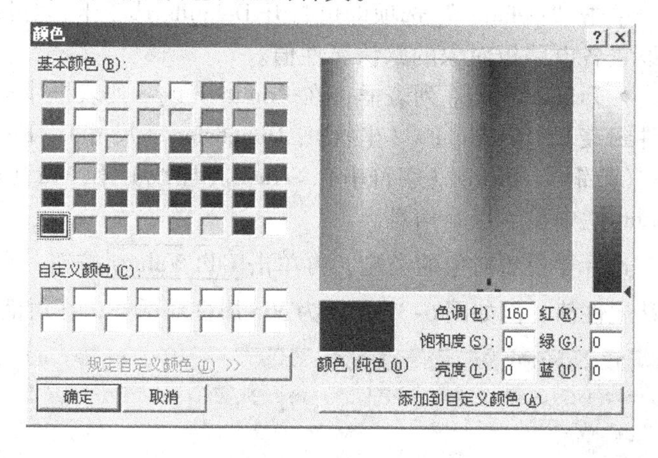

图 6-28　自定义颜色对话框

4. Show/Hide 选项卡

单击“Show/Hide”选项即可进入 Show/Hide 选项卡，如图 6-29 所示，该选项卡用于设置各种图形的显示模式。

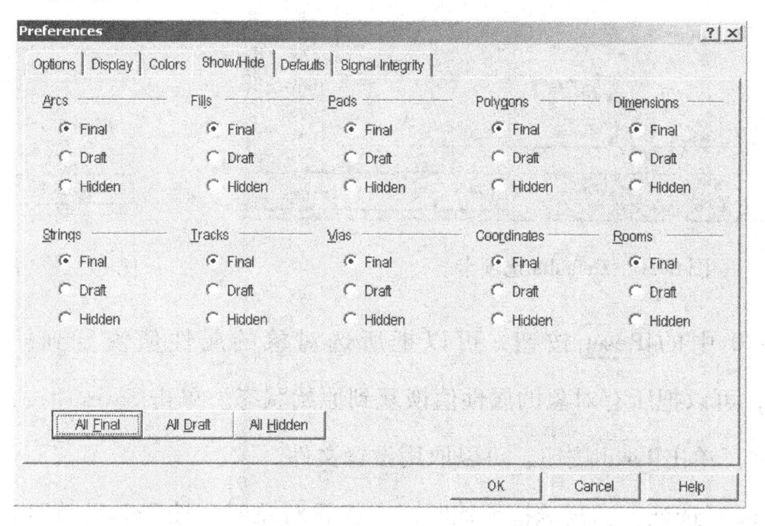

图 6-29　Show/Hide 选项卡

选项卡中包含 10 个选项组，分别是：Arcs（圆弧）、Fills（金属填充）、Pads（焊盘）、Polygons（多边形敷铜填充）、Dimensions（尺寸标注）、Strings（字符串）、Tracks（导线）、Vias（过孔）、Coordinates（坐标标注）和 Rooms（布置空间）。其中每个选项组下面都有 3 种显示模式：Final（精细）显示模式、Draft（简易）显示模式和 Hidden（隐藏）模式。系统默认设置为 Final 模式。

对话框左下角有 3 个按钮：All Final、All Draft 和 All Hidden，选中某按钮，则上述 10 个选项组全部设为该按钮所代表的属性。

5. Defaults 选项卡

单击“Defaults”选项即可打开 Defaults 选项卡，如图 6-30 所示，Defaults 选项卡主要用来设置各电路板对象的默认属性值。

● Primitive type 列表框：在 Primitive type 列表框中列出了 Arc（圆弧）、Component（元器件封装）、Coordinate（坐标）、Dimension（尺寸）、Fill（金属填充）、Pad（焊盘）、Polygon（敷铜）、String（字符串）、Track（导线）和 Via（过孔）共 10 种基本组件，在 Information 栏中显示提示信息。

选择要设置对象的类型，再单击 Edit Values 按钮，在弹出的对话框中即可调整该对象的默认属性值。例如图 6-31 所示为 Via 属性对话框，在对话框中可以修改过孔的默认属性值。

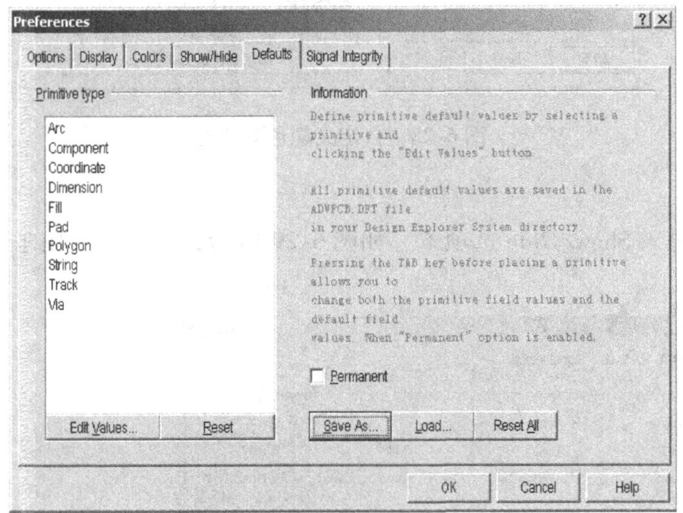

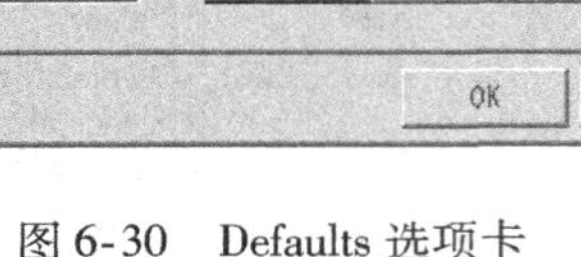

图 6-30　Defaults 选项卡

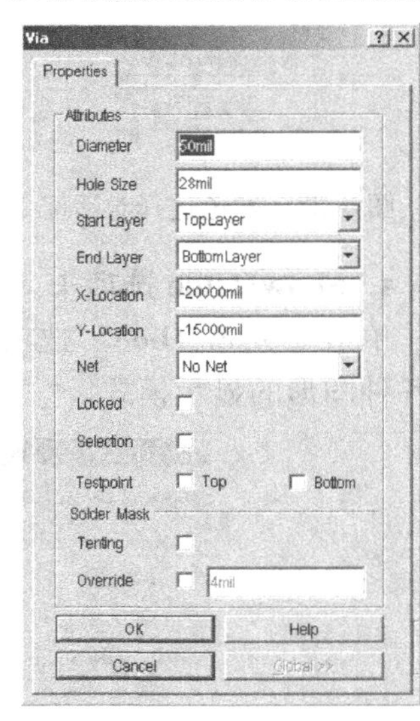

图 6-31　Via 属性对话框

单击图 6-30 中的 Reset 按钮，可以把所选对象的属性值恢复到原始状态。单击 Reset All 按钮，可以把所有对象的属性值恢复到原始状态。单击 Save as 按钮，可以将设置保存为设置文件。单击 Load 按钮，可以取用设置文件。

● Permanent 复选框：当复选框无效时，在放置对象时，按 Tab 键就可打开其属性对话框加以编辑，而且修改过的属性值会应用在后续放置的相同对象上。当复选框有效时，就会将所有的对象属性值锁定。放置对象时，按 Tab 键仍可修改其属性值，但对后续放置的对象该属性值无效。

6. Signal Integrity 选项卡

单击“Signal Integrity”选项即可打开 Signal Integrity 选项卡，如图 6-32 所示。

该选项卡用于设置元器件标号和元器件类型之间的对应关系，为信号完整性分析提供信息。单击Add按钮，系统将弹出图6-33所示的添加元器件类型对话框，在Designator Prefix文本框中输入所用元器件标号，一般电容类元器件用C表示，电阻类元器件用R表示等。单击Component Type下拉按钮，可选取元器件类型。可供选取的元器件类型有：BJT（双结型晶体管）、Capactitor（电容）、Connector（连接器）、Diode（二极管）、IC（集成电路）、Inductor（电感）和Resistor（电阻）等。单击OK按钮，则设置的元器件类型就添加到图6-32所示的Designator mapping列表框中了。

在Designator mapping列表框中选取元器件类型，单击Remove按钮可以将它从列表中删除，单击Edit按钮，可以修改元器件类型的设定值。

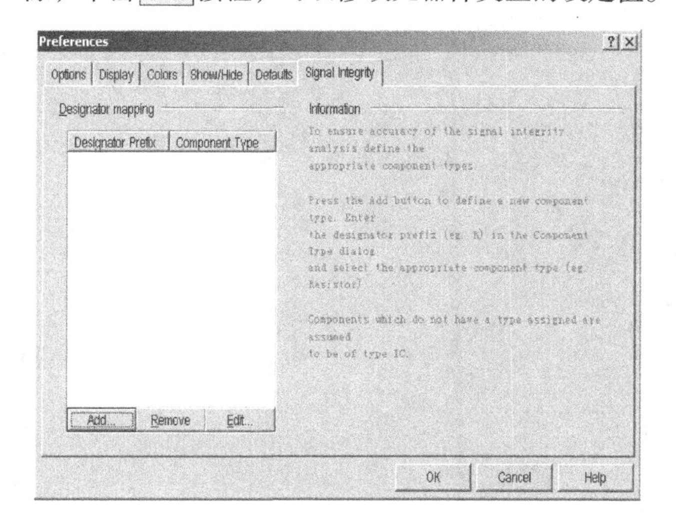

图6-32　Signal Integrity选项卡

图6-33　添加元器件类型对话框

练　习　6

6-1　在印制电路板中焊盘与过孔的作用有何不同？

6-2　导线与飞线有何不同？

6-3　绘制电路板图的步骤有哪些？

6-4　举例说明PCB图的常用设计对象。

6-5　举例说明常见的元器件封装类型，并说明元器件封装图和元器件原理图之间的关系。

6-6　在D盘根目录下建立文件夹MyProtel，并在文件夹中新建设计数据库文件EDA.ddb，并建立印制电路板文件Mypcb1.pcb。

提示：（1）双击桌面上的Protel 99 SE快捷图标，进入Protel 99 SE设计环境。

（2）若环境中没有设计数据文件打开，执行菜单File/New命令（若环境中已经有设计数据文件打开，执行菜单File/New Design命令），在弹出的窗口中，单击Browse按钮，在弹出的文件名输入窗口中建立MyProtel文件夹，并在文件夹中建立EDA.ddb设计数据库文件。

（3）执行菜单File/New命令，在弹出的窗口中双击PCB Document图标，建立PCB文件Mypcb1.pcb。

6-7　在PCB文件中设置第一显示栅格为10mil，第二显示栅格为500mil；设置捕捉栅格X、Y方向均

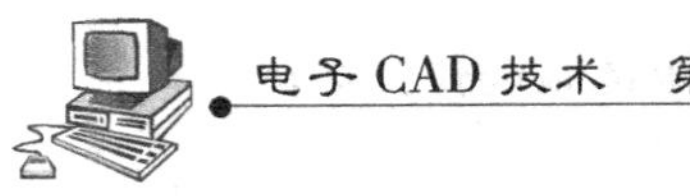

为 10mil；设置电气栅格的范围为 4mil。

提示： 执行菜单 Design/Option 命令。

6-8　观察 Default Color 和 Classic Color 的区别。

提示： 执行菜单 Tools/Preference 命令，在弹出的窗口中选择 Colors 选项卡。

项目7

手工设计两级共射放大电路PCB

项目描述

本项目以手工设计两级共射放大电路的单面PCB为例，主要介绍手动规化PCB的方法，手工放置元器件封装、焊盘和其他设计对象并手工进行元器件布局调整以及PCB的手工布线。通过项目的学习，掌握PCB的手工设计方法。

要求在D：\ Myprotel \ EDA. ddb中设计两级共射放大电路（原理图如图7-1所示）的单面PCB，如图7-2所示。PCB的电气边界为2200mil×1600mil，信号线、电源线和地线的宽度为40mil。两级共射放大电路的元器件表如表7-1所示。

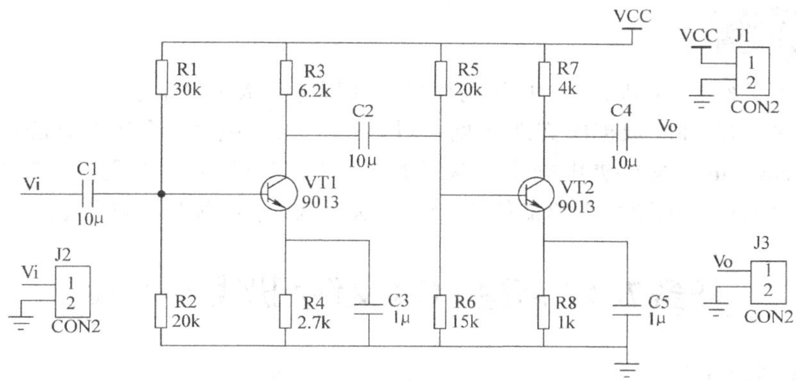

图7-1　两级共射放大电路原理图

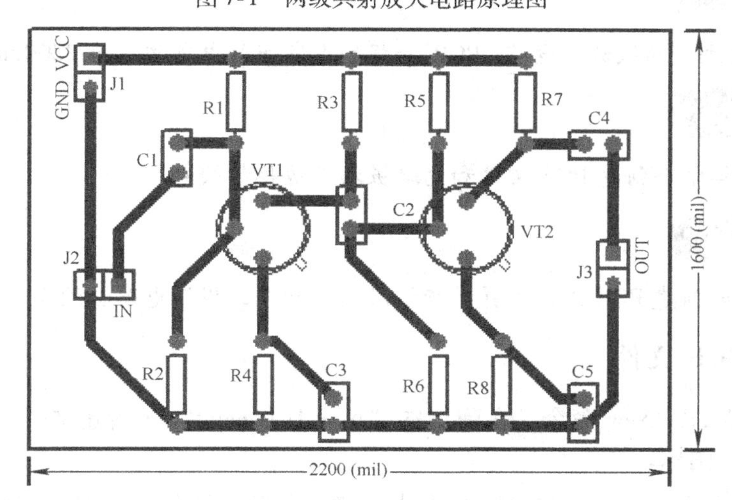

图7-2　两级共射放大电路PCB图

表7-1 两级共射放大电路的元器件表

元器件标号	元器件标称值或型号	元器件封装	元器件标号	元器件标称值或型号	元器件封装
C1、C2、C4	10μF	RAD0.1	R4	2.7kΩ	AXIAL0.3
C3、C5	1μF	RAD0.1	R6	15kΩ	AXIAL0.3
J1、J2、J3	CON2	SIP2	R7	4kΩ	AXIAL0.3
R1	30kΩ	AXIAL0.3	R8	1kΩ	AXIAL0.3
R2、R5	20kΩ	AXIAL0.3	VT1、VT2	9013	TO-5
R3	6.2kΩ	AXIAL0.3			

任务7.1 准备电路原理图

任务描述

设计两级共射放大电路原理图。

任务目标

巩固创建数据库文件、绘制原理图并创建原理图网络表的方法。

任务实施

先创建数据文件EDA.ddb，然后绘制电路原理图并生成网络表。

打开或新建EDA.ddb数据库文件（见练习6-6）。根据项目4介绍的方法在EDA.ddb数据库中的“Documents”文件夹中创建“两级放大电路.Sch”原理图文件，绘制图7-1所示的两级共射放大电路原理图并创建文件名为“两级放大电路.NET”网络表。

任务7.2 新建PCB文件和规划电路板

任务描述

新建PCB文件“两级放大电路.PCB”，规划电路板的电气边界为2200mil×1600 mil。

任务目标

掌握利用菜单命令创建PCB文件和电路板物理边框的绘制。

任务实施

利用菜单命令创建PCB文件，并进行板层设置和手工规划电路板边框。

7.2.1 新建PCB文件

1）执行菜单File/New命令，在弹出的“New Document”（新建文件）对话框中双击“PCB Document”图标。

2）单击OK按钮，即在当前的文件夹内创建一个默认名为“PCB1.PCB”的文件。

3）将“PCB1. PCB”修改为“两级放大电路. PCB”，此时一个新的PCB设计文件创建完毕。

4）在文档显示窗口中，双击“两级放大电路. PCB”图标，或者在窗口左侧文档管理器的树形列表中单击“两级放大电路. PCB”图标，打开PCB设计文件即进入了PCB设计环境中。

7.2.2　规划电路板和设置参数

规划电路板主要是定义印制电路板的板层和大小。本例要设计一个单面印制电路板，需要设置的步骤如下。

1. 板层的设置

1）执行菜单Design/Mechanical layers命令，添加并设置机械层Mechanical layer1为可见（如已打开可跳过此步）。

2）执行菜单Design/Options命令，选择“Layers”选项卡（如图6-18所示），选中以下层（默认情况已选中）：Toplayer（元器件面）、Bottomlayer（焊接面）、Mechanical layers（设置电路板物理边界）、Top Overlay（放置元器件注释）、Keepout（设定电路板电气边界）和Multi layer（放置焊盘）。

3）设置参数度量单位和栅格等参数，按项目6的方法进行设置。本例采用英制单位，Visibel Grid2的值设为100mil。

2. 规划印制电路板的边框

印制电路板有一个电气边界和物理边界，PCB的元器件和导线一般都被限制在Keepout中设置的电气边界内。物理边界是PCB的机械外形尺寸，在Mechanical layers中定义。如果PCB中的元器件和导线距离电气边界不太近时，一般电气边界与物理边界可以相同。规划电路板的方法有两种：手工规划电路板和使用向导规划电路板。

本节先学习手工规划电路板的一般步骤。

1）单击编辑区下方的标签KeepOutLayer，设置当前工作层为KeepOutLayer，如图7-3所示。该层为禁止布线层，用于设置电路板的电气边界。

图7-3　设置当前层为禁止布线层

说明：也可以先在机械层（Mechanical1）绘制PCB的物理边框，然后在禁止布线层（KeepOutLayer）绘制它的电气边框。

2）执行菜单Place/Line命令或单击放置工具栏中≈按钮，光标变为“十”字形。

3）移动光标到编辑区的适当位置上，单击鼠标左键，确定第一条板边的起点，然后拖动鼠标到适当的位置上，单击鼠标左键，即可确定第一条板边的终点。在该命令状态下按Tab键，可进入“Line Constraints”对话框，如图7-4所示，此时可以设置板边的线宽和层面。双击鼠标右键可退出绘制导线的命令状态。

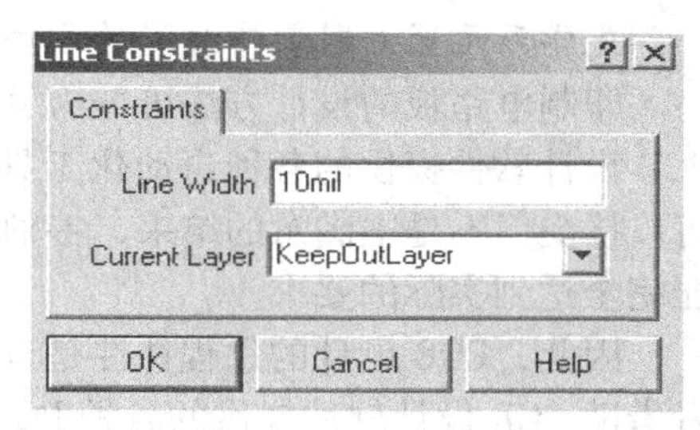

图7-4　Line Constraints对话框

4）若修改已绘制好的导线的属性，可双击导线打开 Track 属性对话框，如图 7-5 所示，在该对话框中可以设置导线的工作层和线宽，并且可以精确地定位。

5）用同样的方法绘制其他三条板边，并对各边进行精确编辑，使之首尾相连，绘制完的印制电路板边框如图 7-6 所示。

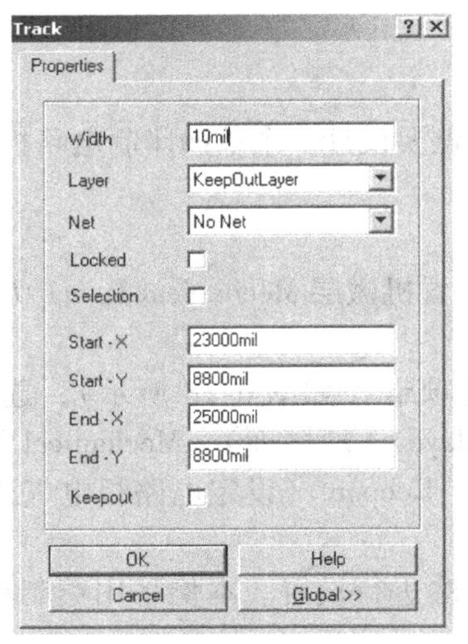

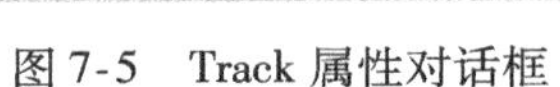
图 7-5　Track 属性对话框

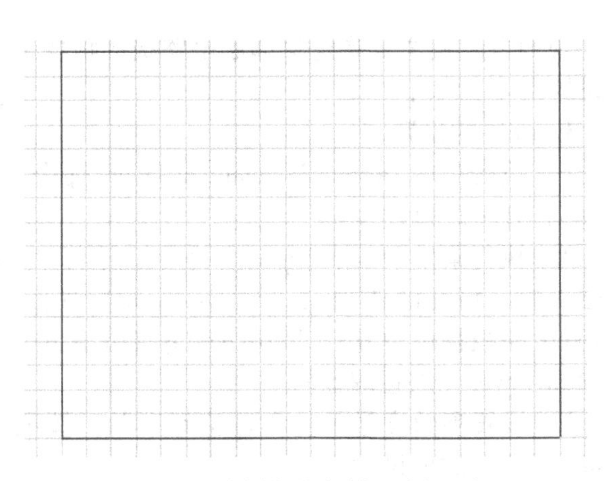

图 7-6　绘制完的印制电路板边框

说明： 若对电路板的尺寸大小没有把握，可先画一个较大点的框，等布完线后再重新定义边框。只是要注意电路板的电气边界必须在 Keep Out 层定义。

任务 7.3　手工放置元器件封装

任务描述

放置图 7-2 所示的两级共射放大电路 PCB 图中的元器件封装。

任务目标

掌握手工放置元器件封装的方法。

任务实施

先学习元器件封装库装入的方法，然后学习手工放置元器件封装。

印制电路板的设计方法可分为手工设计和自动化设计。自动化设计就是设计的全过程用 PCB 设计软件提供的各种自动化工具进行 PCB 设计。这种设计工作周期短，有时只能做出可以接受但不是很满意的结果，特别是在大功率电路和高频电路的设计方面，PCB 软件还不能完全达到实际的要求。

因此，PCB 设计的过程往往是自动化设计和手工设计相结合的过程。手工设计就是设计者借助 PCB 设计软件提供的各种 PCB 对象进行 PCB 的设计。对专业设计人员来讲，手工设计的 PCB 比较合理和美观，对较简单电路的设计工作量较小，所以学习手工设计 PCB 的方法还是很有必要的。

下面介绍装入元器件封装库和手工放置元器件封装。

7.3.1　装入元器件封装库

印制电路板规划好后，按下来的任务就是放置元器件封装。但是，PCB设计系统的元器件封装分类存放在各个元器件封装库中，所以必须先装入元器件封装库。

根据设计的需要，装入设计PCB所需要使用的元器件封装库。在制作PCB时比较常用的元器件封装数据库有：Advpcb. ddb和General IC. ddb等，用户还可以选择一些自己设计的其他封装库。下面以装入Advpcb. ddb数据库中的PCB Footprints. lib元器件封装库为例，学习元器件封装库装入的一般步骤。

1）执行菜单Design/Add/Remove Library命令，系统将弹出图7-7所示的添加/卸载元器件封装库对话框。

说明：Advpcb. ddb数据库的路径为Design Explorer 99 SE \ Library \ Pcb \ Generic Footprints \ Advpcb. ddb。

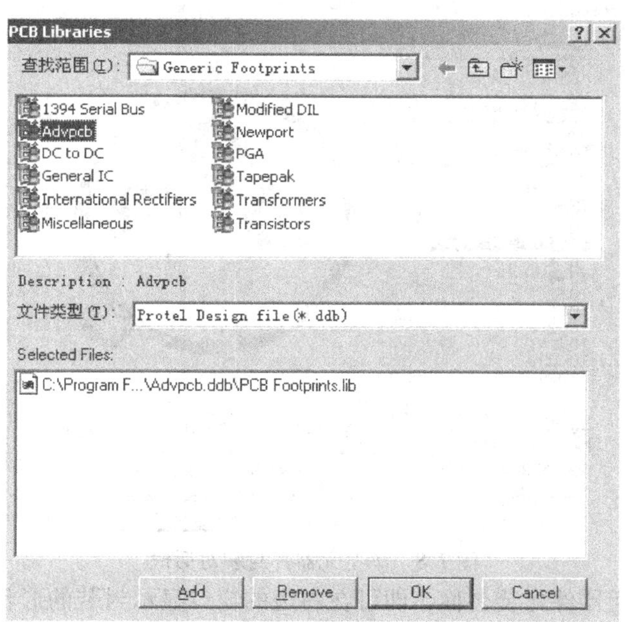

图7-7　添加/卸载元器件封装库对话框

2）在对话框“查找范围”的Generic Footprints文件夹中找到Advpcb. ddb元器件封装数据库。

3）选中Advpcb. ddb，然后单击Add按钮或直接双击Advpcb. ddb文件，即可装入PCB Footprints. lib元器件封装库，如图7-7所示。

4）最后单击OK按钮完成操作。

说明：若要卸载已装入的某一个封装库时，可在图7-7中选中“Selected Files”栏内该封装库名，然后单击Remove按钮即可。

7.3.2　元器件封装的放置

在PCB设计环境中，我们也用“元器件”（component）这个概念，但它与原理图中的元器件（指元器件的电气符号）不同，在PCB设计环境中的“元器件”指的是元器件的外形封装图形。

当绘制完电路原理图并创建了网络表文件后，元器件的封装可由系统自动放置，也可以手工放置。这里先介绍手工放置元器件封装的方法，系统自动放置元器件封装的方法将在项目9介绍。

1. 浏览元器件封装

当装入元器件封装库后，可以对元器件封装进行浏览，查看是否满足设计要求。在放置元器件封装之前，首先要确定元器件封装的类型。用户可根据实际元器件的外形轮廓、引脚排列和间距等因素，通过浏览元器件封装来决定。当然，对于经验丰富的设计人员来说，就不需要浏览元器件的封装。浏览元器件封装的具体操作方法如下：

1）执行菜单Design/Browse Components命令。此时，系统会弹出图7-8所示的浏览元器件封装对话框。

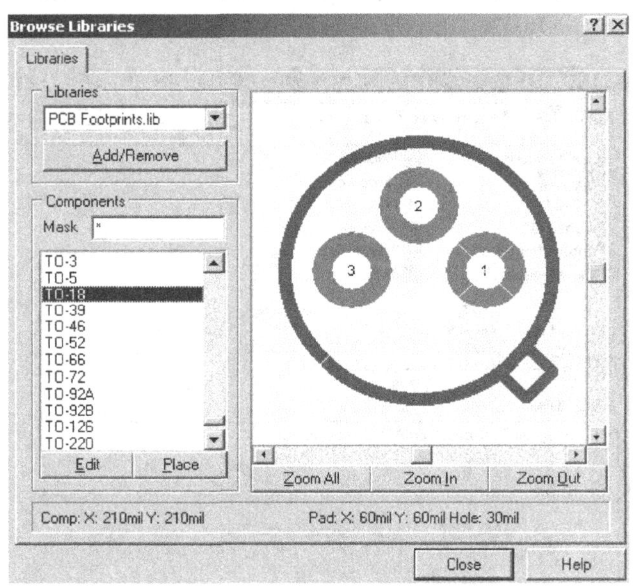

图7-8　浏览元器件封装对话框

2）单击相应的元器件封装名称，即可在右边的窗口显示封装的形状等。

说明：在浏览元器件封装对话框中，单击Edit按钮可以对选中的元器件封装进行编辑；单击Place按钮可以将选中的元器件封装放置到印制电路板图上。

2. 手工放置元器件封装

可以使用PCB管理器的浏览元器件封装功能来放置元器件封装。下面再介绍另外两种常用的放置元器件封装的方法，以放置图7-2中的电阻R1的封装AXIAL0.3为例来说明。

1）单击放置工具栏的按钮或执行菜单Place/Component命令，系统将弹出放置元器件封装对话框，如图7-9所示。用户可以在该对话框中输入元器件封装名、标号和注

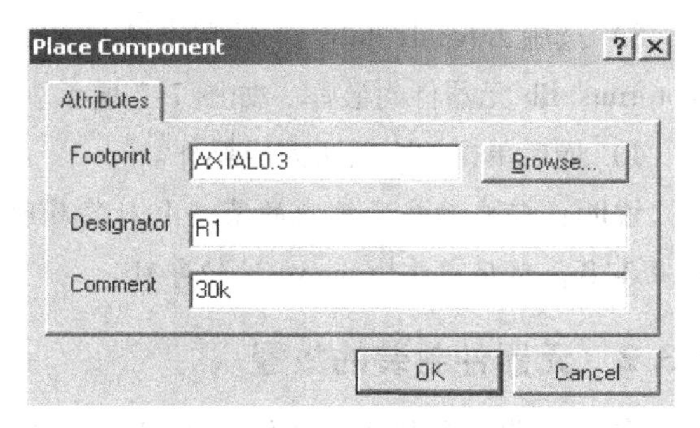

图7-9　放置元器件封装对话框

释等参数。

2）在Footprint（封装名称）框中输入AXIAL0.3；在Designator（元器件标号）框中输入R1；在Comment（注释）框中输入30k，如图7-9所示。

说明：用户也可以单击Browse按钮，系统会弹出图7-8所示的对话框，然后选择所需要放置的封装。

3）单击OK按钮，元器件封装出现在编辑区上。此时，可按键盘的X键、Y键或Space键来调整元器件封装的位置；按Tab键，会打开封装属性对话框，用户可以进一步修改。

- 按X键：可将元器件封装沿水平方向镜像翻转。
- 按Y键：可将元器件封装沿垂直方向镜像翻转。
- 按Space键：可将元器件封装沿逆时针方向旋转90°。

4）移动元器件封装到合适的位置，单击鼠标左键，则元器件封装被放置在编辑区上，如图7-10所示。

图7-10　放置的元器件封装

5）用同样的方法把图7-1所示电路中对应的所有元器件封装放置出来，如图7-11所示。

3. 修改元器件封装属性

根据实际需要，有时要对某些元器件封装的属性进行修改。要修改某个元器件封装的属性，可双击该元器件封装图形，或执行菜单Edit/Change命令后，单击该元器件封装图形，或在放置元器件封装时按“Tab”键，此时系统将弹出图7-12所示的元器件封装属性对话框。用户可以根据实际需要对元器件封装的某些属性进行修改，然后单击OK按钮。

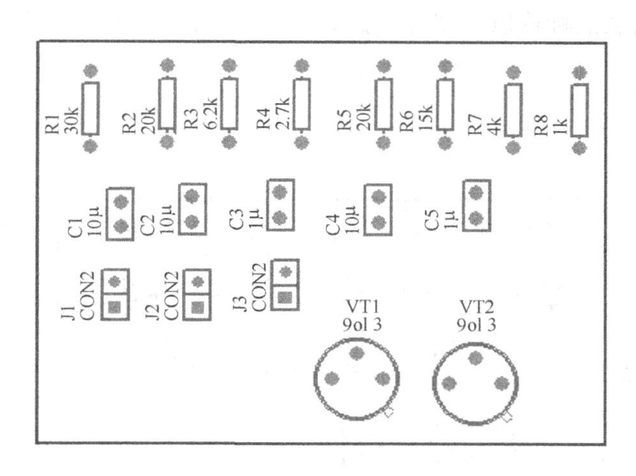

图7-11　放置的元器件封装

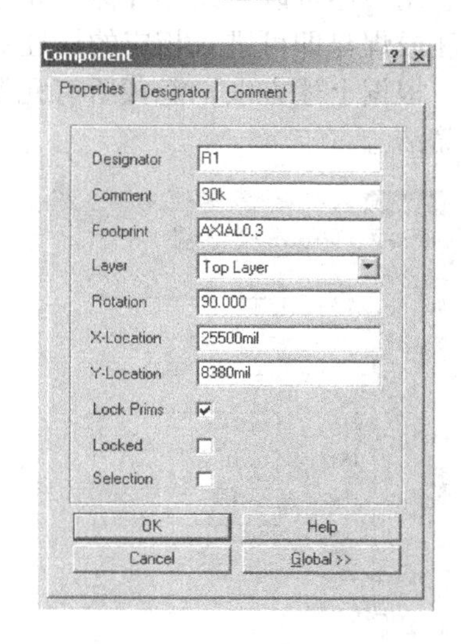

图7-12　元器件封装属性对话框

1）Properties（属性）选项卡，如图7-12所示。

- Designator：设定元器件标号。
- Comment：设定元器件的型号或标称值。
- Footprint：设定元器件封装。

- Layer：设定元器件封装所在的层，一般在顶层或底层。
- Rotation：设定元器件封装的旋转角度。
- X-Location、Y-Location：设定元器件封装的X向、Y向坐标。
- Lock Prims：设定是否锁定元器件封装结构，默认为选中。选中则封装图为整体图形，否则封装图就是分散图形对象的集合。
- Locked：选中表示锁定元器件封装的位置。
- Selection：设定元器件封装为选取状态。
- Global >> 按钮：单击可进入整体属性编辑对话框。

2）Designator（元器件标号）选项卡，如图7-13所示。

- Text：设定元器件标号。
- Height：设定文字高度。
- Width：文字的笔画宽度。
- Layer：元器件标号所在的层。
- Rotation：设定元器件标号的旋转角度。
- X-Location、Y-Location：设定元器件标号的X向、Y向坐标。
- Font：文字的字体。
- Hide：设定是否隐藏元器件标号，选中为隐藏。
- Mirror：设定元器件标号是否镜像。
- Global >> 按钮：单击可进入整体属性编辑对话框。

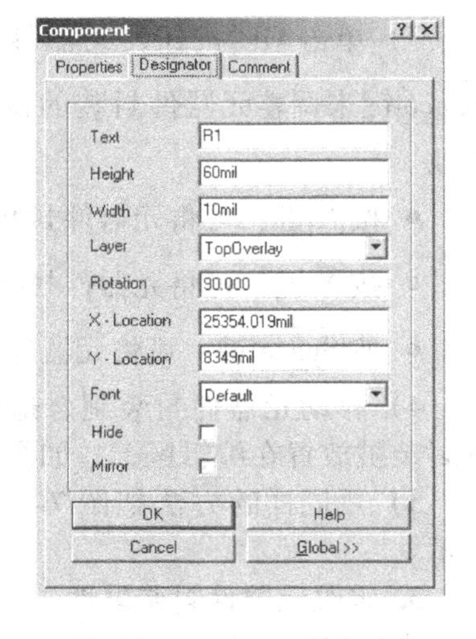

图7-13 Designator选项卡

3）Comment选项卡，如图7-14所示。各选项的意义与Designator选项卡相同。

用户还可以对元器件标注和焊盘进行编辑，当单独编辑它们时，只需用鼠标双击元器件标注或焊盘即可进入相应的属性对话框中进行编辑调整。

根据上述方法，隐藏所有元器件封装的标称值或型号，如图7-15所示。这样PCB图比较简洁。

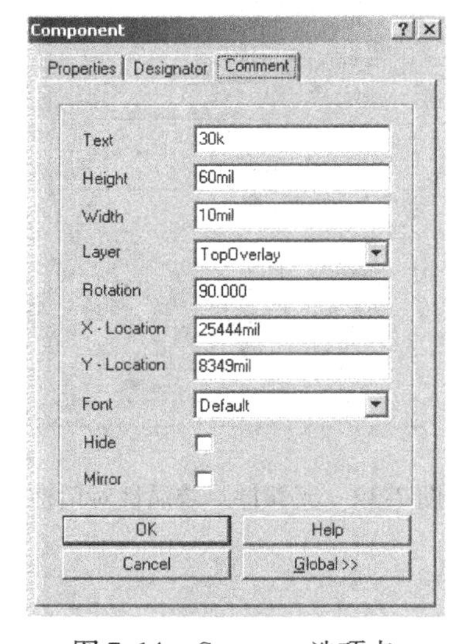

图7-14 Comment选项卡

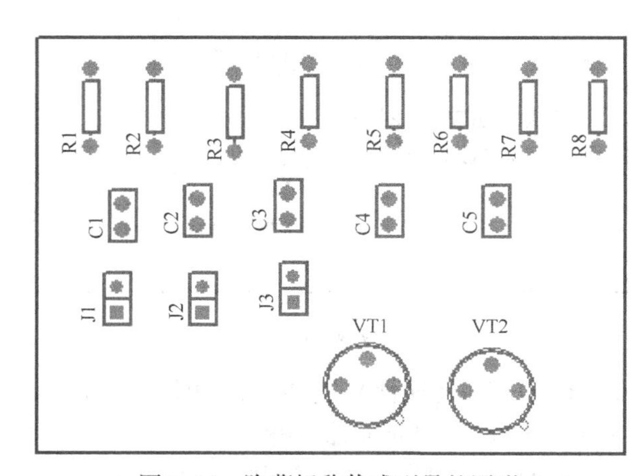

图7-15 隐藏标称值或型号的图形

任务7.4　手工调整元器件布局

任务描述

手工调整元器件封装位置，使所有封装与图7-2所示的完全一致。

任务目标

掌握元器件封装手工布局的方法。

任务实施

通过介绍元器件封装的选取、移动，以及调整元器件封装的标注等内容来介绍手工调整元器件布局的方法。

调整布局实际上就是进行元器件封装位置的调整，而调整布局的目的是为了便于布线。

说明：如果用户是通过装入原理图生成的网络表文件来放置的元器件封装，则可以借助“网络飞线”显示PCB图中各元器件封装的连接关系，重新调整布局。此方法将在项目9中学习。

1. 选取元器件封装

手工调整元器件的布局前，应该选取或选中元器件，然后才能进行元器件的移动、旋转和翻转等操作。选取元器件最简单的方法是按住鼠标左键，然后拖动鼠标直接将元器件放在一个矩形框中。系统也提供了选取和释放对象的命令。

1）选取对象的菜单命令为Edit/Select，其子菜单如图7-16所示。主要菜单功能如下：

- Inside Area：将鼠标拖动的矩形区域中的所有对象选取。
- Outside Area：将鼠标拖动的矩形区域外的所有对象选取。
- All：将所有对象选取。
- Net：将组成某网络的对象选取。
- Connected Copper：通过敷铜的对象来选定相应网络的对象。
- All on Layer：选取当前工作层上的所有对象。
- Free Objects：选取所有自由的对象，即不与电路相连的任何对象。
- Toggle Selection：逐个选取对象。

Inside Area
Outside Area
All
Net
Connected Copper
Physical Connection
All on Layer
Free Objects
All Locked
Off Grid Pads
Hole Size...
Toggle Selection

图7-16　Edit/Select的子菜单

2）撤消选取对象。执行菜单Edit/Deselect命令中的子菜单，其功能与选取对象命令相反，或单击主工具栏上的按钮。

2. 移动元器件封装

在Protel 99 SE的PCB图中移动元器件可以使用菜单命令实现，也可以直接用鼠标进行移动。

1）移动单个元器件封装。其操作步骤如下：

① 执行菜单Edit/Move/Move命令后，单击元器件封装或直接移动光标到元器件封装上并按住鼠标左键。

② 按键盘的X键或Y键可以实现元器件封装的水平或垂直方向翻转，按键盘的Space键可以把元器件封装向逆时针方向旋转90°。

③ 拖动鼠标左键，移动元器件封装到合适的位置后，松开鼠标左键。

2）选择元器件封装进行移动。其操作步骤如下：

① 执行菜单 Edit/Move/Component 命令（此时选择元器件封装可移动）。

② 在屏幕空白处单击鼠标左键，弹出元器件封装标号选择“Component Designator”对话框，单击OK按钮，则显示元器件标号列表。

③ 选择需要移动的元器件封装标号，然后单击OK按钮，选中该元器件封装，将它拖到合适位置。

3）移动多个元器件封装。其操作步骤如下：

① 执行菜单 Edit/Select/Inside Area 命令，或单击主工具栏的按钮。

② 拖动鼠标左键，选择一矩形区域，把需要移动的所有目标元器件封装框起来。框内的元器件封装被选取。

③ 移动光标到选取的元器件封装上，按住鼠标左键。

④ 拖动鼠标，移动被选取的多个元器件封装到合适的位置，松开鼠标左键。

⑤ 单击主工具栏上的按钮，撤消选取对象。

说明：在调整布局的过程中，如果元器件封装比较多，要快速查找某个元器件封装时，可执行菜单 Edit/Jump/Component 命令后，输入元器件标号，单击OK按钮。

3. 调整元器件标注

元器件的标注虽然不会影响电路的正确性，但是元器件标注的尺寸和位置会影响整个电路板的版面美观，对于有经验的电路设计人员来说是很重要的。可按如下步骤对不合适的元器件标注加以调整。

1）移动元器件标注。移动光标到字符串上，按住左键，拖动鼠标到合适的位置后，松开左键即可。

2）翻转或旋转元器件标注。移动光标到字符串上，按住左键，同时按X键或Y键可实现字符串的翻转，按Space键可旋转字符串。

3）编辑元器件标注。用鼠标左键双击字符串，系统会弹出字符串属性对话框，此时可设置元器件标注的属性。

手工调整元器件布局时，一般与原理图上元器件的位置相对应。调整完元器件布局后的图形如图 7-17 所示。

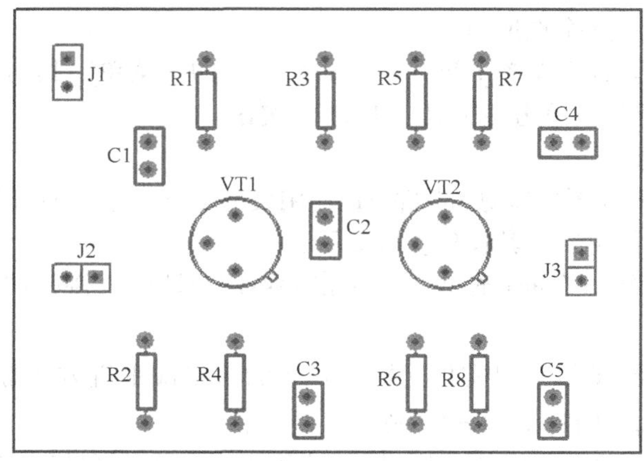

图 7-17　调整布局后的图形

任务7.5　手工布线

任务描述

按照图7-2所示的两级共射放大电路PCB图手工放置导线，并将信号线、电源线和地线的宽度设为40mil。

任务目标

掌握PCB手工布线的方法。

任务实施

以图7-2中J2的第2号焊盘到R2的第1号焊盘的连线为例学习布线的一般步骤，然后把所有导线依次放置完毕，并把所有导线宽度修改为40mil。

印制电路板的元器件布局完成后，就可以进行布线操作。在布线过程中要参考原理图弄清各元器件引脚之间的连接关系，避免出现布线错误。

本例电路比较简单，可以采用单面板布线。单面板布线时，铜膜导线应放置在底层(Bottom Layer)。

Protel 99 SE 在PCB中提供了两种放置铜膜导线的方式：

1）单纯方式：单击放置工具栏上的≈按钮或执行菜单 Place/Line 命令。

2）交互式放置方式：单击放置工具栏上的按钮或执行菜单 Place/Interactive Routing 命令。

7.5.1　放置导线

下面以J2的第2号焊盘到R2的第1号焊盘的连线为例说明布线的步骤。

1）单击板层标签 Bottom Layer，确定待布的导线所在的层为底层。

2）单击工具按钮，启动交互式布线命令。

3）移动光标到J2的第2号焊盘，单击鼠标左键，确定导线的起点。

4）移动鼠标（如图7-18所示），若需要转弯就在转弯处单击左键一次；若需要改变走线模式，可按 Shift +空格键，可改变的模式有45°走线、90°走线、45°圆弧走线、90°圆弧走线和直线走线。

5）继续移动光标到R2的第1号焊盘上，单击左键，确定导线的终点，如图7-19所示。

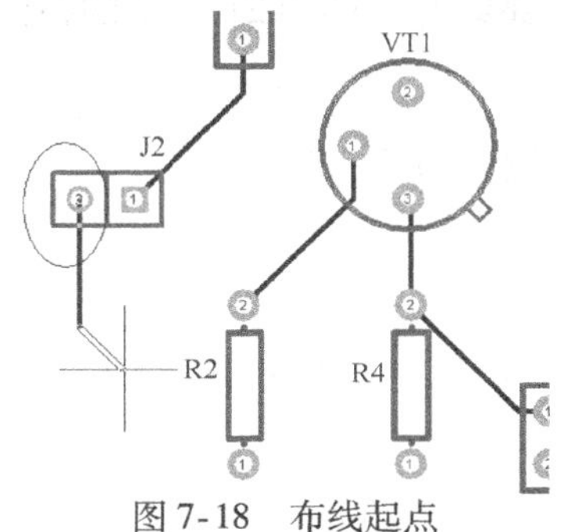

图7-18　布线起点

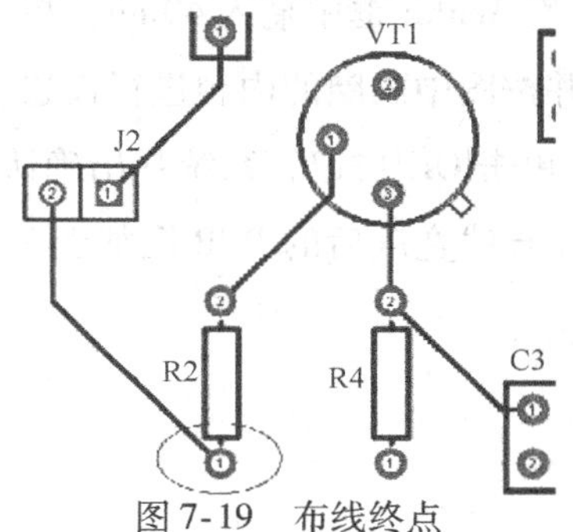

图7-19　布线终点

6）单击鼠标右键可退出布线状态。

说明：在放置导线的过程中，可以使用小键盘上的“+”键、“-”键或“*”键更换板层，更换电气板层后系统会自动放置过孔。

7）若需要修改已放置好的导线的线宽、所在的层等属性时，可双击该导线，在弹出的Track（导线）属性对话框（如图7-5所示）中作相应的修改，本处采用系统默认线宽为10mil。

8）当某些导线布得不合理时，可灵活地利用以下菜单命令进行修改。

- Edit/Delete：删除导线。
- Edit/Move/Move：移动导线。
- Edit/Move/Break Track：将导线从中间折断，并以折断点拖动两边的导线。
- Edit/Move/Drag Track End：可用于拖动导线的端点。

所有导线放置完后的PCB图如图7-20所示。

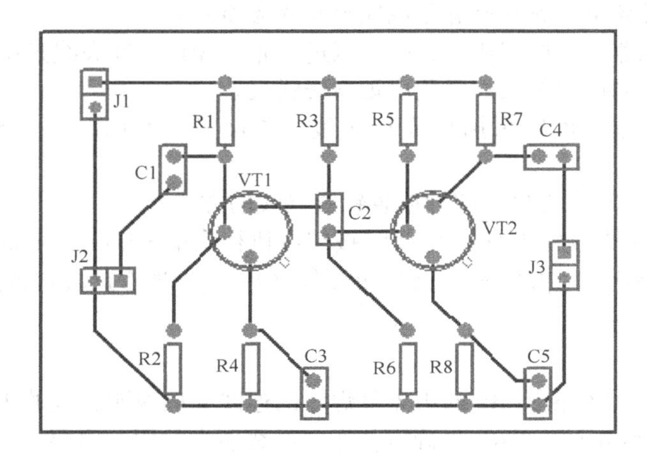

图7-20 布好线的PCB图

7.5.2 调整导线宽度

本例中，要求信号线、地线和电源线的宽度均为40mil。下面介绍整体修改线宽的步骤。

1）单击PCB图上某一根导线，系统会弹出图7-5所示的导线属性对话框。

2）在Width框中输入40mil，单击 Global >> 按钮，系统弹出图7-21所示的整体属性对话框，并按图中画圈的内容进行设置。

3）单击 OK 按钮，系统弹出确认对话框，单击 Yes 按钮即可。

调整导线宽度后的PCB图如图7-22所示。

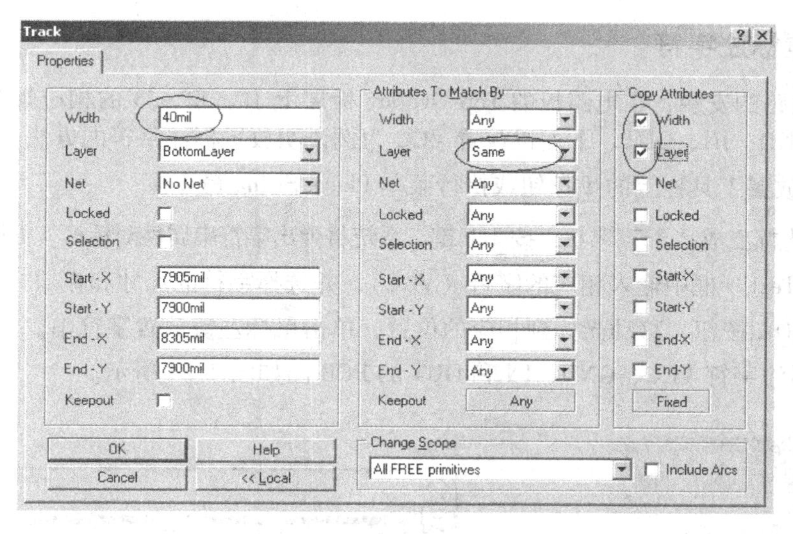

图7-21　整体属性对话框

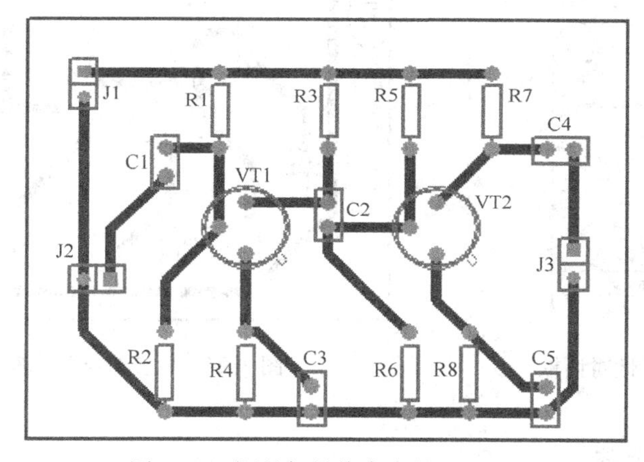

图7-22　调整好导线宽度的PCB图

任务7.6　放置标注字符和尺寸标注

任务描述

放置标注字符VCC、GND、IN、OUT和PCB边界的尺寸标注。

任务目标

掌握放置标注字符和尺寸标注的方法。

任务实施

以放置标注字符VCC为例来学习放置标注字符的方法，然后依次放置其他标注字符，最后在PCB的边界放置尺寸标注。

7.6.1 放置标注字符

为方便电路的安装，在电路板的 Top Overlay 板层上 J1、J2、J3 的相应焊盘边放置标注字符 VCC、GND、IN、OUT。下面以放置 VCC 为例说明放置标注字符的方法。

1）单击放置工具栏上的T按钮或执行菜单 Place/String 命令。

2）此时光标变成“十”字状，按Tab键，系统将弹出字符串属性对话框，如图 7-23 所示。

3）在“Text”框中输入相应的字符（VCC），并选择字符的尺寸和板层（TopOverlay）。

4）单击OK按钮，移动光标到相应的位置，单击鼠标左键放置字符串。

放置好标注字符 VCC、GND、IN 和 OUT 的 PCB 图如图 7-24 所示。

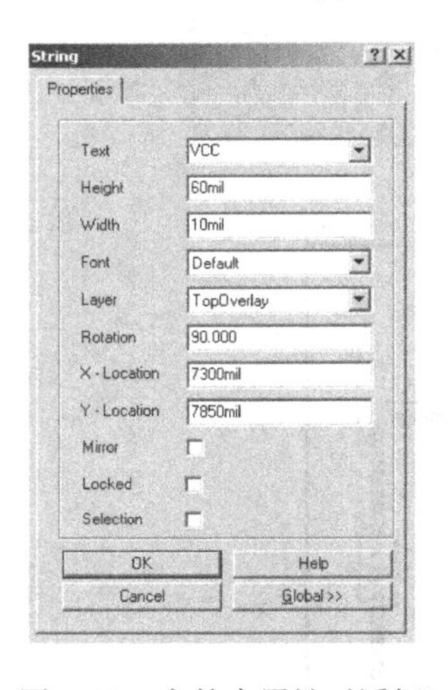

图 7-23 字符串属性对话框

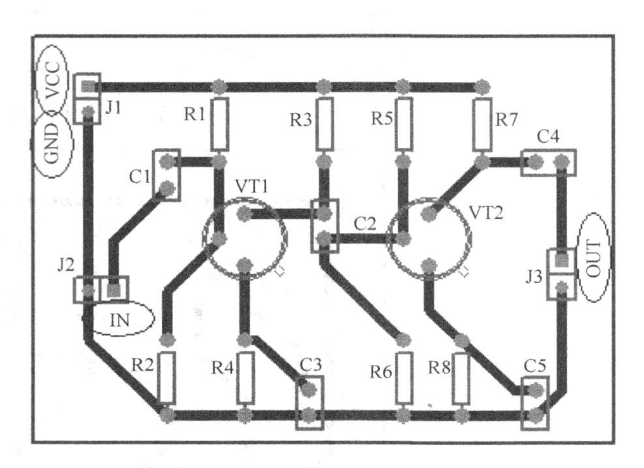

图 7-24 放置好标注字符的 PCB 图

7.6.2 放置尺寸标注

设计印制电路板时，有时需要标注某些尺寸的大小，以方便印制电路板的制造。尺寸标注一般放置在 Mechanical layer（机械层），其操作步骤如下：

1）单击 PCB 设计环境底部的机械层 Mechanical1 标签。

2）单击工具栏上的按钮，或执行菜单 Place/Dimension 命令。

3）移动光标到尺寸标注的起点位置，单击鼠标左键，确定尺寸标注的起点。

4）移动光标到尺寸标注的终点位置，单击鼠标左键，完成尺寸标注，如图 7-25 所示。

在 PCB 图中放置好标注尺寸，最后完成的 PCB 图如图 7-2 所示。

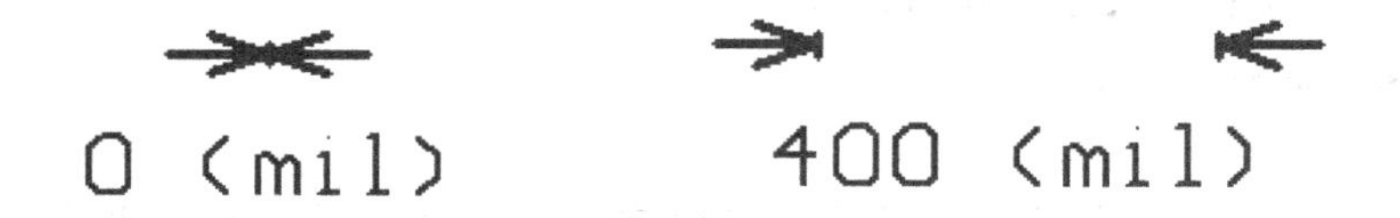

图 7-25 放置尺寸标注

任务7.7　放置其他对象和保存PCB文件

任务描述

放置焊盘、圆弧和填充区并保存当前的PCB文件。

任务目标

掌握放置焊盘等其他对象的方法；学会保存PCB文件。

任务实施

以放置焊盘、圆弧、填充区为例介绍放置其他对象的方法；最后简单介绍保存文件的方法。

PCB系统的绘图功能较多，前面学习了放置元器件封装、导线、标注字符和尺寸标注等绘图功能的使用，下面主要介绍放置焊盘、圆弧和填充区的方法。在执行放置对象功能时，都可以按Tab键，从弹出的属性对话框中修改各项属性。

7.7.1　放置焊盘

1. 放置焊盘的步骤

1）单击放置工具栏中的放置焊盘按钮，或执行菜单Place/Pad命令。

2）移动光标到合适的位置，单击鼠标左键，即可放置一个焊盘。

3）将光标移到新的位置，按上述步骤，放置其他焊盘。单击鼠标右键，可退出该命令状态。放置的几个焊盘如图7-26所示。

图7-26　焊盘

2. 焊盘属性设置

在已放置好的焊盘上双击鼠标左键或在放置焊盘的状态下按Tab键，可打开图7-27所示焊盘属性对话框，其中Properties选项卡中主要选项的功能如下：

- Use Pad Stack：使用焊盘堆栈。用于多层板中，使不同层面具有不同的焊盘（详细设置在“Pad Stack”选项卡中进行）。
- X-Size、Y-Size：焊盘X、Y方向尺寸。
- Shape：焊盘形状。单击右侧的下拉式按钮，有3种焊盘形状供选择：Round（圆形）、Rectangle（正方形）和Octagonal（八角形）。
- Designator：焊盘序号。
- Layer：焊盘所在层。通常针脚式元器件的焊盘应为Multi Layer。

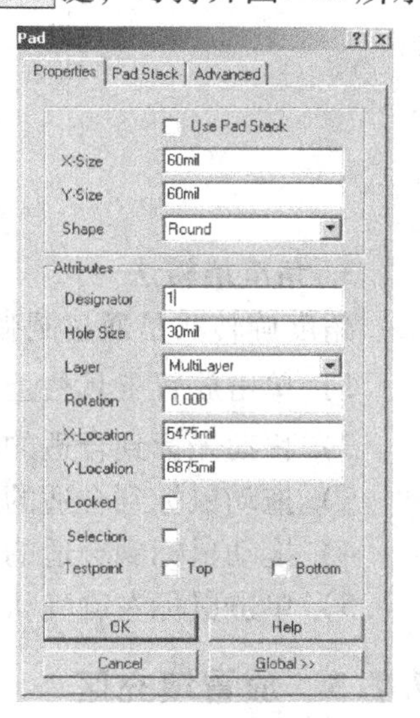

图7-27　焊盘属性对话框

7.7.2　放置圆弧

放置圆弧的方法有中心法、边缘法和角度旋转法。

1. 中心法

中心法是通过确定圆弧的中心、半径、起点和终点来绘制圆弧，具体方法如下：

1）单击放置工具栏上的按钮，或执行菜单Place/Arc（Center）命令。

2）移动光标到合适的位置，单击鼠标左键，确定圆弧的中心。

3）拖动鼠标到合适的位置，单击鼠标左键，确定圆弧的半径。

4）拖动鼠标到合适的位置，单击鼠标左键，确定圆弧的起点。

5）拖动鼠标到合适的位置，单击鼠标左键，确定圆弧的终点。

6）单击鼠标左键确认。中心法放置圆弧的过程如图7-28所示。

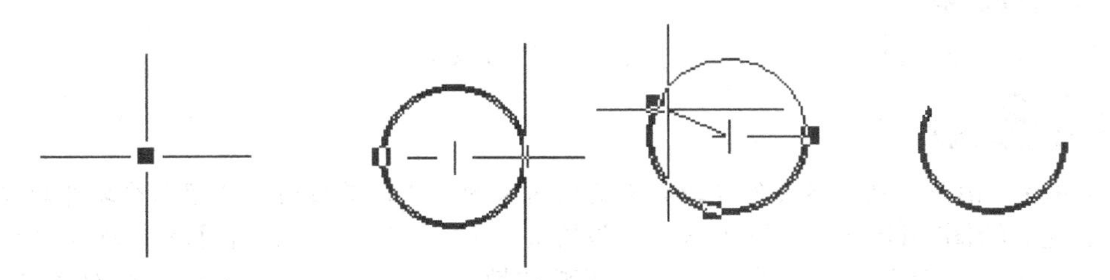

图7-28　中心法放置圆弧的过程

2. 边缘法

边缘法是通过确定圆弧的起点和终点来确定圆弧的大小，绘制过程如下：

1）单击放置工具栏上的按钮，或执行菜单Place/Arc（Edge）命令。

2）移动光标到合适的位置，单击鼠标左键，确定圆弧的起点。

3）拖动鼠标到合适的位置，单击鼠标左键，确定圆弧的终点。

4）单击鼠标左键确认。边缘法放置圆弧的过程如图7-29所示。

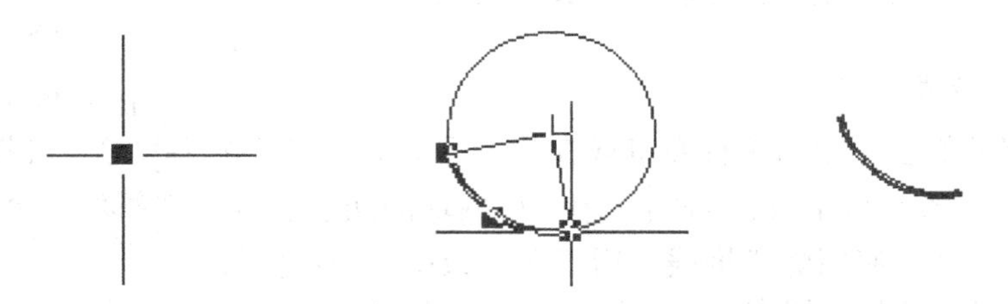

图7-29　边缘法放置圆弧的过程

3. 角度旋转法

角度旋转法是通过圆弧的起点、中心和终点来确定圆弧的大小，绘制过程如下：

1）单击放置工具栏上的按钮，或执行菜单Place/Arc（Any Angle）命令。

2）移动光标到合适的位置，单击鼠标左键，确定圆弧的起点。

3）拖动鼠标到合适的位置，单击鼠标左键，确定圆弧的中心。

4）拖动鼠标到合适的位置，单击鼠标左键，确定圆弧的终点。

5）单击鼠标左键确认。

7.7.3　放置填充区

填充有矩形填充（Fill）和多边形填充（Polygon Plane），一般用于大面积接地或电源，

以增强系统的抗干扰性。通常填充区放置在 PCB 的顶层、底层或内部的电源/接地层。

1. 放置矩形填充区

在 PCB 设计时，可以使用矩形填充区来绘制整块实心矩形的铜膜区域，通常用在为某个网络（多是地线）加大铜箔面积，形成实际的铜膜线。

1）单击放置工具栏上的▢按钮，或执行菜单 Place/Fill 命令。

2）移动光标到合适的位置，单击鼠标左键，确定矩形填充区的左上角。

3）拖动光标到合适的位置，单击鼠标左键，确定矩形填充区的右下角。

4）单击鼠标左键确认。放置矩形填充区如图 7-30 所示。

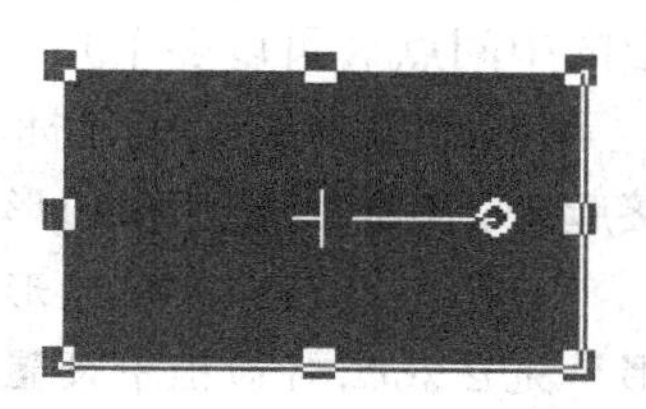

图 7-30　放置矩形填充区

2. 放置多边形填充区

多边形填充区一般用于网状的敷铜（即在电路板上没有布线，也没有焊盘、过孔的地方铺满铜膜），以提高电路的抗干扰能力，通常都把敷铜连接到地线网络上。

1）单击放置工具栏上的按钮，或执行菜单 Place/ Polygon Plane…命令，系统将弹出图 7-31 所示的多边形填充区属性对话框。其中：

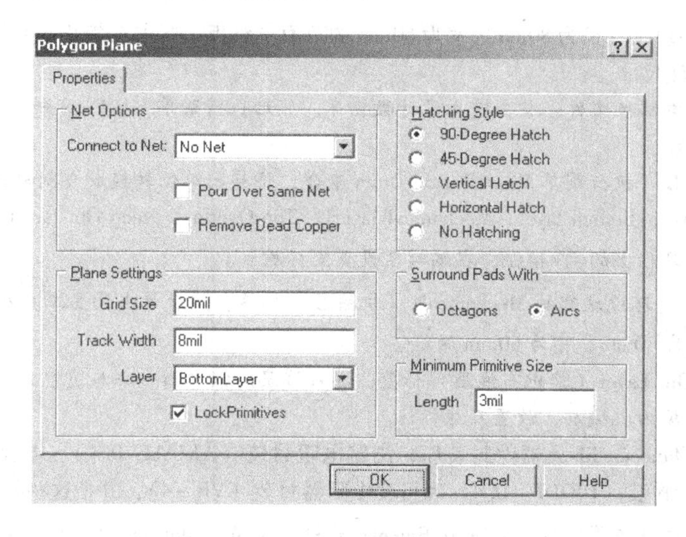

图 7-31　多边形填充区属性对话框

- Net Options：用于设置敷铜与网络间的关系。

① Connect to Net：设定所敷设的铜膜与相连接的网络。

② Pour Over Same Net：选中表示敷铜时覆盖要连接的相同网络。

③ Remove Dead Copper：选中表示删除孤立的铜膜。

- Plane Settings：设置敷铜时走线的栅格值、线宽和板层。
- Hatching Style：设置敷铜的走线方式。有 5 种方式：水平垂直交叉格、倾斜 45°交叉格、垂直平行走线、水平平行走线和无格空心敷铜。
- Surround Pads With：设置敷铜围绕焊盘的走线样式。有八边形和圆弧两个选项。

2）设置完各项属性后，单击 OK 按钮。

3）移动光标到合适的位置，单击鼠标左键，确定多边形的起点。

4）移动光标到合适的位置，单击鼠标左键，确定多边形的中间点（可以多个）。

5）在终点处单击鼠标右键，程序自动将终点与起点连接起来，形成封闭的多边形，如图 7-32 所示。

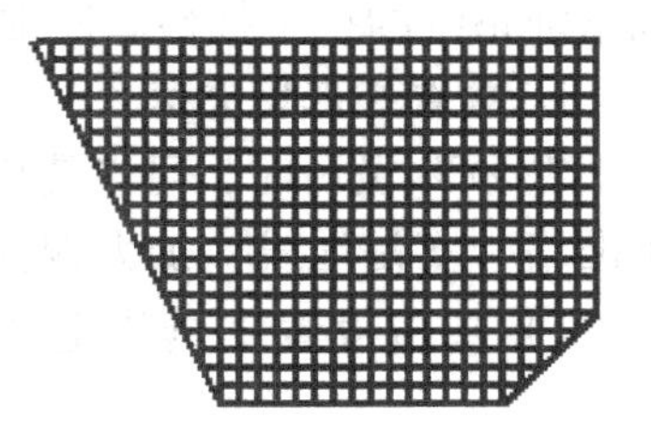

图 7-32　多边形填充区

技巧：当放置了多边形填充区后，双击填充区也可打开属性对话框进行编辑；若在多边形填充区属性对话框中设置 Track Width（线宽）的值大于等于 Grid Size（栅格尺寸）的值，还可以绘制成实心的多边形填充区。

7.7.4　保存 PCB 文件

PCB 设计完成之后，需要及时将设计结果保存，以备再次使用。

在 PCB 编辑环境下，单击保存文件按钮，或执行菜单 File/Save 命令即可。

练　习　7

7-1　手动规划一块尺寸长为 80mm、宽为 60mm 的双面电路板，要求在禁止布线层和机械层画出电路板板框，在机械层标注尺寸。

提示：（1）建立电路板文件：首先建立设计数据库，然后执行菜单 File/New 命令，在弹出的窗口中选择 PCB Document 图标。

（2）更换测量单位：执行菜单 View/Toggle Units 命令，将英制单位转换成公制单位。

（3）打开 Top layer、Bottom layer、Mechanical layer1、Top Overlay、Keep Out Layer、Multi layer 工作层。

（4）单击放置工具栏上的按钮，在编辑区设置坐标原点。

（5）单击 PCB 设计环境底部的 Mechanical1（机械层）标签；然后单击放置工具栏上的按钮，以原点为左下角画一个长为 80mm、宽为 60mm 的框。

（6）单击 Keep Out Layer（禁止布线层）标签，在机械层的框中画一个与边框距离为 2mm 的框。

（7）将当前层转换为机械层，放置尺寸标注。

7-2　装入 Miscellaneous. lib 元器件封装库，浏览电阻封装（AXIAL－0.4）、电容器封装（RAD－0.1 和 RB.2/.4）、二极管封装（DIODE－0.4）和可变电阻器封装（VR－4），并把这些封装放置到 PCB 图中。

提示：（1）单击电路板管理器上的 Add/Remove 按钮装入 Miscellaneous. lib 元器件封装库。

（2）然后选择元器件并浏览，再单击管理器上的 Place 按钮。

7-3　在练习 7-2 的 PCB 图的顶层丝印层放置字符串"This is my fist PCB"。

7-4　将图 7-2 所示的两级共射放大电路 PCB 的底层敷铜，要求栅格为 40mil，铜膜线宽为 20mil，网络线为倾斜 45°形式，使用八角形状环绕焊盘。

7-5　手工绘制图 2-17 所示的单管共射放大电路的单面 PCB 图。要求：PCB 电气边框为 1600mil × 1200mil 的矩形框；导线宽为 40mil；在顶层丝印层标注"VCC、GND、Vi、Vo"字符串。

7-6　手工绘制图 2-49 所示的两管调频无线电传声器电路的单面 PCB 图。

项目 8

PCB 元器件封装的制作

项目描述

本项目以创建七段数码管的封装为例，介绍创建并使用新的 PCB 元器件封装，包括手工创建和使用向导创建元器件封装。通过本项目的学习，了解 PCB 元器件封装库的管理，掌握手工创建和使用向导创建元器件封装的方法。

任务 8.1　元器件封装库编辑器的使用

任务描述

启动元器件封装库编辑器。

任务目标

掌握启动元器件封装库编辑器的方法，熟悉元器件封装库编辑器管理器的工作界面。

任务实施

通过创建一个元器件封装库文档并打开和从电路板编辑器切换到元器件封装库编辑器两种方法来启动元器件封装库编辑器。

由于科学技术的飞速发展，新型元器件不断涌现，在 PCB 设计过程中，常常会遇到有些元器件封装在 PCB 元器件封装库中找不到的情况，如数码管、按钮和继电器等。这时，用户可以利用 PCB 元器件封装库编辑器来创建新的元器件封装。

8.1.1　启动元器件封装库编辑器

元器件封装库编辑器的主要功能是对元器件封装库进行管理，包括元器件封装的制作、封装库的管理等。

一般有两种途径启动元器件封装库编辑器：创建一个元器件封装库文档并打开，或者从电路板编辑器切换到元器件封装库编辑器。

1. 创建一个元器件封装库文档

1）打开设计数据库文件，执行菜单 File/New 命令，系统弹出新建文档对话框，如图 8-1所示。

图 8-1　新建文档对话框

2）选择 “PCB Library Document” 图标

后，单击 OK 按钮，或双击“PCB Library Document”图标，即可建立新的元器件封装库文件 PCBLIB1. LIB，用户可以修改此文件名。

3）双击元器件封装库文件的图标，就可以进入元器件封装库编辑器的工作界面，如图 8-2 所示。

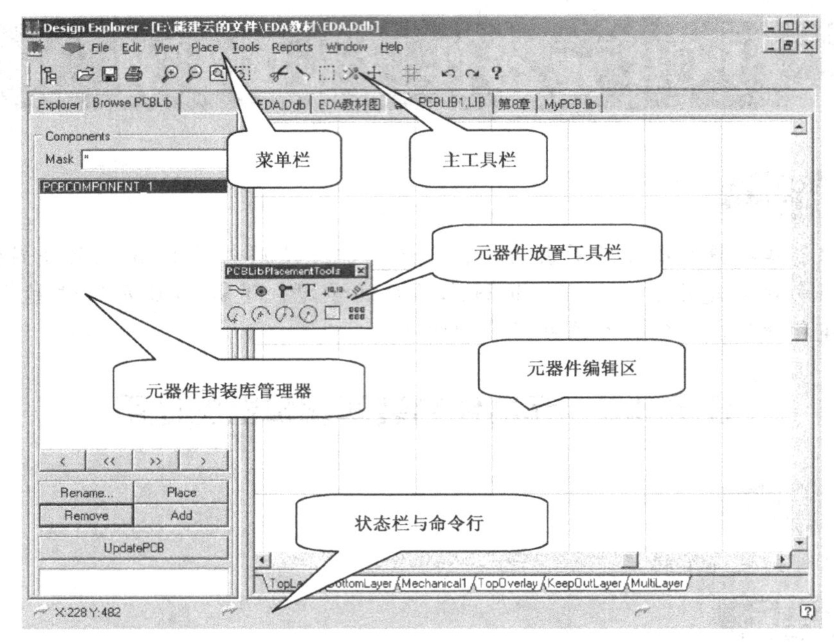

图 8-2　元器件封装库编辑器界面

2. 从电路板编辑器切换到元器件封装库编辑器

1）在 PCB 编辑环境下，打开设计管理器面板。

2）在设计管理器面板上单击“Browse PCB”选项，使之成为 PCB 管理器。

3）打开“Browse”栏的下拉式列表，选择浏览“Libraries”，进入元器件封装库管理界面，如图 8-3 所示。

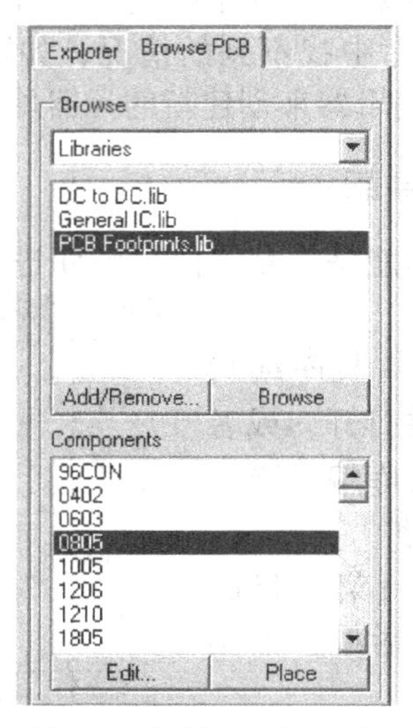

图 8-3　浏览 PCB 封装库

4）从“Components”（元器件）区域中选择所要编辑的元器件封装，单击Edit按钮，便可从电路板编辑器切换到元器件封装库编辑器界面。

8.1.2 元器件封装库编辑器界面

元器件封装库编辑器界面和PCB编辑器界面类似，包括菜单栏、主工具栏、元器件封装库管理器、元器件编辑区、元器件放置工具栏、状态栏与命令行等。

1. 菜单栏

菜单栏给设计人员提供编辑、绘图命令，以便制作和编辑元器件。主菜单栏菜单与PCB编辑器窗口中对应菜单的命令基本相同。

2. 主工具栏

主工具栏为用户提供了各种图标操作方式。

3. 元器件封装库管理器（Browse PCBLib）

元器件封装库管理器位于界面的左侧，主要用于对元器件封装的管理。

4. 元器件编辑区

元器件编辑区主要是用于创建、查看和修改元器件封装。在元器件编辑区中，可以按PageUp键或PageDown键实现画面的放大或缩小；也可以利用主菜单View中的相关命令或主工具栏的缩放按钮来实现。

5. 元器件放置工具栏

元器件放置工具栏（PCBLibPlacement Tools）中的各按钮与菜单栏Place中的命令相对应，以方便设计人员快速放置各种图元，如线段、焊点、字符串和圆弧等。

6. 状态栏与命令行

它们在窗口的最下方，用于提示设计人员当前系统所处的状态和正在执行的命令。

任务8.2 元器件封装的创建与管理

任务描述

分别用手工创建和利用向导创建元器件封装。要求：

1）创建元器件封装库MyPCB.lib，并将要创建的新元器件封装放置到该库中。

2）手工创建元器件封装LED-7，如图8-4所示。

3）利用向导创建元器件封装DIP10，如图8-5所示。

任务目标

掌握用手工创建和利用向导创建元器件封装方法。

任务实施

分别介绍手工创建和使用向导创建元器件封装，并利用元器件封装管理器对元器件封装进行管理。

PCB中的元器件封装是由线条、焊盘和弧线等图元构成。每个封装在元器件封装库中都有一个唯一的封装名，它是将元器件从封装库中调入PCB图的唯一途径。除名字外，从库中将元器件封装调入PCB图时，还附带有元器件标号（Designator）和注释文字（Comment）。

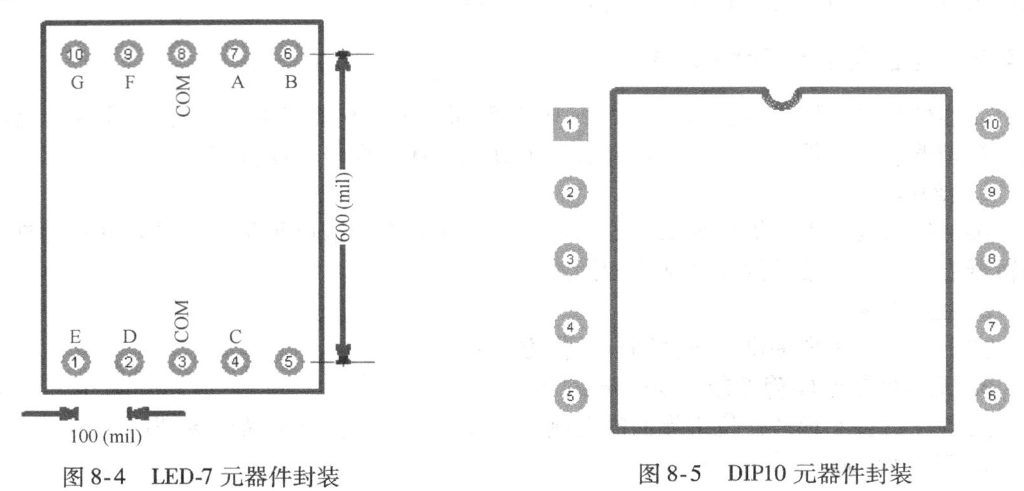

图8-4　LED-7元器件封装

图8-5　DIP10元器件封装

要创建新的元器件封装，可用手工方法创建，也可以利用向导的方法创建。

8.2.1　手工创建新的元器件封装

下面讲述如何用手工方法创建一个新的PCB元器件封装。假设要建立一个新的元器件封装库，作为用户自己的专用库，元器件封装库的文件名为MyPCB.lib，并将要创建的新元器件封装放置到该库中。

下面以图8-4所示的LED-7元器件封装为例，来介绍如何手工创建元器件封装。通过手工创建元器件封装，实际上就是利用Protel 99SE提供的绘图工具，按照实际的尺寸绘制出该元器件封装。

手工创建新的元器件封装一般需要先设置封装参数，然后再放置图形对象，最后还需要设定插入参考点。下面结合实例分别进行讲解。

1. 创建元器件封装库MyPCB.lib

启动PCB元器件封装编辑器，创建文件名为MyPCB.lib的元器件封装库。

2. 设置元器件封装参数

1）执行Tools/Library Options... 命令，系统弹出图8-6所示的板层参数设置对话框。在图8-6所示的Layers选项卡中，可以设置元器件封装的层参数，一般可选用默认设置。本例设置Visible Grid2为100mil。

2）单击“Options”选项，进入Options选项卡，如图8-7所示。在该选项卡中可设置捕获栅格（Snap）、电气栅格（Electrical Grid）和计量单位等。在这里计量单位采用英制（Imperial），Snap和Component间距均设置为10mil。设置结束后，单击OK按钮。

说明：执行菜单View/Toggle Units命令，也可以切换单位的公/英制。观察状态栏的X、Y坐标，切换单位为所需的英制。

3）执行Tools/Preferences命令，系统将弹出Preferences对话框。它共有6个选项卡，即Options选项卡、Display选项卡、Colors选项卡、Show/Hide选项卡、Defaults选项卡和Signal

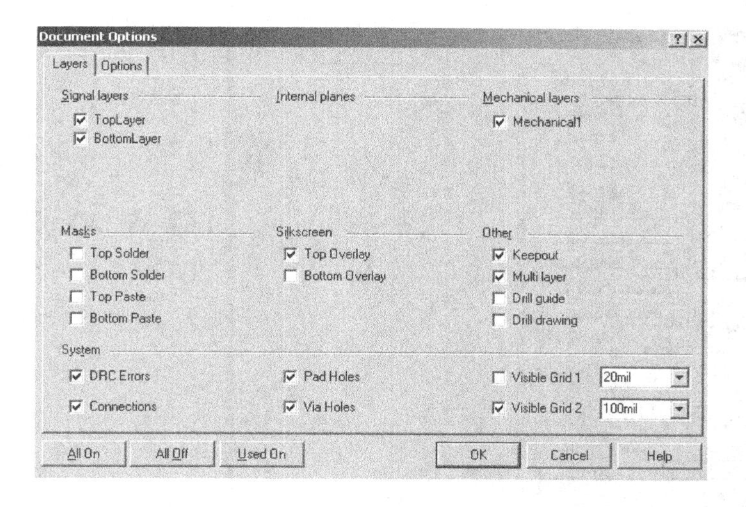

图 8-6　Layers 选项卡

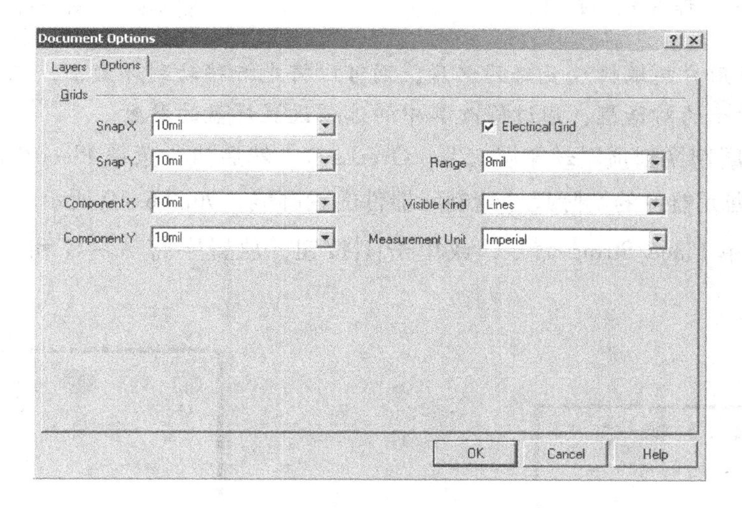

图 8-7　Options 选项卡

Integrity 选项卡。

在设置元器件颜色时，通常使顶层丝印层（Top OverLayer）颜色为深绿色，Pad Holes 颜色为白色（White），颜色设置可以通过 Display 选项卡实现。

3. 放置图形对象

1）执行菜单 Place/Pad 命令，或单击放置工具栏中的 ◉ 按钮。执行该命令后，光标变成“十”字，中间带有一个焊盘。

2）按 Tab 键进入焊盘属性对话框（如图 8-8 所示），设置焊盘的属性。在 Designator 框中设置焊盘编号为 1，其他选项参数为默认值。

3）移动光标，焊盘跟着移动，移动到适当的位置后，单击鼠标左键放置第 1 号焊盘。

4）按照同样的方法，根据元器件引脚之间的实际间距放置其他焊盘，如图 8-9 所示。

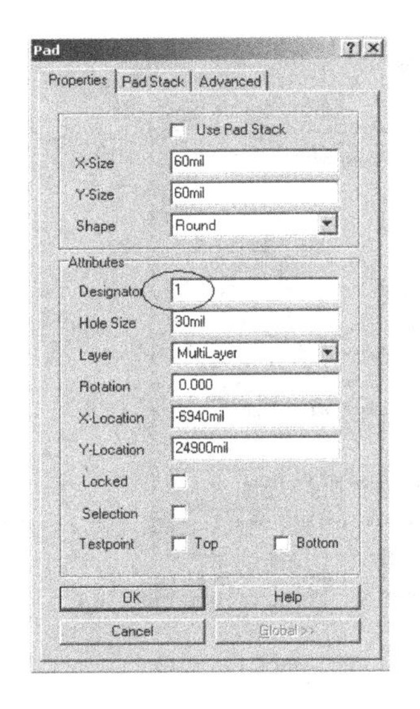

图 8-8 焊盘属性对话框

图 8-9 放置所有焊盘

说明：如果用户想编辑放置好的焊盘，则可以将光标移动到焊盘上，双击鼠标，系统会弹出如图 8-7 所示的对话框，通过修改其中的选项设置焊盘的参数。

5）将工作层切换到顶层丝印层（Top OverLay），然后执行菜单 Place/Track 命令或者单击 按钮，根据元器件的实际尺寸绘制元器件的轮廓线，如图 8-10 所示。

6）执行菜单 Place/String 命令，或单击 T 按钮，放置字符 A ~ G 和 COM，如图 8-11 所示。

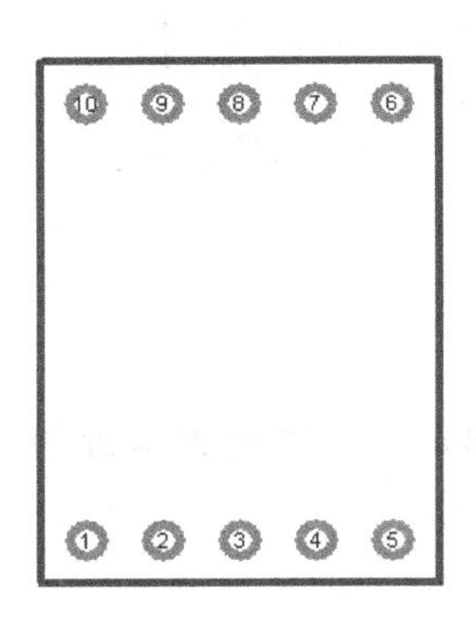

图 8-10 绘制轮廓线后的图形

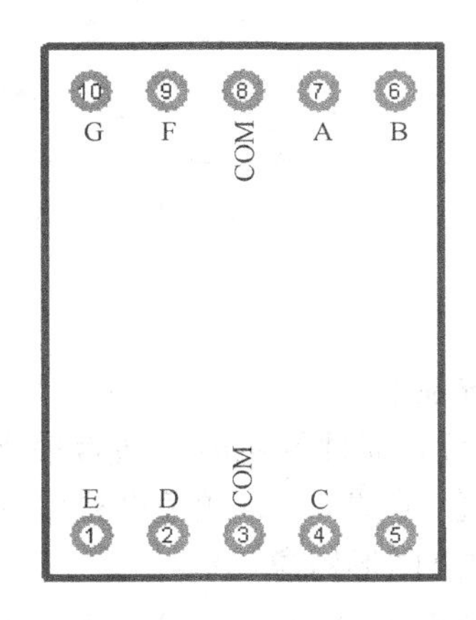

图 8-11 放置字符后的图形

7）绘制完成后，执行菜单 Tools/Rename Component 命令或单击元器件封装管理器左边的 Rename 按钮，为新创建的元器件封装重新命名，这里命名为 LED-7，如图 8-12 所示。

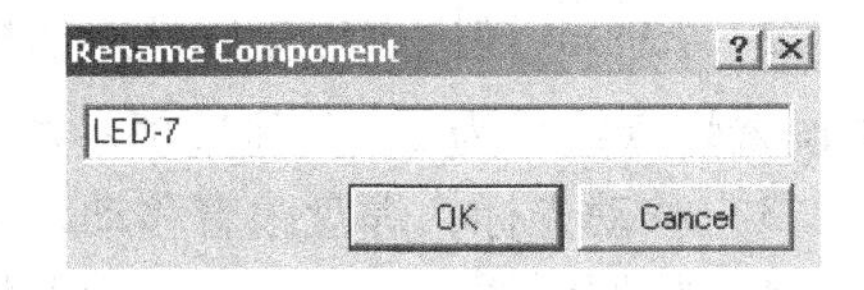

图 8-12 元器件封装重命名

输入元器件封装的名称后，单击 OK 按钮确定，可以看到元器件封装管理器中的元器件名称也相应地改变了。

4. 设置元器件封装的参考点

一般将原点坐标（0，0）设定在元器件封装的某一特定位置作为放置元器件封装时的参考点。

设置元器件封装的参考点时执行菜单 Edit/Set Reference 命令，其中有 Pin1、Center 和 Location 三条子命令。其中 Pin1：设置引脚 1 为元器件的参考点；Center：设置元器件的几何中心作为元器件的参考点；Location：用户选择一个位置作为元器件的参考点。本例选 Pin1 作为参考点。

最后执行菜单 File/Save 命令，或者单击 按钮，保存新建的元器件封装 LED-7。

8.2.2　使用向导创建元器件封装

对于引脚较多但排列有一定规律的元器件封装，可以用元器件封装向导创建元器件封装。

下面以图 8-5 所示的 DIP10 元器件封装为例，来介绍利用向导创建元器件封装的基本步骤。

1）启动并进入元器件封装编辑器。

2）执行菜单 Tools/New Component 命令，系统会弹出图 8-13 所示的元器件封装向导对话框。

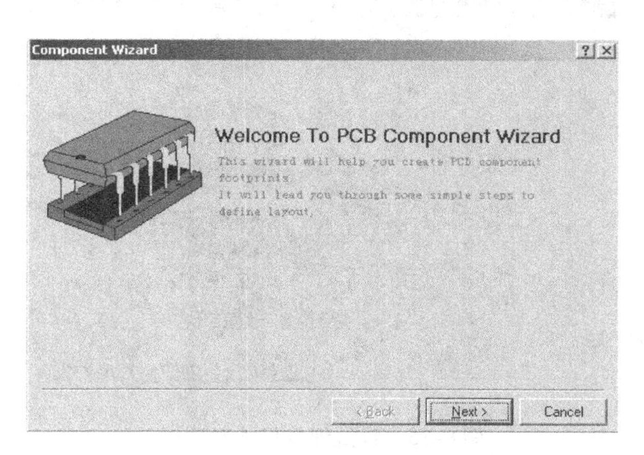

图 8-13　元器件封装向导对话框

3）单击图 8-13 中的 Next > 按钮，系统会弹出图 8-14 所示的选择元器件封装样式和度量单位对话框。

用户在该对话框中，可以设置元器件的外形。Protel 99 SE 提供了 12 种元器件的外形供用户选择，其中包括 Ball Grid Arrays（BGA，球栅阵列封装）、Capacitors（电容封装）、Diodes（二极管封装）、Dual in-line Package（DIP，双列直插封装）、Edge Connectors（边连接样式封装）、Leadless Chip Carrier（LCC，无引线芯片载体封装）、Pin Grid Arrays（PGA，引

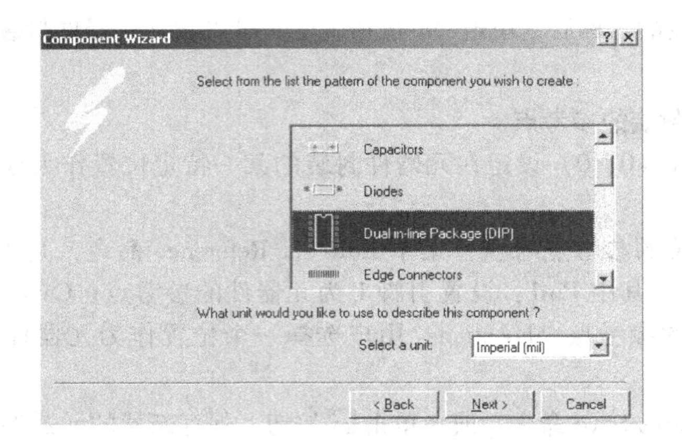

图 8-14　选择元器件封装样式和度量单位对话框

脚网格阵列封装)、Quad Packs（QUAD，四边引出扁平封装)、Small Outline Package（SOP，小尺寸封装）和 Resistors（电阻样式）等。

另外，在对话框的下面还可以选择元器件封装的度量单位，有 Metric（mm)（公制）和 Imperial（mil)（英制)。根据本例的要求，选择 DIP 封装外形和 Imperial（mil)（英制)。

4）单击图 8-14 中的 Next > 按钮，系统会弹出图 8-15 所示的设置焊盘尺寸对话框。用户只需在需要修改的地方单击鼠标，然后输入尺寸即可。

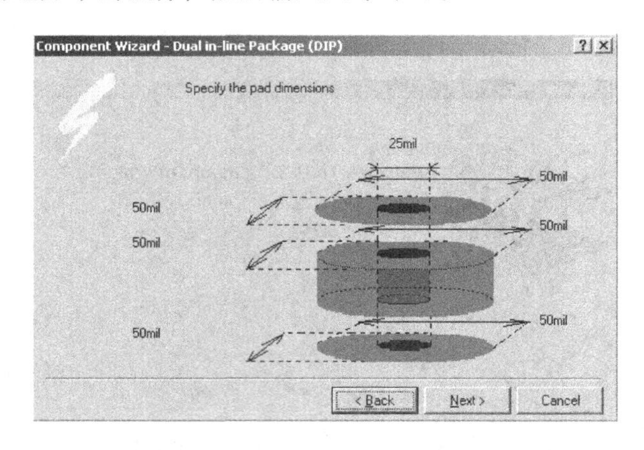

图 8-15　设置焊盘尺寸对话框

5）单击图 8-15 中的 Next > 按钮，系统会弹出图 8-16 所示的设置焊盘位置对话框。用户在该对话框中，可以设置引脚的水平间距和垂直间距。设置方法同上。

6）单击图 8-16 中的 Next > 按钮，系统会弹出图 8-17 所示的设置元器件轮廓线宽对话框。设置方法同上。

7）单击图 8-17 中的 Next > 按钮，系统会弹出图 8-18 所示的设置元器件引脚数对话框。用户只需在对话框中的指定位置输入元器件引脚数即可。

8）单击图 8-18 中的 Next > 按钮，系统会弹出图 8-19 所示的设置元器件封装名称对话

框。本例中设置元器件封装的名称为 DIP10。

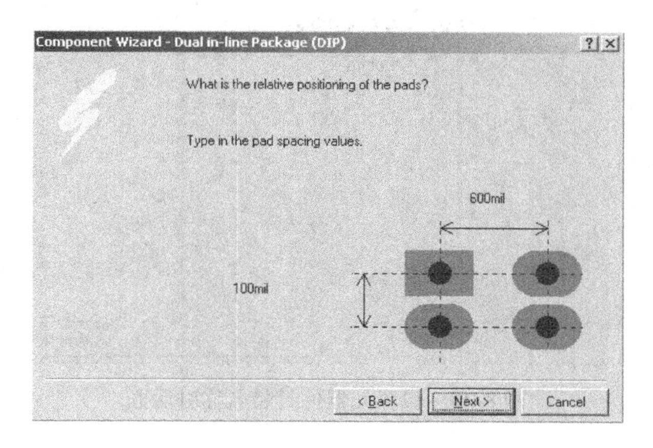

图 8-16　设置焊盘位置对话框

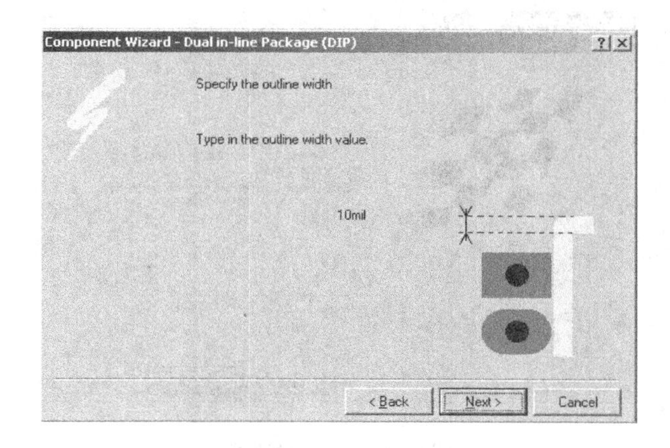

图 8-17　设置元器件轮廓线宽对话框

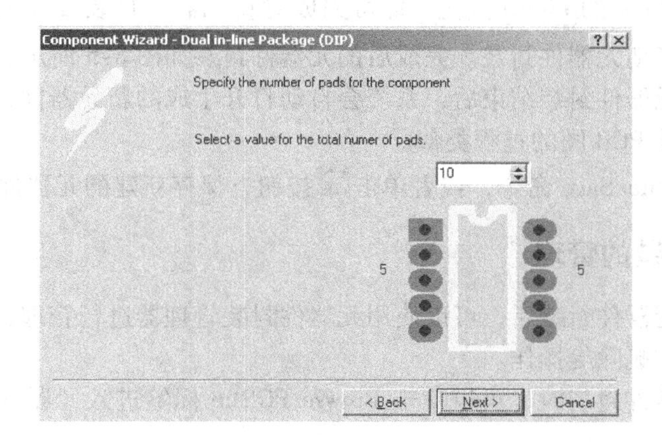

图 8-18　设置元器件引脚数对话框

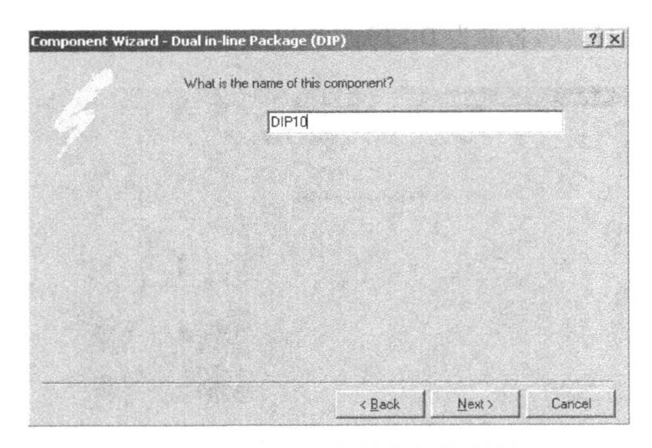

图 8-19　设置元器件封装名称对话框

9）单击图 8-19 中的 Next > 按钮，系统会弹出图 8-20 所示的完成对话框。

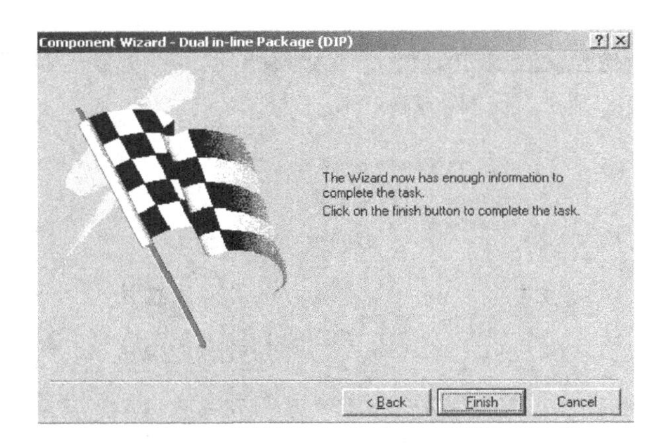

图 8-20　完成对话框

10）单击图 8-20 中的 Finish 按钮，即可完成对新元器件封装设计规则的定义，同时程序按设计规则生成了新元器件封装。完成后的元器件封装如图 8-5 所示。

使用向导创建元器件封装结束后，系统会自动打开生成的新元器件封装，供用户进一步修改，其操作与设计 PCB 图的过程类似。

11）执行菜单 File/Save 命令，或者单击按钮，保存新建的元器件封装 DIP10。

8.2.3　元器件封装的管理

当创建了新的元器件封装后，可以使用元器件封装管理器进行管理，包括元器件封装的浏览、添加、放置和删除等操作。

当用户创建元器件封装时，可以单击 Browse PCBlib 标签进入元器件封装管理器，如图 8-21 所示。

1. 浏览元器件封装

1）设置元器件封装的筛选条件并查看元器件封装。在“Mask”栏内输入筛选条件，可

以使用通配符。满足筛选框中条件的所有元器件封装将会显示在元器件封装列表框中。当用户在元器件封装列表框中选中一个元器件封装时，该元器件封装的引脚将会显示在引脚列表框中，如图 8-21 所示。

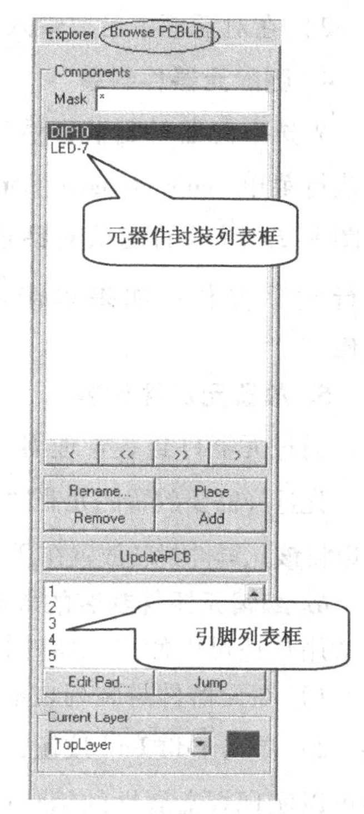

图 8-21　元器件封装管理器

2）选择显示元器件封装。

①　显示上一个元器件封装：单击 < 按钮或者执行菜单 Tools/Prev Component 命令。

②　显示下一个元器件封装：单击 > 按钮或者执行菜单 Tools/Next Component 命令。

③　显示第一个元器件封装：单击 < < 按钮或者执行菜单 Tools/First Component 命令。

④　显示最后一个元器件封装：单击 > > 按钮或者执行菜单 Tools/Last Component 命令。

2. 添加元器件封装

添加新元器件封装的操作步骤如下：

1）单击图 8-21 中的 Add 按钮，或者执行菜单 Tools/New Component 命令，系统将弹出图 8-22 所示的创建新元器件封装向导对话框。

2）此时如果单击 Next > 按钮，将会按照向导创建新元器件封装。如果单击 Cancel 按钮，系统将会生成一个元器件封装名为 PCBCOMPONENT_1 的空文件。

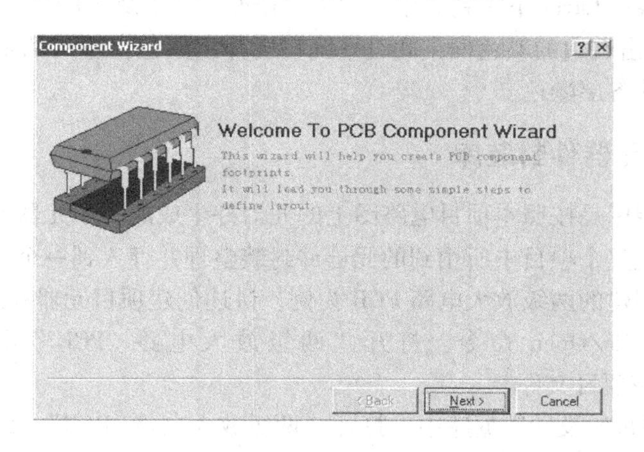

图 8-22　创建新元器件封装向导对话框

3. 重命名元器件封装

当创建了一个元器件封装后，用户还可以对该元器件封装进行重命名，具体操作如下：

1）在元器件列表框中选择一个元器件封装，然后单击 Rename 按钮，或者执行菜单 Tools/Rename Component 命令，系统将弹出元器件封装重命名对话框。

2）在对话框中可以输入元器件封装的新名称，然后单击OK按钮即可完成重命名操作。

4. 删除元器件封装

先选中元器件封装，然后单击Remove按钮，或者执行菜单 Tools/Remove Component 命令，系统将弹出图 8-23 所示的确认对话框，如果单击Yes按钮，执行删除操作；如果单击No按钮，则取消删除操作。

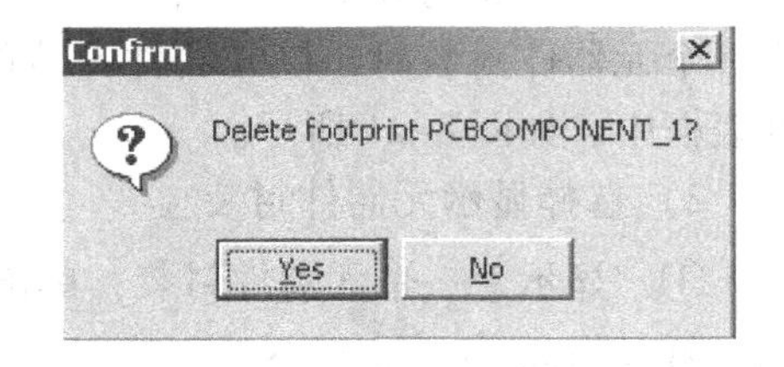

图 8-23 删除元器件封装确认对话框

5. 放置元器件封装

通过元器件封装管理器，还可以进行放置元器件封装的操作。

先选择需要放置的元器件封装，然后单击Place按钮，系统将会切换到 PCB 编辑器中，用户可以将该元器件封装放置在适当位置。用户也可以使用项目 7 讲述的方法放置元器件封装。

6. 编辑元器件封装的焊盘

用户还可以使用元器件封装管理器编辑元器件封装焊盘的属性，具体操作过程如下：

1）在元器件封装列表框中选中元器件封装，然后在引脚列表框选中需要编辑的焊盘。

2）单击Edit Pad按钮，或双击选中的对象，系统将弹出焊盘属性对话框，在该对话框中可以实现焊盘属性的编辑；也可以直接双击焊盘进入焊盘属性对话框。

7. 设置信号层的颜色

在 Current Layer 操作框中，用户可以设置或修改元器件封装的各层颜色，具体操作步骤如下：

1）首先在 Current Layer 下拉列表中选中需要修改或设置颜色的层。

2）使用鼠标双击右边的颜色框，此时系统将会弹出颜色设置对话框，通过该对话框可以设置元器件封装的各层颜色。

8.2.4 创建项目元器件封装库

项目元器件封装库是按照本项目电路图上的元器件生成的一个元器件封装库。项目元器件封装实际上就是把整个项目中所用到的元器件封装整理并存入到一个元器件封装库中。

下面以项目 7 创建的两级放大电路 PCB 为例，讲述创建项目元器件库的步骤。

1）执行菜单 File/Open 命令，打开“两级放大电路 .PCB”所属的设计数据库“EDA. ddb”，装入该项目文件。

2）在“EDA. ddb”设计数据库中，打开“两级放大电路 . PCB”文件。

3）执行菜单 Design/Make Library 命令，此时程序会自动切换到元器件封装库编辑服务器，生成相应的项目元器件封装库文件“两级放大电路 . lib”，如图 8-24 所示。

注意：如果需要自己制作新的元器件封装，一定要事先仔细阅读元器件的产品信息，了解该元器件的尺寸和封装类型，然后再进行元器件封装的绘制和定义。当绘制好了一个自定义元器件封装后，还应该使用打印机按 1:1 的比例打印出来，与产品信息中元器件的实际尺寸进行比较，如果正确则可以使用。

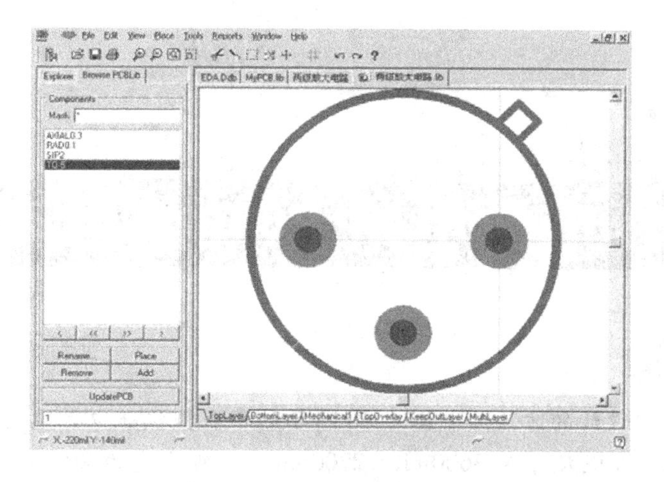

图8-24　项目元器件封装库

练　习　8

8-1　分别用手工方法和元器件封装向导的方法创建图8-25所示的极性电容封装RB.1/.2，焊盘间距为100mil，焊盘类型为圆形，焊盘直径为60mil，焊盘钻孔直径为30mil，外轮廓的直径为200mil，线宽为10mil，将该元件封装保存在MyPCB.lib元器件封装库文件中。

提示：（1）先创建元器件封装库MyPCB.lib。

（2）采用向导创建元器件封装时，元器件封装样式选用Capacitors。

8-2　创建图8-26所示的按钮封装图，元器件封装名称为SW-PB。其中焊盘外径为120mil，内径为60mil，焊盘号如图所示。

提示：可以先放置第1号焊盘，然后执行菜单Edit/Set Reference/Pin1命令设置1号焊盘为坐标原点。设置坐标原点后，其他位置可以通过查看屏幕下方状态栏的信息来确定。

8-3　创建图8-27所示的继电器封装图，元器件封装名称为JDQ。其中焊盘外径为120mil，内径为60mil，焊盘号如图所示。

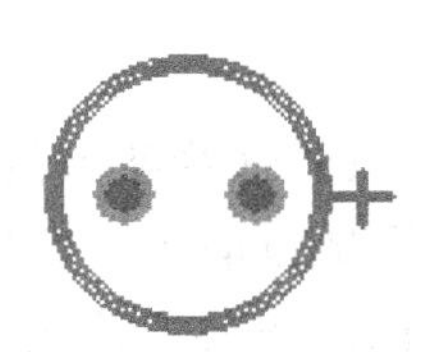

图8-25　极性电容封装

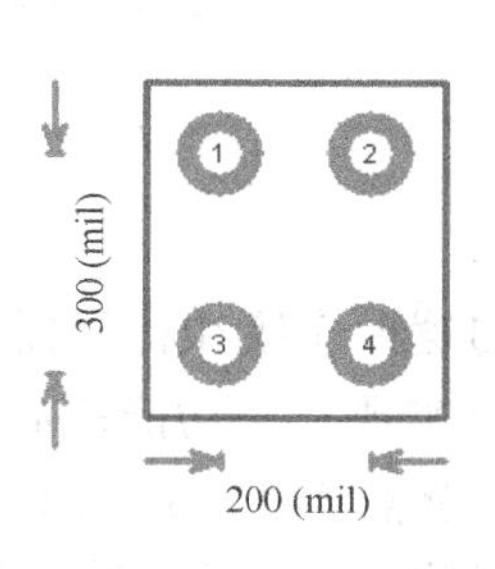

图8-26　按钮封装

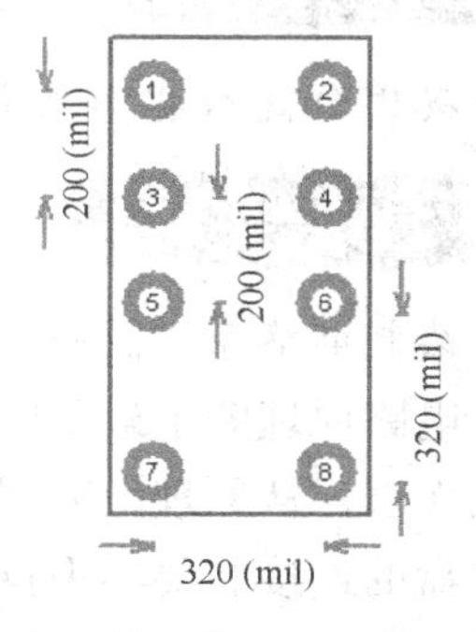

图8-27　继电器封装

项目9

串联稳压电源电路 PCB 的自动化设计

项目描述

采用 PCB 自动化设计的方法绘制图 4-38 所示的串联型稳压电源电路的 PCB，要求设计为单面印制电路板，板框尺寸为 3600mil × 2700mil，一般线宽为 20mil，输入/输出、电源/地线宽为 40mil。通过本项目的学习，掌握电路板电气边界设置、网络表的装入、自动布局的规则设置和自动布线的方法以及自动布局和布线后的手工调整，并生成 PCB 的各种报表文件和 PCB 打印输出。

PCB 自动化设计就是将原理图绘制、板框规划、元器件布局、规则定义和铜膜走线等全过程由计算机自动完成。但这些过程还是需要人工的干预才能设计出合格的 PCB，所以 PCB 的自动化设计过程实际上是一种半自动化的设计过程。

任务 9.1　准备原理图和网络表

任务描述

设计图 4-38 所示的串联型稳压电源电路原理图并生成网络表。

任务目标

巩固创建数据库文件、绘制原理图并创建原理图网络表的方法。

任务实施

绘制电路原理图并生成网络表。

电路原理图中最重要的是电路的逻辑连接和各元器件的参数值，只要这些参数值正确、连接无误，从原理上表明该电路可以实现某一功能；而 PCB 图中最重要的是元器件封装和各焊盘的连接。要实现自动化设计，就需要在原理图生成网络表文件时不仅要包括元器件的标号、型号，还必须包括元器件的封装信息。从电路原理图输出网络表前需添加各元器件的封装，然后执行 Design/Create Netlist（生成网络表）命令。设图 4-38 所示的串联型稳压电源电路的原理图文件名为 Power. Sch，生成网络表文件名为 Power. NET，原理图和网络表将在后面生成 PCB 时使用。

任务9.2　使用PCB向导新建PCB文件和板框

任务描述

使用PCB向导新建PCB文件，并规划PCB的电气边界为3600mil×2700 mil。

任务目标

掌握使用PCB向导新建PCB文件和规划电路板边框的方法。

任务实施

利用PCB向导新建PCB文件，并进行样板类型、板框和板层等参数的设置。

通常我们在使用自动布局、自动布线制作PCB时都会在机械层（Mechanical Layer）绘制PCB的物理形状，然后在禁止布线层（Keep Out Layer）绘制它的布局、布线的范围。这里我们使用Protel PCB所提供的板框向导（Wizards）来学习自动创建一个新的PCB文件及板框。下面以图4-38所示的串联型稳压电源电路的原理图文件Power. Sch为例来说明。

1）执行菜单File/New命令，在弹出的New Document（新建文档）对话框中选择Wizards选项卡，如图9-1所示。

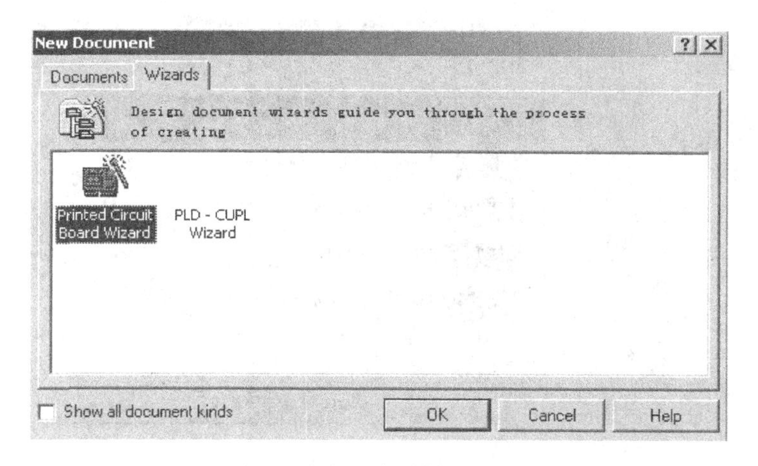

图9-1　Wizards选项卡

2）双击Printed Circuit Board Wizard（PCB向导）图标，或单击选中该图标后再单击OK按钮，系统进入PCB向导欢迎界面，如图9-2所示。

3）单击图9-2中的Next >按钮，进入选择预定义标准板对话框，如图9-3所示。

① 在该对话框的Unit项中选择单位：Imperial英制（mil）或Metric公制（mm）。本例中我们选Imperial。

② 选择PCB样板类型。本处选择Custom Made Board（用户定制型），自己定义板卡的尺寸、边界线宽等参数。其他板型主要用于设计计算机总线的接口板。

图 9-2　PCB 向导欢迎界面

4）单击图 9-3 中的 Next > 按钮，进入图 9-4 所示的自定义参数设置对话框。该对话框用于设置电路板的形状、尺寸及线宽等参数。主要设置项的意义如下：

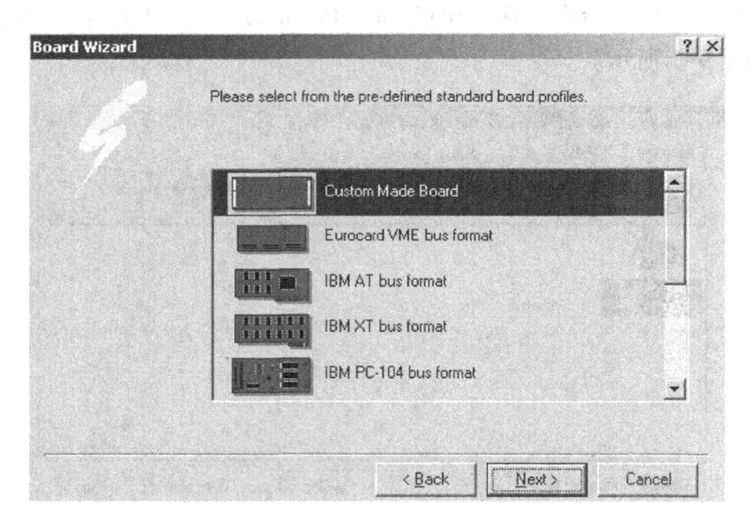

图 9-3　选择预定义标准板对话框

- Rectangular：设定板框形状为矩形。选择该项可以设置 Width（宽度）和 Height（高度）。
- Circular：设定板框形状为圆形。选择该项可以设置 Radius（半径）。
- Custom：用户自定义板框形状。选择该项可以设置 Width（宽度）和 Height（高度），在随后的设置向导中，还有其他的外形轮廓设置。
- Boundary Layer：设定电路板电气边界所在的层，通常设置为禁止布线层（Keep Out Layer）。
- Dimension Layer：设定电路板物理边界所在的层，通常设置为机械层（Mechanical

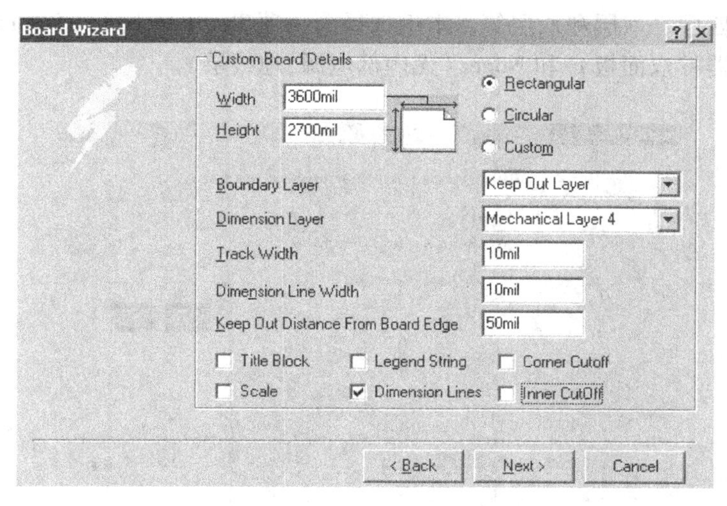

图9-4　自定义参数设置对话框

Layer)，默认为Mechanical Layer 4。

- Track Width：设置板框外围画线的宽度。
- Dimension Line Width：设置尺寸线的宽度。
- Keep Out Distance From Board Edge：设置禁止布线层的边界画线与机械层边线的距离。

本例中选择Rectangular设置板框为矩形，Width为3600mil，Height为2700mil，显示Dimension Lines（尺寸标注），取消Title Block（标题栏）、Scale（刻度尺）、Legend Sting（图例说明）、Corner Cutoff（边角切割）及Inner Cutoff（内缘缺口）的选取，其余参数保持不变，参数设置如图9-4所示。

5）单击图9-4中的Next >按钮进入下一个对话框，可显示自定义板框的轮廓尺寸，如图9-5所示。若需要修改，只需把光标移到图中4个数值的任一个，都会出现一个可编辑的文本框，用户可根据需要进行调整，也可以单击< Back按钮返回上一步重新输入尺寸。

6）单击图9-5中的Next >按钮，系统进入图9-6所示的PCB板层设置对话框，在其

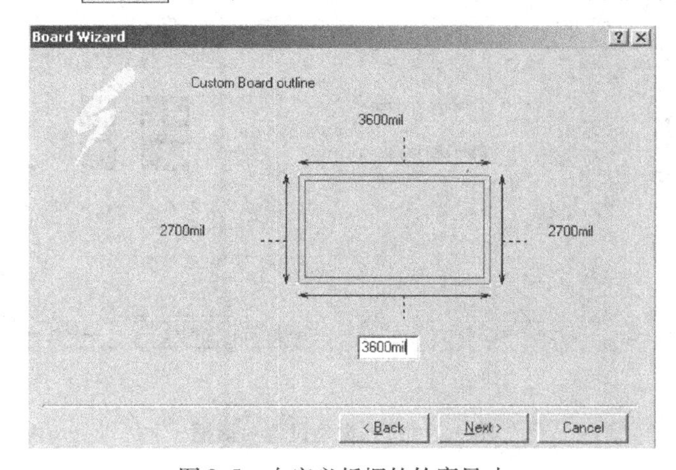

图9-5　自定义板框的轮廓尺寸

中可选择双面、四层、六层和八层等。本例选择第一项 Two Layer-Plated Through Hole（导孔镀锡的通孔式元器件双面板）和 None（无内部电源/地线层）。

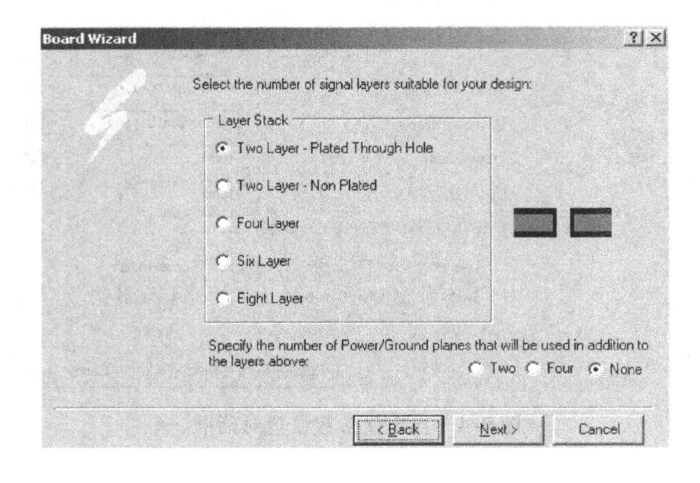

图 9-6　PCB 板层设置对话框

7）单击图 9-6 中的 Next > 按钮，系统进入图 9-7 所示的过孔类型设置对话框，此时可以设置过孔类型（通孔或盲孔），双层板只能是通孔（Thruhole Vias only）。

8）单击图 9-7 中的 Next > 按钮，系统进入图 9-8 所示的选择布线技术对话框，此时可以选择布线技术，也可以选择使用的元器件类型（可以是表面贴装式元器件或插孔式元器件），这里选择插孔式元器件。

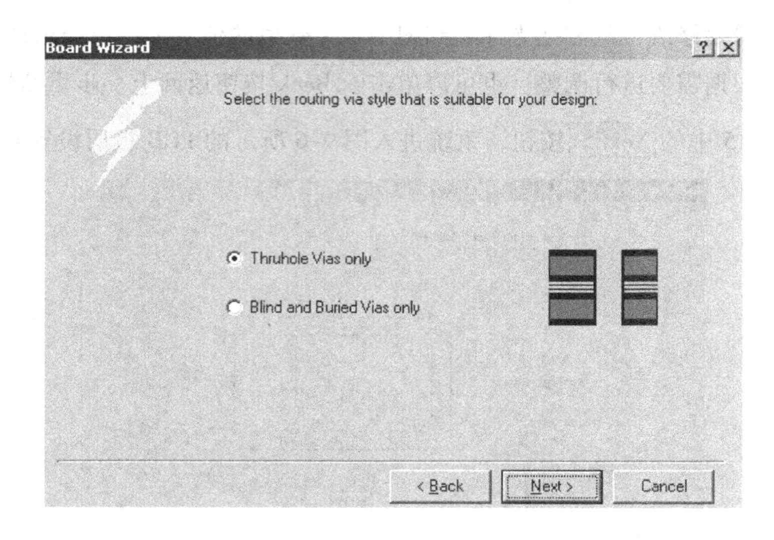

图 9-7　过孔类型设置对话框

下面还有一个选项，用来设置两个焊盘中间走线的条数。

9）单击图9-8中的 Next > 按钮，系统进入图9-9所示的最小尺寸限制设置对话框，此时可以设置最小的导线尺寸、过孔尺寸和导线间的距离。

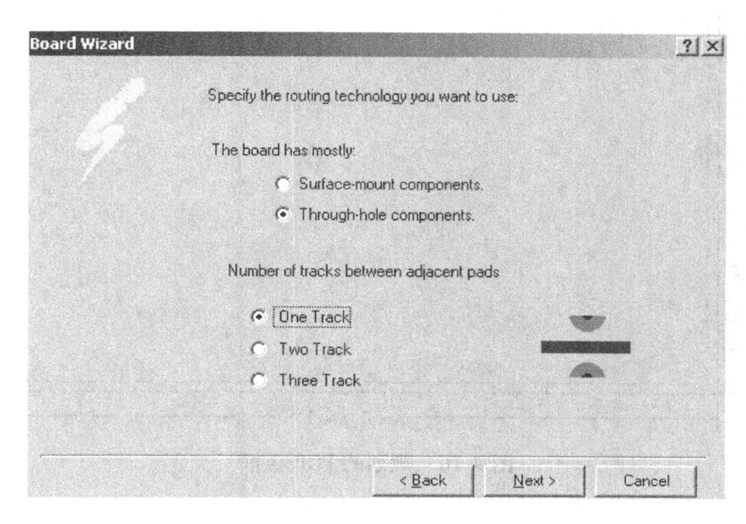

图9-8　选择布线技术对话框

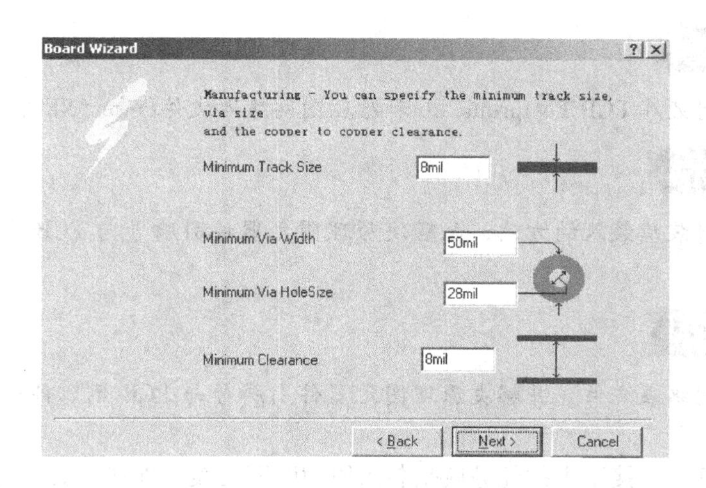

图9-9　最小尺寸限制设置对话框

10）直接连续单击 Next > 按钮，直到出现 Finish （完成）按钮。单击 Finish 按钮就完成了PCB的规划工作，如图9-10所示。

图9-10　规划的PCB板框

任务9.3　装入原理图网络表文件和元器件封装

任务描述

装入元器件封装库PCB Footprints. lib和原理图网络表文件Power. NET。

任务目标

掌握元器件封装库装入的方法，会解决原理图元器件引脚号与PCB元器件封装焊盘号的不一致问题。

任务实施

装入原理图网络表文件，并解决原理图元器件引脚号与PCB元器件封装焊盘号的不一致问题。

电路板规划好后，接下来的任务就是装入原理图网络表文件和元器件封装。在装入网络表和元器件封装之前，必须装入所需的元器件封装库。如果没有装入所需的元器件封装库，在装入网络表及元器件的过程中会提示找不到元器件封装，从而导致网络表装入失败。

首先装入元器件封装库PCB Footprints. lib。装入元器件封装库后，就可以装入网络表及元器件封装了。网络表及元器件封装的装入过程实际上是将原理图设计的信息转换到PCB设计系统中，它们是通过网络宏来完成的。如果用户是第一次装入网络表文件，则网络宏是整个网络表文件生成的，否则网络宏是在原有网络表基础上进行的修改或添加。用户可以通过修改、添加或删除网络宏来更改原来的设计。

9.3.1　装入网络表文件及元器件封装的步骤

1）激活新建的PCB文件，进入PCB编辑器。

2）执行菜单Design/Load Nets命令，系统会弹出图9-11所示的装载网络表对话框。

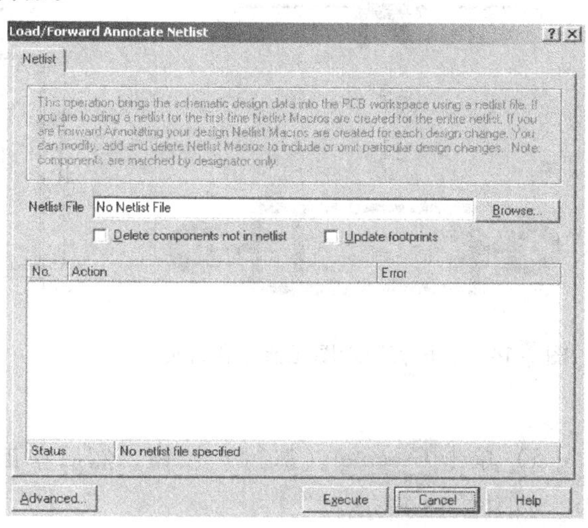

图9-11　装载网络表对话框

3）在Netlist File框中输入网络表文件名。单击对话框中的Browse按钮，系统将弹出图9-12所示的网络表文件选择对话框，在对话框中选取目标网络表文件。本例中网络表文件名为Power. NET。

4）单击OK按钮，完成网络表文件的选择，网络表装入情况对话框如图9-13所示。

从图9-13中可以看出，状态栏中显示"10 errors found"，表示仍有10条宏命令不能实现从原理图转化成PCB设计数据。通过拉动滑动条查找错误信息，可看到10处错误都是"Node Not Found"（找不到对应节点），而且都是关于二极管的。为什么会出现这种错误呢？我们只要查看一下原理图文件Power. Sch中的二极管及其封装形式（DIODE0. 4），就会发现原理图中两个管脚编号分别为1和2，而其封装形式的两个焊盘编号分别为A和K（即两者编号不一致），如图9-14所示，所以出现了"Node Not Found"错误。

这里我们暂不理会这些错误，下一小节中再学习如何解决错误问题。

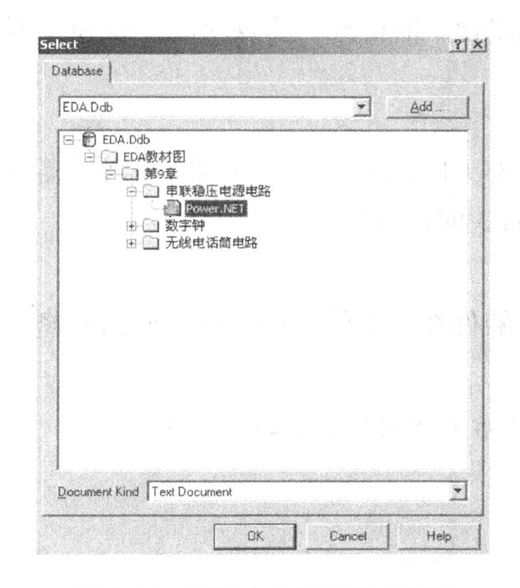

图9-12　网络表文件选择对话框

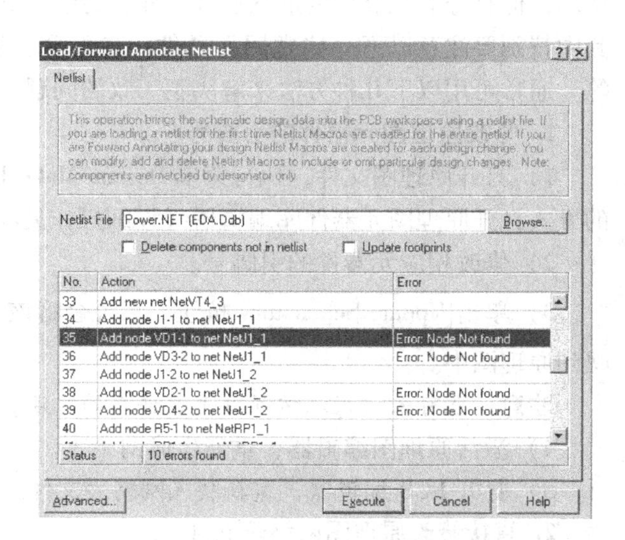

图9-13　网络表装入情况对话框

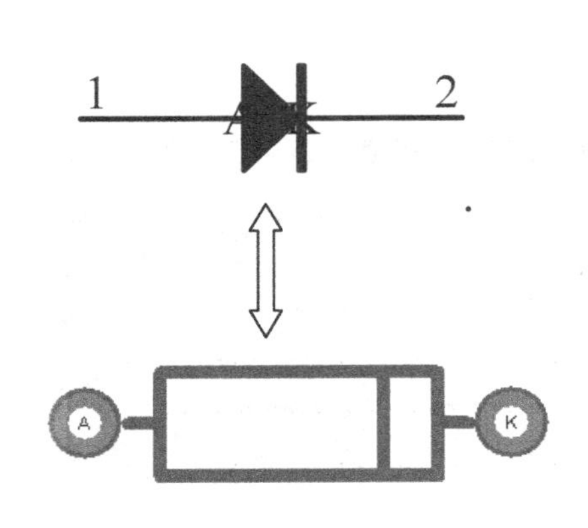

图9-14　二极管原理图元器件和封装

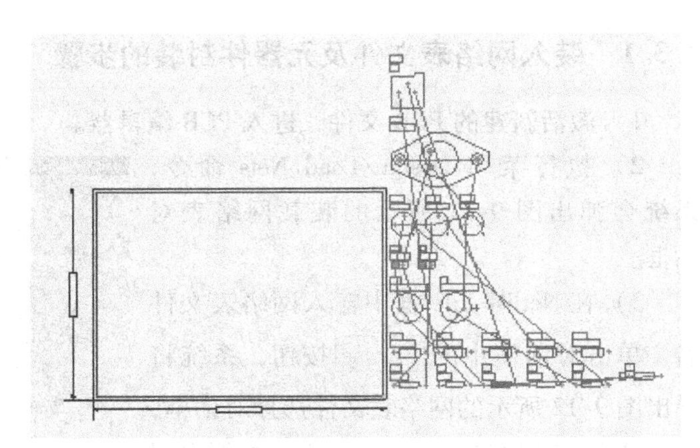

图9-15　装入网络表后 PCB 编辑区

5）单击 Execute （执行）按钮，然后单击 Yes 按钮就可以将网络表装入 PCB 编辑器中，如图9-15 所示。

注意：在图 9-15 中我们会发现所有二极管（包括稳压管）的焊盘都没有“飞线”连接。

9.3.2　原理图元器件引脚号与 PCB 元器件封装焊盘号的一致性

由前面可知，在设计 PCB 时常会碰到一些元器件的封装焊盘号与其对应原理图的元器件引脚号并不一致的情况，致使该元器件在原理图中的连接关系不能在 PCB 图中以“网络飞线”形式反映出来，从而影响后面的布线工作。所以一定要注意原理图的元器件引脚号与其封装焊盘号的一致性。对于集成电路，其封装形式有统一的标准，一般很少有不一致的情况；但是分立元器件的形状多种多样，封装形式也较为繁多，不一致的情况就比较常见。其中特别要注意以下一些常用元器件：二极管、晶体管、电位器、场效应晶体管和整流桥等。通常可用以下几种方法来解决不一致的问题。

1. 修改原理图元器件的引脚号

1）打开原理图文件，执行菜单 Design/Make Project Library 命令，以创建项目元器件库的方式打开原理图元器件库编辑器（详细操作见项目 3 的介绍）。

2）修改相应元器件的引脚号。

3）单击 Update Schematics 按钮，系统会将该元器件在元器件库编辑器中所做的修改反映到原理图中。

注意：也可采用装入该项目元器件库的方法，然后重新放置相应的元器件。

4）激活原理图编辑器，重新生成网络表。

5）打开 PCB 编辑器，重新装入网络表文件。

2. 直接修改原理图网络表文件

1）打开原理图网络表文件。

2）修改网络连接中不对应的元器件引脚号，保存文件。

3）打开PCB编辑器，重新装入网络表文件。

3. 修改PCB图中元器件封装的焊盘号

本例中采用这种方法，下面以修改二极管VD1的焊盘号为例来说明。

1）局部放大PCB编辑区的VD1部分，如图9-16所示。图中VD1的阳极和阴极焊盘编号分别为A和K，与原理图相应引脚的编号不对应，所以这两个焊盘不属于任何网络。

图9-16　VD1的局部放大

2）双击VD1的A号焊盘，打开属性对话框。把Designator框中焊盘编号“A”改为“1”，如图9-17所示，单击OK按钮确定。

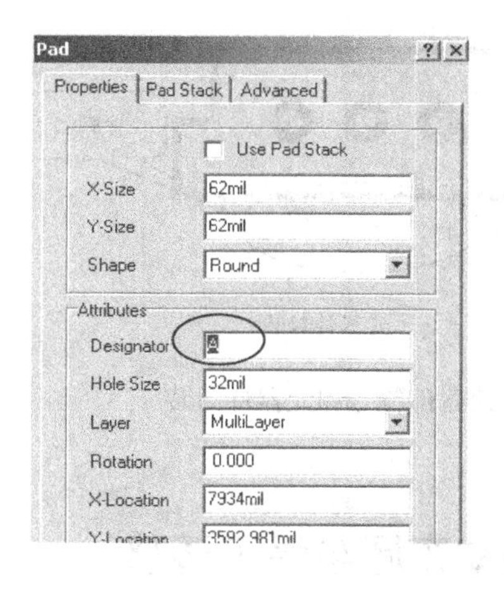

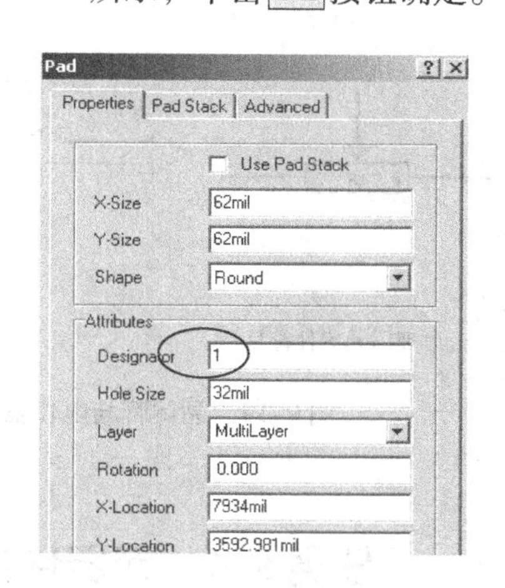

图9-17　修改焊盘编号

3）用同样的方法把焊盘编号“K”改为“2”。

4）再次执行菜单Design/Load Nets…命令，重新装入网络表。

5）单击Execute（执行）按钮，然后单击Yes按钮。再次局部放大PCB编辑区的VD1部分，如图9-18所示，可以看到VD1的两个焊盘编号已经分别改为1和2，同时也显示了焊盘所在的网络，并以飞线相连。

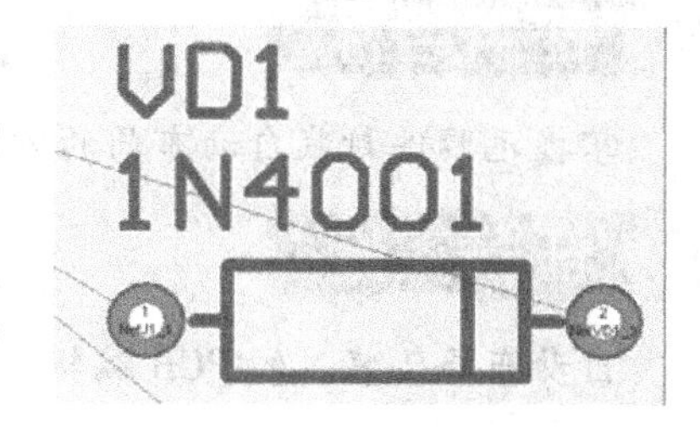

图9-18　VD1显示网络

按照上述方法，可将图9-15中VD2、VD3、VD4、VW1的焊盘编号“A”改为“1”，焊盘编号“K”改为“2”。

对于晶体管和电位器的管脚，在原理图中和PCB图中相应的编号并不一致，如图9-19所示。NPN型晶体管的三个管脚B、C、E在原理图中对应的管脚号分别为1、2、3，而在元器件封装中一般B、C、E对应的焊盘号分别2、3、1；电位器的滑动端W在原理图中的管脚号为3号，而在PCB封装中的焊盘号为2号。因此在

PCB封装中应将晶体管B、C、E对应的焊盘号2、3、1分别改为1、2、3（也可以在原理图中将B、C、E对应的管脚号改为2、3、1），电位器封装的焊盘号2号和3号分别改为3号和2号，这样它们的元器件引脚号和焊盘号才一致。

根据上述方法，将图9-15中晶体管VT1～VT4和电位器RP1的焊盘号做相应的修改，然后再一次装入网络表。这时所有二极管焊盘均有了网络并以“飞线”相连，晶体管和电位器的焊盘网络也发生了变化。

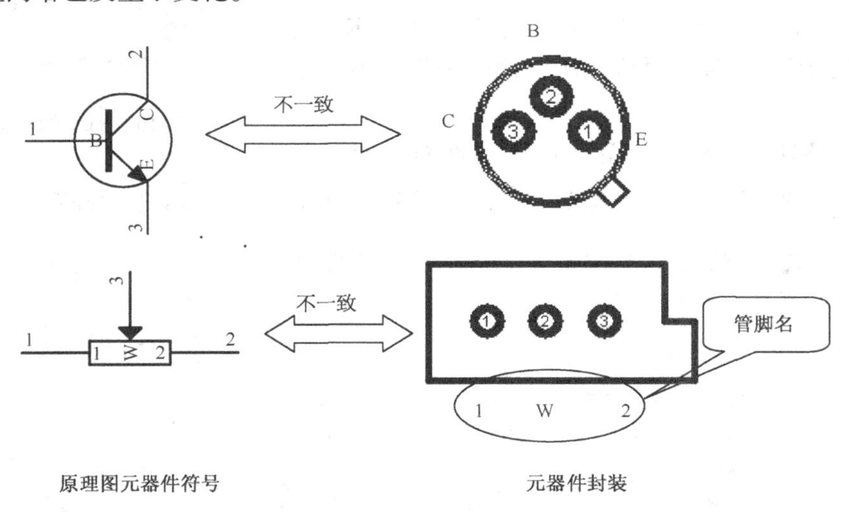

图9-19 晶体管与电位器的元器件符号和元器件封装

任务9.4 元器件自动布局与手工调整

任务描述

自动布局已装入的串联稳压电源电路元器件封装，并手工调整位置不合适的部分封装。

任务目标

掌握元器件封装自动布局的方法，学会对已放置的元器件封装等对象的调整方法。

任务实施

自动布局已装入的PCB编辑区内的元器件封装，并对位置不合适的部分封装进行调整。

9.4.1 自动布局

元器件的布局是制作电路板的重要环节。布局是否合理，不仅影响到电路板布线的成功率，而且在一些要求较高的电路中将会影响电路的工作稳定性。此时，我们可以使用系统所默认的参数进行自动布局。

执行菜单Tool/Auto Placement/Auto Placer...命令，系统将弹出图9-20所示的自动布局对话框。系统提供两种自动布局方式：Cluster Placer（群组式布局）和Statistical Placer（统计式布局）。

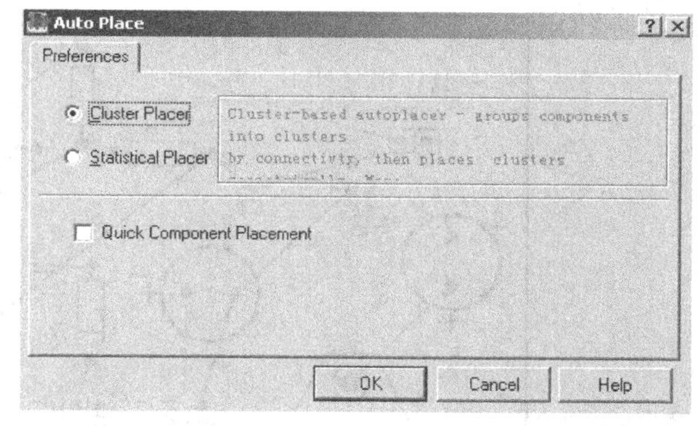

图9-20　群组式自动布局对话框（Cluster Placer）

1. 群组式自动布局

群组式自动布局方式如图9-20所示。此方式适合元器件数小于100个的电路，根据元器件的电气连接关系把元器件分组，布局过程中元器件尽可能以组为单位放置。若选择Quick Component Placement（快速布局）复选框，可得到较快的速度，但不进行优化处理，可能会导致较差的布局效果。

说明：执行该方式布局前，可以执行菜单Design/Rules...命令，打开Design Rules（设计规则）对话框，选择Placement（布局）选项卡设定自动布局的参数。这些规则仅对Cluster Placer（群组式布局）方式有效。

2. 统计式自动布局

统计式自动布局方式如图9-21所示。此方式基于统计学的算法来布局元器件，使元器件间的连接导线长度尽量最短，它适合元器件数量超过100个的电路。由于它使用了统计算法，故不再需要设置额外的布局参数。

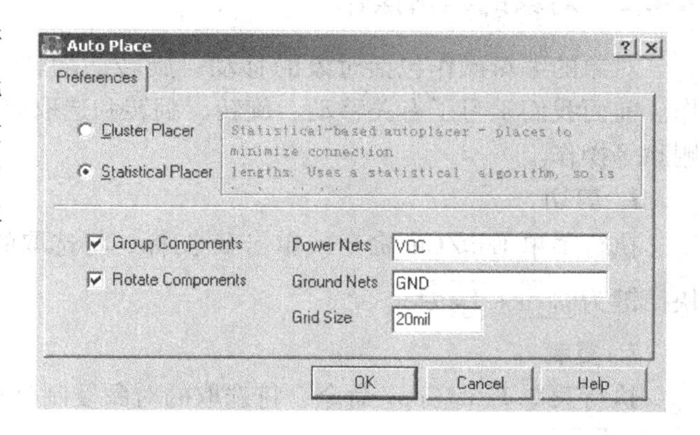

图9-21　统计式自动布局对话框（Statistical Placer）

各选项的意义如下：

- Group Components：将网络中电气连接关系密切的元器件归为一组。布局过程中，以组为单位作为群体而不是以单个元器件来考虑。
- Rotate Components：依据当前网络连接与布局的需要，允许元器件旋转以便找出一个最佳方向的布局，从而达到较好的布局效果。如果不选该项，元器件将按原始位置布局。
- Power Nets：输入网络名称（通常是电源网络名称），在布局时不纳入统计算法考虑范围之内。
- Ground Nets：与Power Nets相似，通常是地线网络名称。
- Grid Size：设置元器件自动布局时的栅格间距。

本例中选择这种方法进行自动布局，结果如图9-22所示，每个人布局的结果未必相同。

注意：在运行自动布局前，应确保已经定义了一个PCB的电气边界，并确保电气边界的属性选择为Keep out；否则，不能执行自动布局。

3. 停止自动布局

执行菜单Tool/Auto Placement/Stop Auto Placer命令用于停止正在自动布局的操作。

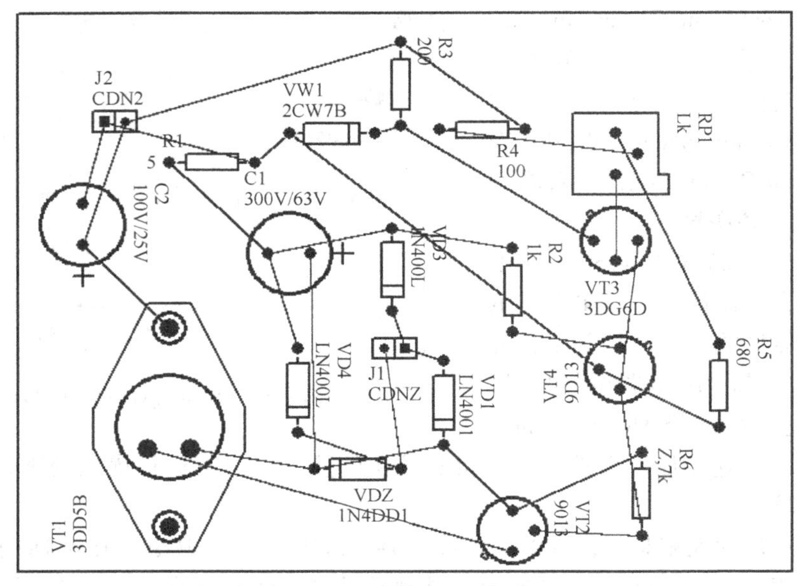

图 9-22 自动布局的稳压电源图

9.4.2 对象的编辑操作

对象的编辑操作包括对象的移动、旋转、翻转、选取、复制、剪切、粘贴和删除等操作。前面我们学习了有关移动、旋转、翻转和选取等操作，本处再学习剪切、复制、粘贴和删除等操作。

1. 剪切

执行菜单 Edit/Cut 命令或单击图标，将选取的对象剪切到剪贴板中，并删除该对象。快捷键为 Ctrl + Delete。

2. 复制

执行菜单 Edit/Copy 命令，将选取的对象复制到剪贴板中，而对象不被删除。快捷键为 Ctrl + Insert。

3. 粘贴

执行菜单 Edit/Paste 命令或单击图标，将剪贴板中的对象粘贴到需要的位置。快捷键为 Shift + Insert。

4. 选择性粘贴

执行菜单 Edit/Paste Special 命令，将进入选择性粘贴属性对话框，如图 9-23 所示。

在进行选择性粘贴前，必须首先选择要粘贴的对象，并将这个对象剪切或复制到剪贴板中，然后执行 Edit/Paste Special 命令。

图 9-23 选择性粘贴属性对话框

1）Setup 页面：

- Paste on Current layer：将对象粘贴在当前板层。
- Keep net name：粘贴时保持网络名称。
- Duplicate designator：复制元器件标号。若不选中，则在粘贴时自动编号以区分粘贴对象。
- Add to component class：将粘贴的元器件纳入同类元器件中。

2）Paste 按钮：按照以上设置粘贴一个对象。

3）Paste Array... 按钮：当单击该按钮或图标时，进入图 9-24 所示的阵列粘贴参数设置对话框。

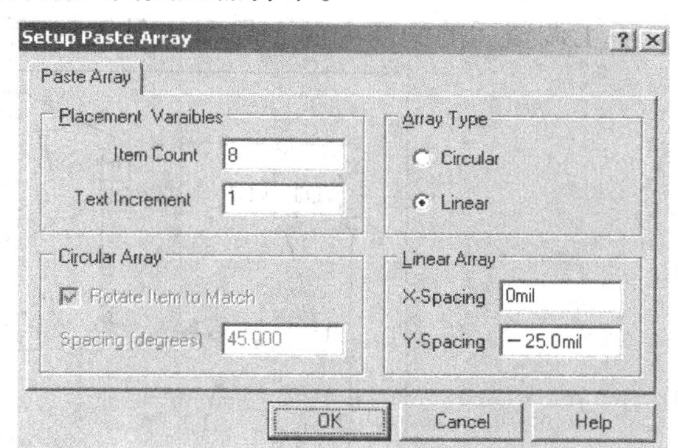

图 9-24　阵列粘贴参数设置对话框

- Item Count：设置粘贴对象的个数。
- Text Increment：对象序号增量。
- Circular：圆形粘贴布局。
- Linear：直线形粘贴布局。
- Rotate Item to Match：圆形粘贴时，各对象随粘贴角度旋转。
- Spacing（degrees）：圆形粘贴时，各对象之间的角度。
- X-Spacing（Y-Spacing）：直线形粘贴时对象的水平（重直）间距。正数表示从左向右（从下向上），负数表示从右向左（从上向下）。

圆形粘贴时，单击 OK 按钮后，先确定圆心，再确定半径才能完成圆形粘贴。

电阻的阵列粘贴示例如图 9-25 所示。

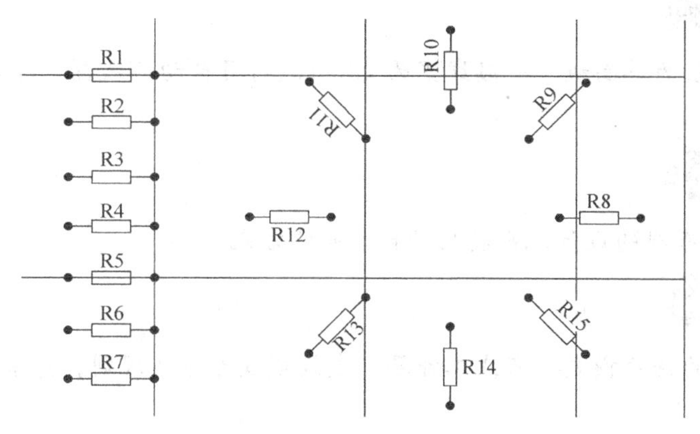

图 9-25　电阻的直线形和圆形阵列粘贴

5. 清除对象

执行菜单 Edit/Clear 命令将删除被选取的对象。

6. 删除对象

执行菜单 Edit/Delete 命令，移动光标到要删除的对象，单击鼠标左键将删除对象。

9.4.3　手工调整布局

元器件的自动布局一般以寻找最短布线路径为目标，因此元器件自动布局的结果往往不是用户希望的结果，这时需要用户通过手工的方法进行适当的调整，以使元器件放置更加合理。

手工调整元器件布局实际上就是对元器件进行移动、旋转、翻转和调整元器件标注等操作。手工调整后的稳压电源布局图如图 9-26 所示。

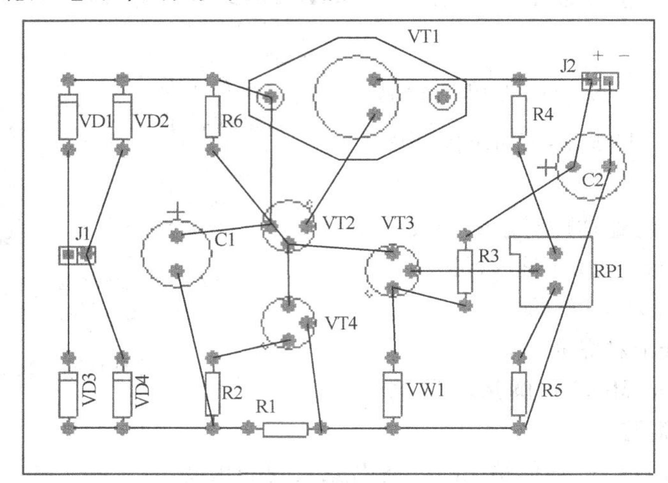

图 9-26　手工调整后的稳压电源布局图

任务 9.5　PCB 自动布线

任务描述

设置布线工作层为单面板，一般线宽为 20mil；利用自动布线器对串联稳压电源电路的 PCB 进行自动布线。

任务目标

掌握 PCB 自动布线的设计规则和几种自动布线方式。

任务实施

设置自动布线的拐角模式、布线工作层、走线宽度等布线规则，并采用全局自动布线方式对 PCB 自动布线。

完成了印制电路板的元器件布局后，便进入电路板的布线过程。一般来说，不同类型的电路板或电路板上的不同电气网络对走线有不同的要求。在进行自动布线之前，根据电路的实际需要，要进行相应的布线规则设置。布线规则设置是否合理将直接影响布线的质量和成功率。

9.5.1　自动布线的设计规则

执行菜单 Design/Rules... 命令，系统会弹出图 9-27 所示的设计规则对话框，涉及布线

(Routing)、制造（Manufacturing）和布局（Placement）等一系列的规则。这里仅对自动布线的一些规则进行说明，双击 Rule Classes（布线分类规则）项中相应的项来进行设置。

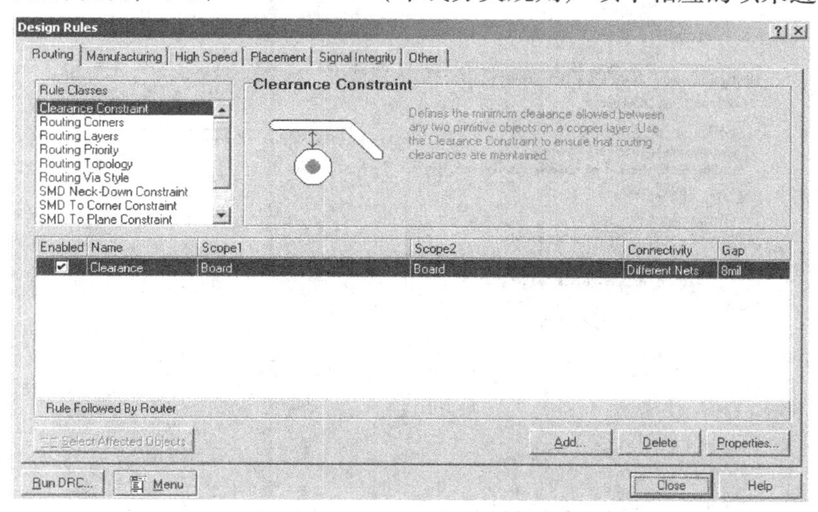

图 9-27　设计规则（布线参数）对话框

1. 设置安全间距参数

安全间距是指同一板层中的铜膜导线、焊盘和过孔等电气对象之间的最小间距，如铜膜导线与焊盘之间的距离。

双击 Clearance Constraint（安全间距）选项，可进入安全间距设置对话框，如图 9-28 所示。

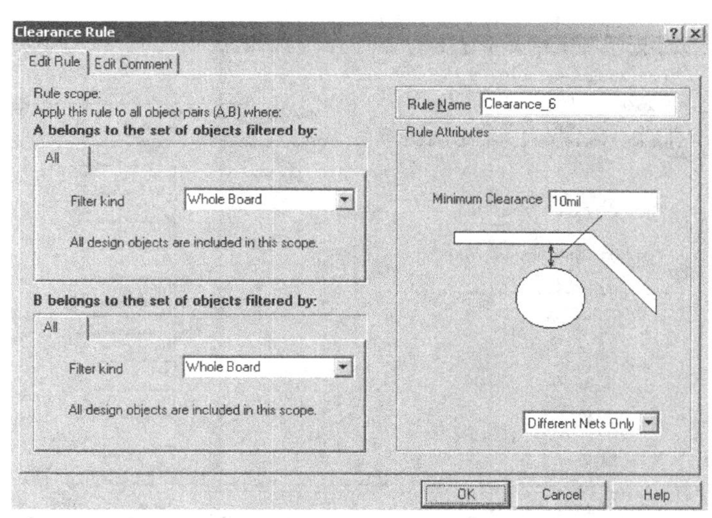

图 9-28　安全间距设置对话框

● Rule scope（规则范围）：主要用于指定本规则适用的范围，一般情况下，指定为该规则适用于整个电路板（Whole Board）。

● Rule Attributes（规则属性）：该项定义图元之间的最小间距，系统默认设置为 10mil。

2. 设置布线拐角模式

双击 Routing Corners（布线拐角）选项，系统将弹出图9-29所示的布线拐角规则设置对话框。

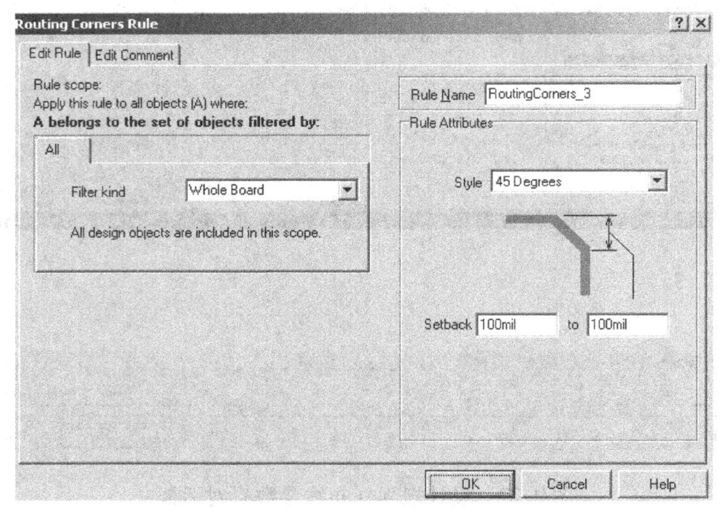

图9-29 布线拐角规则设置对话框

● Rule Attributes：该项用于设定拐角模式，有45°、90°和圆弧三种模式供选择，这里取系统默认值45°角。

3. 设置布线工作层

双击 Routing Layers（布线层）选项，系统将弹出图9-30所示的布线层规则设置对话框。

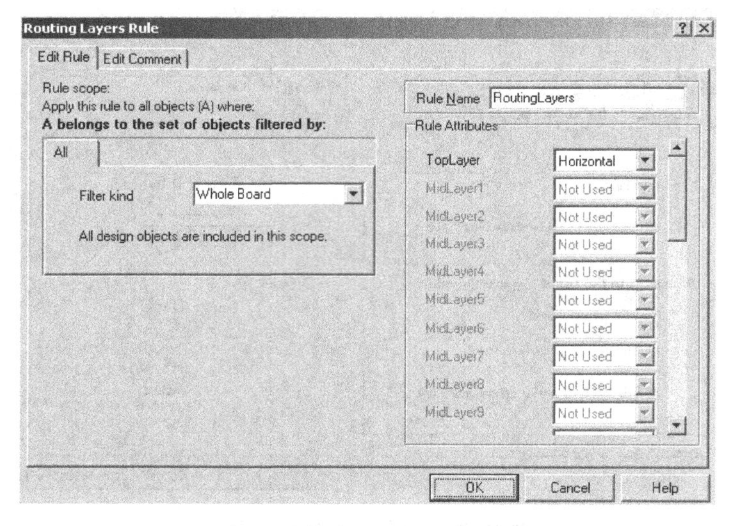

图9-30 布线层规则设置对话框

● Rule Attributes：该项用于设定自动布线时所使用的布线层以及对应层的走线方式。通过拖动右边的滚动条，可以发现这里共列出了顶层、底层和30个中间层，其中处于灰化的为不可用状态。各个工作层布线的走向方式有 Not Used（不使用）、Horizontal（水平方

向）、Vertical（垂直方向）和Any（任意方向）等11种。采用双面板和多层板时，一般默认设置TopLayer（顶层）为Horizontal，BottomLayer（底层）为Vertical。当需要制作单面板时，应把TopLayer设为Not Used，BottomLayer设为Any。本例中设置成为单面板。

4. 设置布线优先级

双击Routing Priority选项，系统将弹出图9-31所示的布线优先级设置对话框。

布线优先级即布线的先后顺序，Protel 99 SE有0~100共101个优先级，0的优先权最低，100的优先权最高。这里采用默认设置。

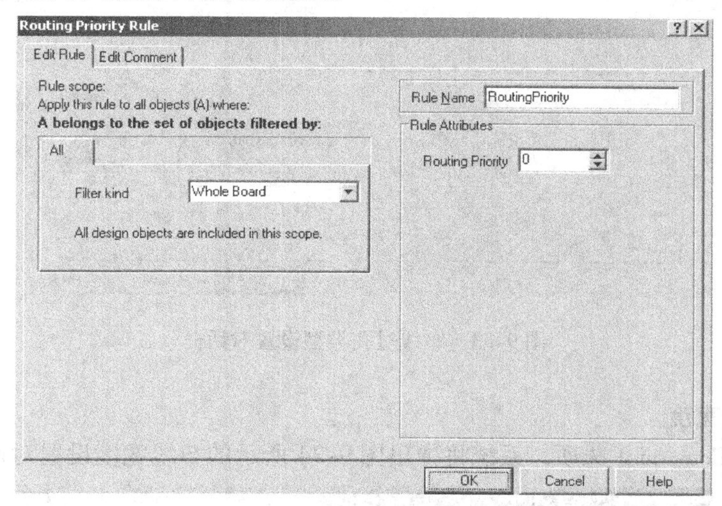

图9-31　布线优先级设置对话框

5. 设置布线的拓扑结构

双击Routing Topology选项，系统将弹出图9-32所示的布线拓扑规则设置对话框。

通常系统在自动布线时，以整个布线的线长最短为目标。这里采用系统默认值Shortest。

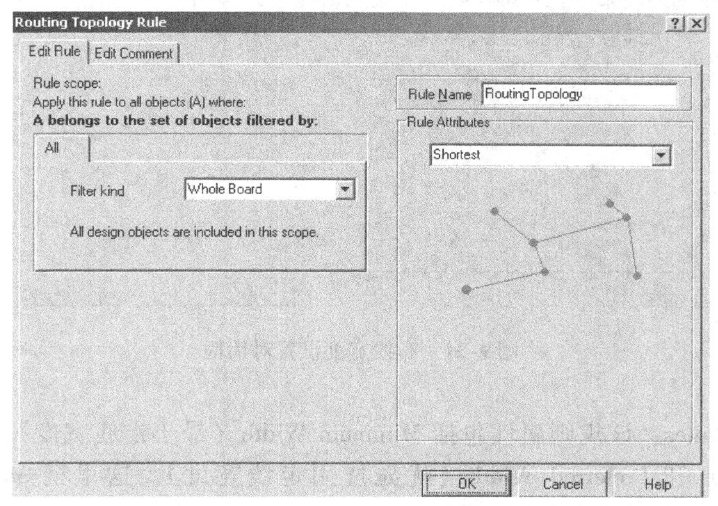

图9-32　布线拓扑规则设置对话框

6. 设置过孔类型

双击Routing Via-Style选项，系统将弹出图9-33所示的布线过孔类型设置对话框。

该对话框用来设置自动布线过程中使用的过孔的最大孔和最小孔尺寸，且服从在线和批处理的DRC。

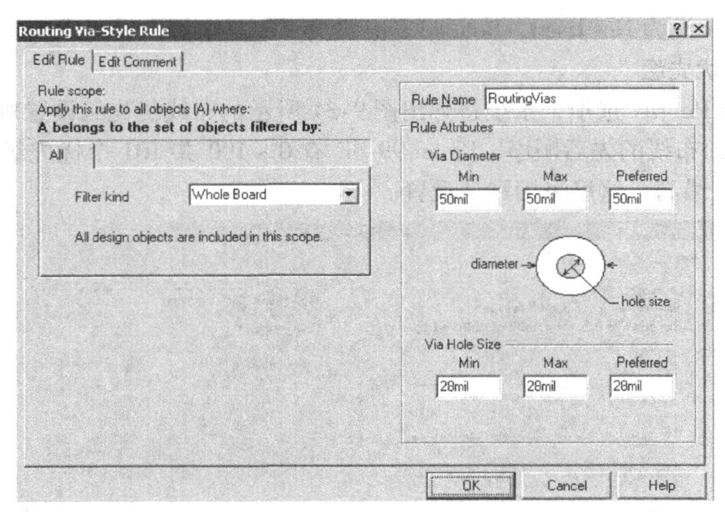

图9-33 布线过孔类型设置对话框

7. 设置走线宽度

双击 Width Constraint 选项，系统将弹出图9-34所示的布线宽度设置对话框。

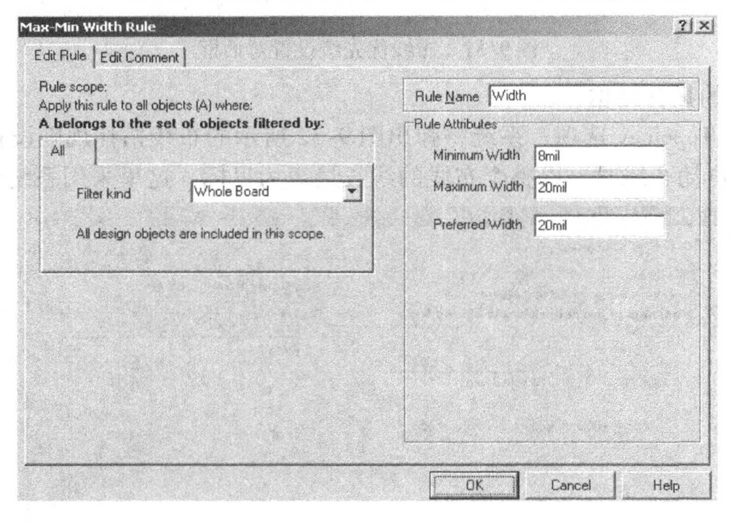

图9-34 布线宽度设置对话框

- Rule Attributes：该规则属性包括 Minimum Width（最小走线宽度）、Maximum Width（最大走线宽度）和 Preferred Width（优先选用走线宽度）。这里把 Maximum Width 和 Preferred Width 走线宽度都设为20mil。

注意：如果需要对某一网络的走线加粗，可以单击 Add 按钮，添加新规则（如 Width_1）。在新规则对话框的 Filter kind（约束范围）中选择“Net”项后，并选中相应的网络名，

然后修改线宽，即可建立适合该网络线宽的新规则。

除了上面的一些规则外，还有一些关于表面安装元器件安装方面的规则，请读者自己查阅相关资料。

9.5.2　自动布线

布线规则设置好后，就可以利用Protel 99 SE的自动布线器进行自动布线了。自动布线的Auto Route菜单如图9-35所示。

1. 全局自动布线

1）执行菜单Auto Route/All... 命令，系统弹出图9-36所示的自动布线设置对话框。

2）进行自动布线设置。通常可采用系统默认设置，实现PCB的自动布线。如果用户需要可以分别对“Router Passes”（可布线通过）和“Manufacturing Passes”（可制造通过）选项组中的相关复选框进行选择。

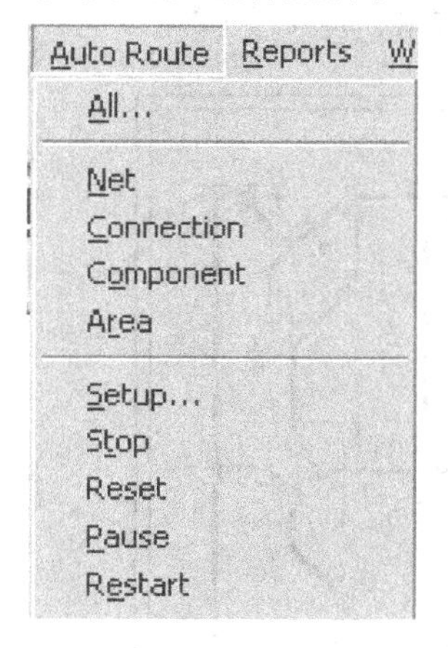

图9-35　Auto Route菜单

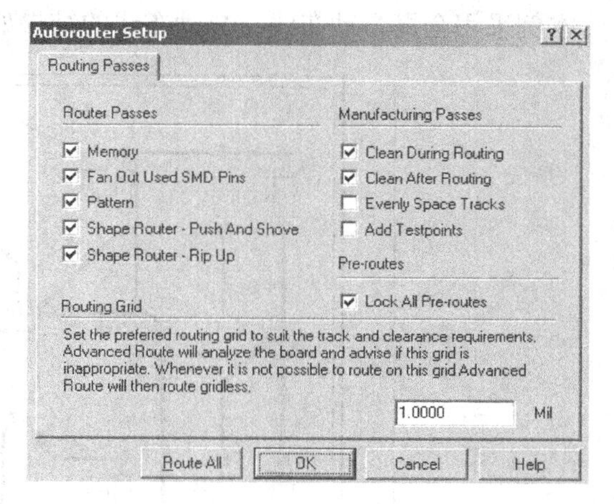

图9-36　自动布线设置对话框

- Lock All Pre-routes：锁定已有的铜膜走线。
- OK按钮：单击确定布线参数设置。
- Routing All按钮：单击该按钮，自动布线开始。

2. 对选定的网络进行布线

1）执行菜单Auto Route/Net命令。

2）移动光标到要布线的网络上，单击左键。

注意：在单击处的元器件排列较紧或网络飞线交叉时，系统可能会弹出图9-37所示的菜单（可能有所不同），一般应该选择Connection或Pad选项，而不选择Component。

3. 对两连接点进行布线

1）执行菜单Auto Route/Connection命令。

2）移动光标到某条预拉线上，单击左键。

4. 指定元器件布线

1）执行菜单Auto Route/Component命令。

2）用光标选取需要进行布线的元器件。

5. 指定区域布线

1）执行菜单 Auto Route/Area 命令。

2）拖动鼠标，选取需要进行布线的区域，单击左键。

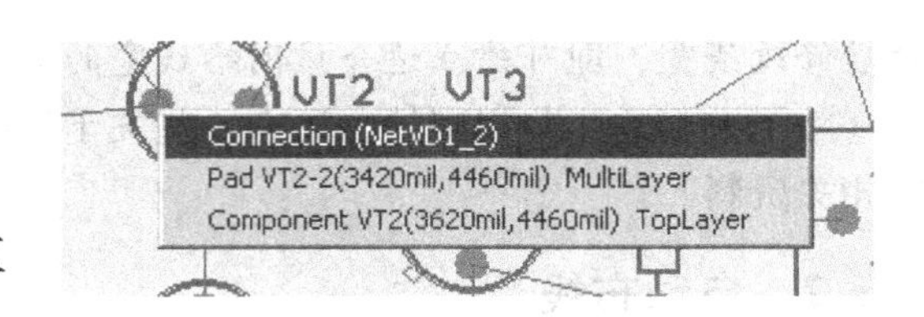

图 9-37　网络布线方式选择菜单

6. 其他布线命令

1）Auto Route/Setup...：自动布线设置。执行该命令后系统也弹出图 9-36 所示自动布线设置对话框。

2）Auto Route/Stop：终止自动布线过程。

3）Auto Route/Reset：恢复终止自动布线。

4）Auto Route/Pause：暂停自动布线。

5）Auto Route/Restart：重新开始暂停的自动布线。

本例采用全局自动布线，自动布线的结果如图 9-38 所示。

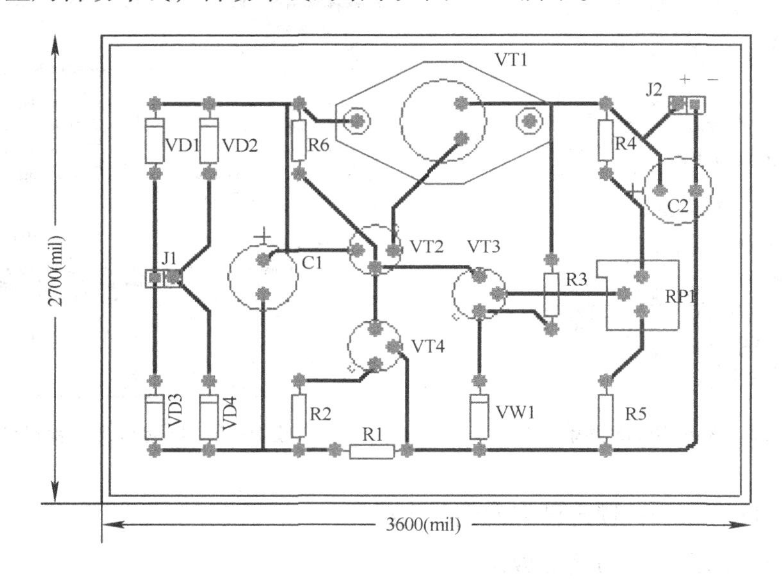

图 9-38　稳压电源的全局自动布线图

任务 9.6　PCB 的手工调整与布线结果检查

任务描述

手工调整不规范的布线和文字标注，加宽输入/输出线、电源/接地线宽为 40mil；检查 PCB 布线结果。

任务目标

掌握手工调整 PCB 布线、文字标注、补泪滴的方法，会利用 DRC、网络表比较等方法检查布线结果。

任务实施

手工调整不规范的布线，加宽输入/输出线、电源/接地线宽；生成PCB网络表并对PCB进行DRC检查。

自动布线所得到的结果总的来说还是可以的，但线路中仍会存在一些令人不满意的地方，例如不必要的过孔、拐弯等，因此需要我们进行手工调整，以使电路板的布线更加合理简洁。

9.6.1　调整布线

1. 拆除布线的命令

在Tools/Un-Route菜单下提供了几个常用于手工调整布线的命令，说明如下：

1）All：拆除所有的布线。

2）Net：拆除所选取网络的布线。

3）Connection：拆除所选取的一条连线。

4）Component：拆除与所选元器件相连的导线。

2. 调整布线的步骤

下面以Connection命令为例来介绍调整布线的步骤。

1）将工作层切换到需要调整的工作层。本例选择为底层（Bottom Layer）。

2）执行菜单Tools/Un-Route/Connection命令。

3）移动光标到要拆除的网络上，单击鼠标左键确定。此时会发现原先的连线消失。

4）执行菜单Place/Interactive Routing命令，重新进行手动布线。

手工调整布线后的PCB图如图9-39所示。

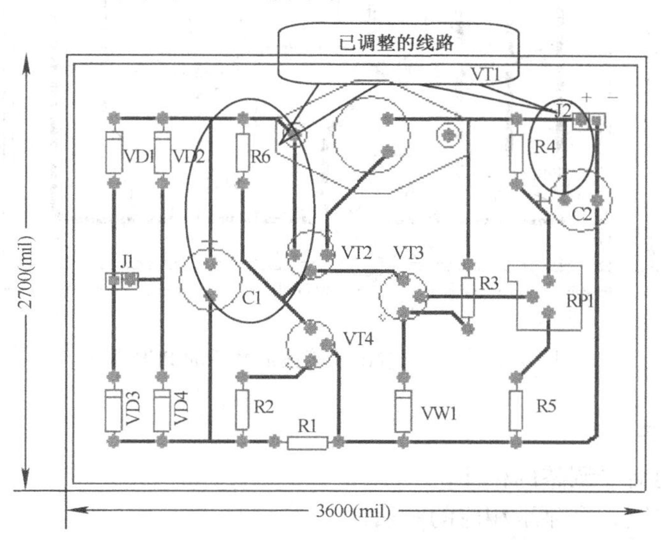

图9-39　手工调整布线后的PCB图

9.6.2　加宽输入/输出线、电源/接地线

为了提高抗干扰能力，增加系统的可靠性，往往需要将电源、接地线和一些流过电流较

大的线加宽，其操作步骤如下：

1）双击需要加宽的输入/输出线、电源/接地线或其他线，这时系统会弹出图 9-40 所示的导线属性设置对话框。

2）在对话框中的 Width 栏内输入实际需要的宽度值。本例中把电路中的输入/输出线、电源/接地线等大电流网络加宽，线宽度值为 40mil（约 1mm）。

3）单击 OK 按钮。

图 9-41 所示为加宽输入/输出线、电源/接地线后的 PCB 图。

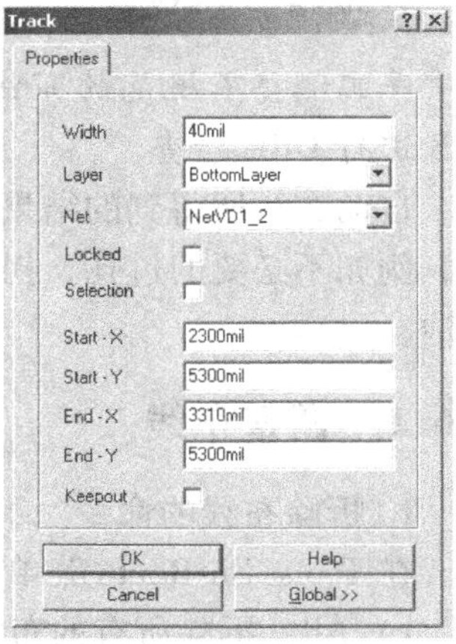

图 9-40　导线属性设置对话框

9.6.3　调整文字标注

在进行自动布局时，一般元器件的标号以及注释等是从网络表中获得，并被自动放置到 PCB 上。经过自动布局后，元器件的相对位置与原理图中的相对位置发生了变化，在经过手工布局调整后，元器件的标号变得比较杂乱，所以经常需要调整其标注，使 PCB 更加美观。调整文字标注可更新元器件的编号，使编号排列保持一致性，同时需要更新原理图上相应的元器件编号。

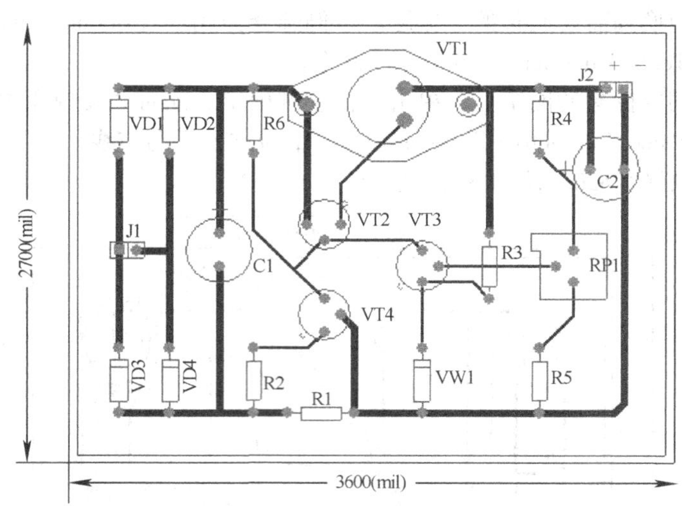

图 9-41　输入/输出线等被加宽后的 PCB 图

1. 手动更新编号

1）将光标指向需要调整的标注。

2）双击鼠标左键，会显示相应的对话框。

3）在对话框中，根据需要修改标注的内容、字体、大小和位置等。

2. 自动更新编号

1）执行菜单 Tools/Re-Annotate 命令，系统会弹出图 9-42 所示的选择重新标注方式对话框。

2）选择重新标注方式。有5种方式供选择。

3）单击OK按钮，系统将按照设定的方式对元器件标注重新编号。

3. 更新原理图

当PCB的元器件编号发生改变以后，电路原理图也应该相应地改变，这可以在PCB环境下实现（也可以返回原理图环境实现相应的改变）。

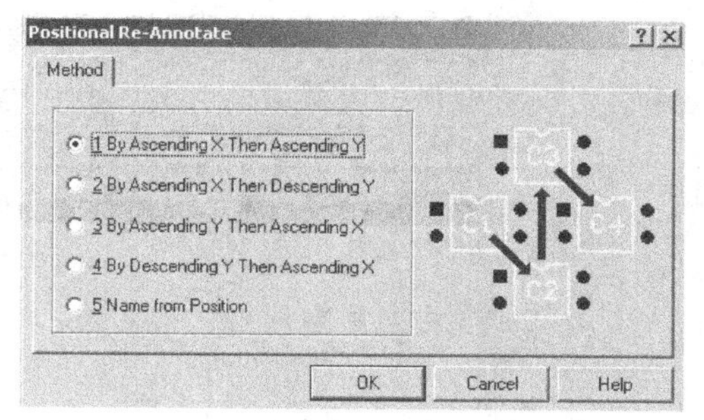

图9-42　选择重新标注方式对话框

1）执行菜单Design/Update Schematic命令，系统将弹出图9-43所示的更新设计对话框。

2）单击Execute按钮，这时系统会弹出图9-44所示确认元器件关系对话框。对于其中显示不匹配的元器件，可分别在左边的Unmatched reference components和Unmatched target components列表中选中，然后单击对话框中的>按钮，就可以对这些元器件进行匹配操作。

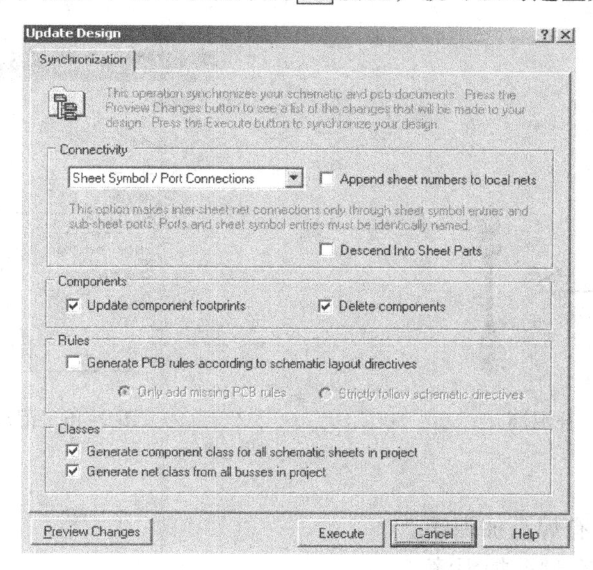

图9-43　更新设计对话框

3）单击Apply按钮，确定是否把修改应用到原理上。

4）单击Yes按钮，确定对原理图进行相应的更新。

9.6.4　补泪滴

补泪滴是指在导线进入焊盘或过孔时，线宽逐渐变大，形如泪滴，如图9-45所示，这样可以加强导线与焊盘或过孔的连接。

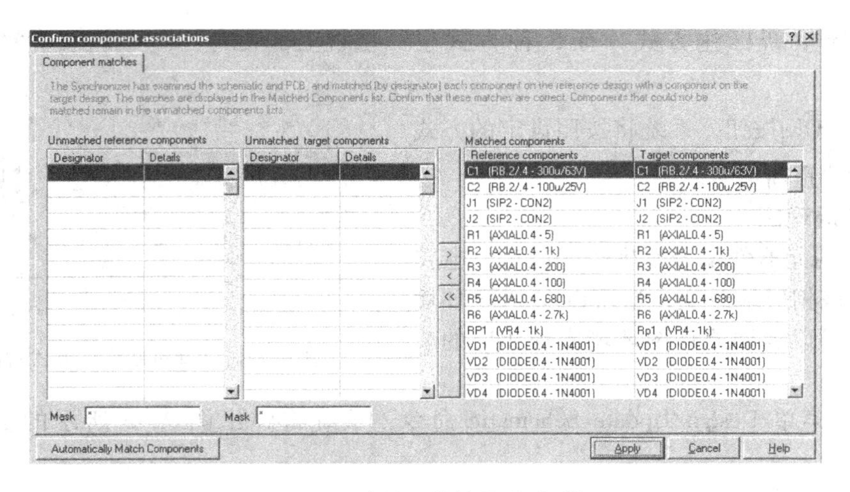

图9-44　确认元器件关系对话框

要补泪滴，执行菜单Tools/Teardrops... 命令，系统将弹出图9-46所示的泪滴参数对话框。

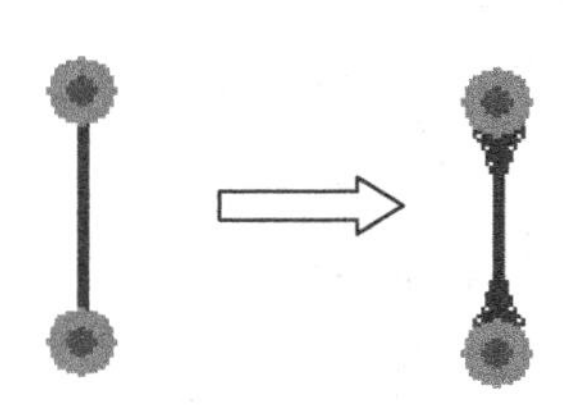

图9-45　补泪滴

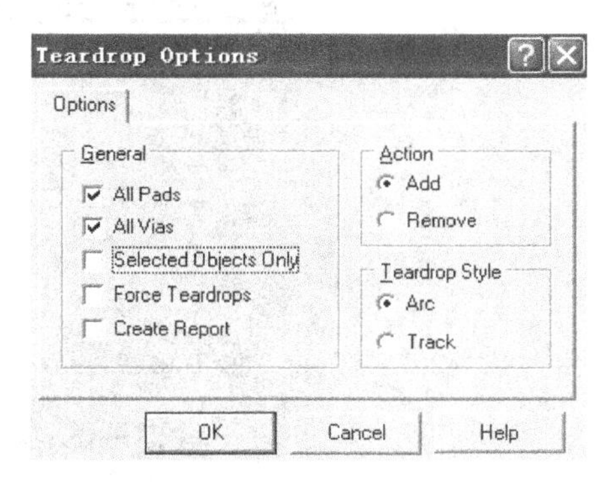

图9-46　泪滴参数对话框

1）General 选项：

- All Pads：为所有焊盘加泪滴。
- All Vias：为所有过孔加泪滴。
- Selected Objects Only：仅为选中的对象加泪滴。
- Force Teardrops：强制加上泪滴。
- Creat Report：生成有关泪滴的报告文件。

2）Action 选项：用于设置对泪滴的操作。

- Add：添加泪滴。
- Remove：移除泪滴。

3）Teardrop　Style 选项：用于设置泪滴的样式。

- Arc：圆弧形。
- Track：线形。

9.6.5　DRC检查

DRC（Design Rule Check），即设计规则检查，是PCB编辑器提供的一个强大的检查程序，主要是根据在“Design Rules”对话框中所设置的规则来检查电路板上的内容是否符合要求，可以检查出布局、布线等方面是否有违反规则的情况出现。

PCB编辑器提供了两种DRC运行模式：Batch-mode DRC（批处理模式）和Online-mode DRC（在线检测模式）。

1. Batch-mode DRC

执行菜单Tools/Design Rule Check... 命令，系统将弹出图9-47所示的设计规则检查对话框，里面的选项对应于在“Design Rules”对话框中所设置的规则，相关意义可查看第9.5.1节的内容，若没有设置规则，相应的选项在这里处于灰化（不可用）状态。

- Create Report File：生成DRC检查的结果报告文件。
- Create Violations：把PCB文件中不符合规则的内容以绿色高亮显示。
- Run DRC按钮：单击之，则执行DRC命令。

单击Run DRC按钮后，在生成的检查报告文件中“Violations Detected”（违反规则数）为0时，则表示都符合设计规则。

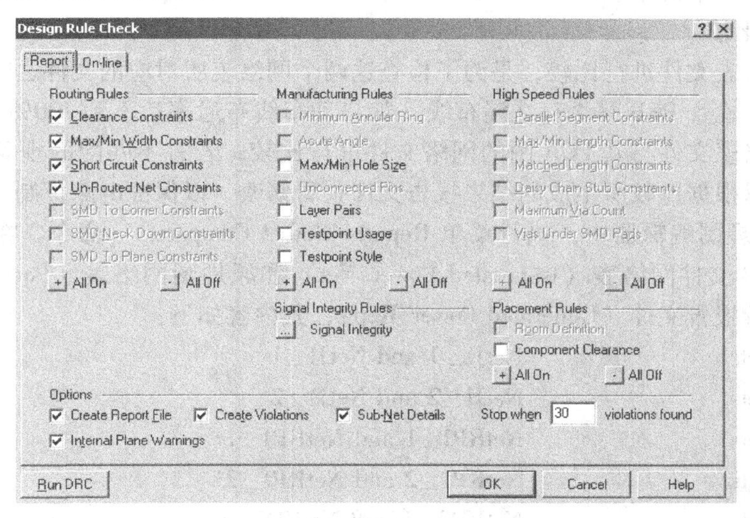

图9-47　设计规则检查对话框

2. Online-mode DRC

即时检测，默认情况下，在PCB编辑器中自动运行，在进行自动布局、自动布线操作的同时进行，若违反规则，则把违反规则的对象以绿色高亮显示。若所采用的是全自动布局和布线，则不必进行DRC检查。

9.6.6　网络表比较

1. 生成PCB的网络表

1）执行菜单Design/Netlist Manager... 命令，系统将弹出图9-48所示的网络表管理器。

2）单击左下方的 Menu 按钮，系统将弹出网络表管理器的功能菜单，如图 9-49 所示。

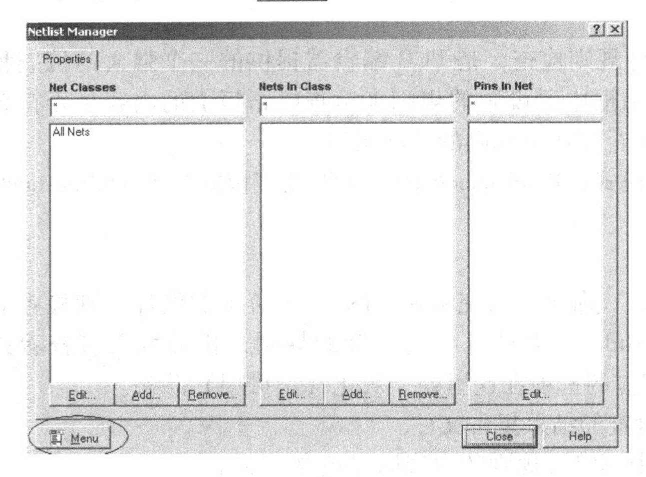

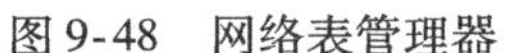
图 9-48　网络表管理器

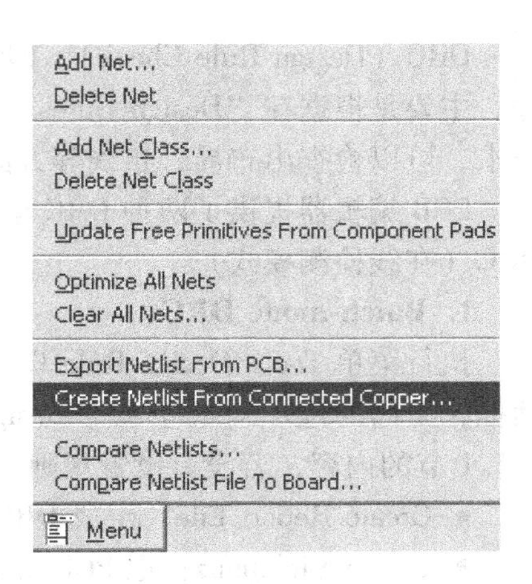

图 9-49　Menu 菜单选项

3）执行 Create Netlist From Connected Copper... 命令，根据当前 PCB 文件已连接的铜膜生成网络表文件。本例中生成的网络表文件为 Generated Power. Net。

2. 网络表比较

把两个网络表文件进行比较，是为了检查这两个网络表所对应的文件之间的连接关系是否存在差异。要检查 PCB 是否存在漏布线（如自动布线布通率达不到 100% 时），我们可以把原理图的网络表文件与其 PCB 图的网络文件进行比较，若有不匹配的现象出现，则说明有漏布线，可以根据比较所生成的结果报告文件查看修改，以保证电路板制作的正确性。

1）回到原理图编辑器中，执行菜单 Reports/Netlist Compare... 命令，在弹出的对话框中分别选择 PCB 文件网络表（Generated Power. Net）和原理图网络表（Power. NET），即可生成网络表比较报告文件（Generated Power. Rep），其内容如下：

```
Matched Nets        NetJ1_1 and NetJ1_1
Matched Nets        NetJ1_2 and NetJ1_2
Matched Nets        NetRP1_1 and NetRP1_1
Matched Nets        NetRP1_2 and NetRP1_2
Matched Nets        NetVD3_1 and NetVD3_1
Matched Nets        NetVT3_1 and NetVT3_1
Matched Nets        NetVT3_3 and NetVT3_3
Matched Nets        NetVT4_1 and NetVT4_1
Matched Nets        NetVT4_2 and NetVT4_2
Matched Nets        NetVT4_3 and NetVT4_3
Matched Nets        NetVD1_2 and NetVD1_2
Matched Nets        NetVT1_1 and NetVT1_1
Matched Nets        NetVT1_3 and NetVT1_3
```

```
Total Matched Nets                          =13
Total Partially Matched Nets                =0

Total Extra Nets in Generated Power. Net    =0
Total Extra Nets in Power. NET              =0

Total Nets in Generated Power. Net          =13
Total Nets in Power. NET                    =13
---------------------------------------------------------------
```

从报告文件中可以看出，原理图文件和 PCB 文件完全匹配。

2）执行图 9-49 中的菜单 Compare Netlists... 命令，通过选择 PCB 文件网络表和原理图文件网络表，也可以进行比较。

任务 9.7　生成 PCB 报表和打印 PCB 图

任务描述

生成 Power. PCB 的各种信息报表，并分层打印 Power. PCB 的图形。

任务目标

掌握生成各种 PCB 报表的方法和 PCB 打印输出的方法。

任务实施

生成 PCB 状态信息、引脚信息、元器件封装信息、网络信息等报表；打印输出 PCB 图。

9.7.1　生成 PCB 报表文件

Protel 99 SE 的印制电路板设计系统提供了生成各种报表的功能，它可以给用户提供有关设计过程及设计内容的详细资料，通过执行 Reports 菜单的子菜单来实现，如图 9-50 所示。这些资料主要包括设计过程中的电路板状态信息、引脚信息、元器件封装信息、网络信息以及布线信息等。

1. 生成引脚报表

引脚报表能够提供电路板上所选取的引脚信息。用户可以选取若干个引脚，通过报表功能生成这些引脚的相关信息，这些信息可以保存到 *. DMP 报表文件中，让用户比较方便地检查网络上的连线。下面以 Power. PCB 为例，讲述如何生成引脚报表。

1）在电路板上选取需要生成报表的引脚或网络。

2）执行菜单 Reports/Selected Pins... 命令，系统将弹出图 9-51 所示的选取引脚对话框。在该对话框中，用户可以查看选取引脚的信息。

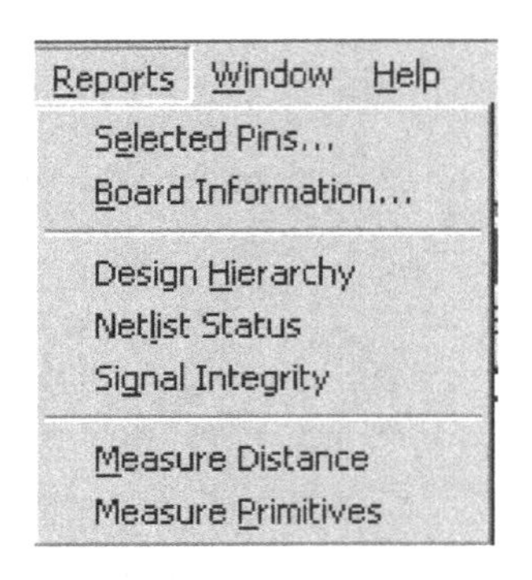

图9-50　Reports菜单

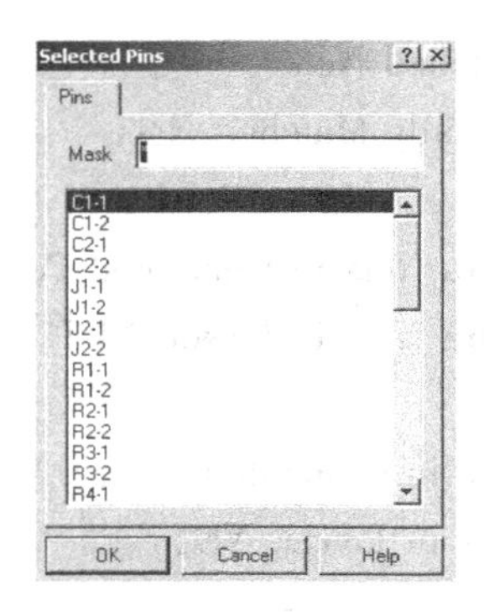

图9-51　选取引脚对话框

3）单击OK按钮，生成引脚报表文件*.DMP。

2. 生成电路板信息报表

电路板信息报表的作用是给用户提供一个电路板的完整信息，包括电路板的尺寸、焊点及导孔的数量和电路板上的元器件标号等。下面讲述如何生成电路板的有关信息报表。

1）执行菜单Reports/Board Information命令，系统会弹出图9-52所示的电路板信息对话框。

● General选项卡：列出电路板的一般信息，如电路板的大小，电路板上各个组件的数量（如字符串个数、导线数、焊点数、导孔数、多边形敷铜数和违反设计规则的数量等）。

● Components选项卡：列出当前电路板上使用的元器件标号以及元器件所在的层等信息，如图9-53所示。

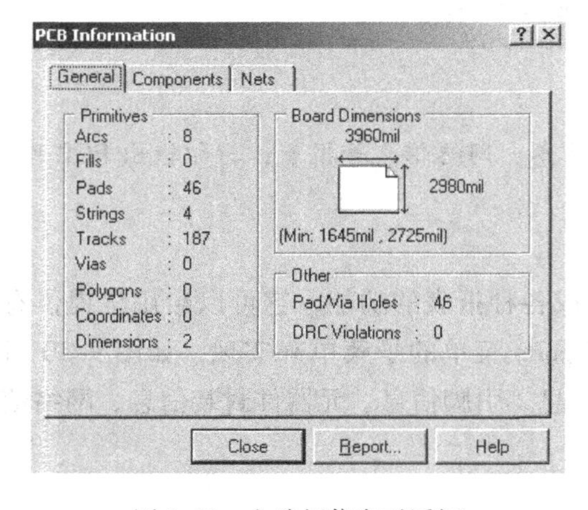

图9-52　电路板信息对话框

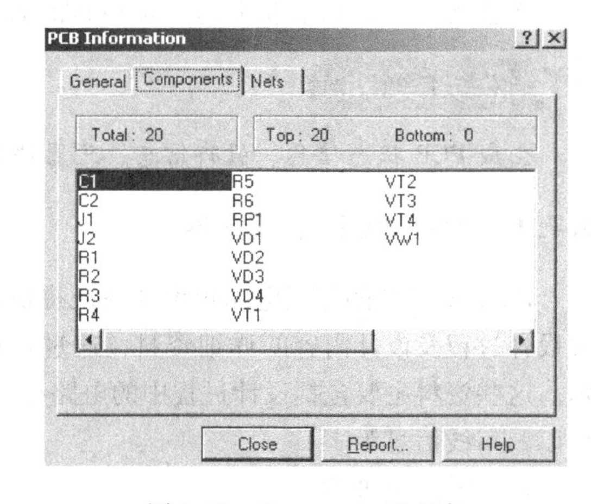

图9-53　Components选项卡

● Nets选项卡：列出当前电路板中的网络信息，如图9-54所示。

如果单击Nets选项卡中的Pwr/Gnd...按钮，系统会弹出内部层信息对话框，本实例的电路板没有内部层网络。

2）单击Nets选项卡中Report按钮，系统将弹出图9-55所示的板报表对话框，用户可

以选择需要产生报表的电路板信息。

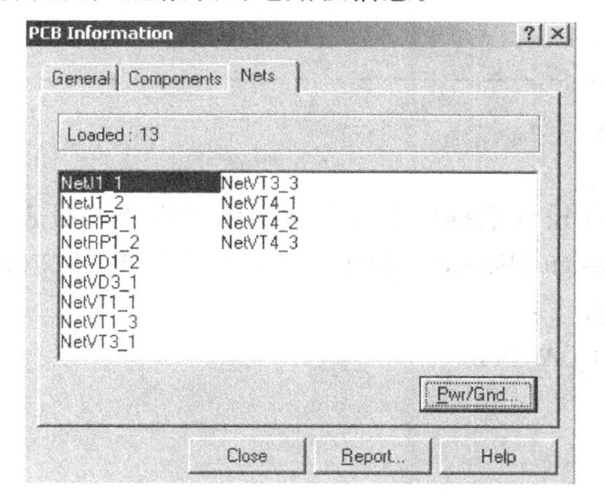

图 9-54　Nets 选项卡

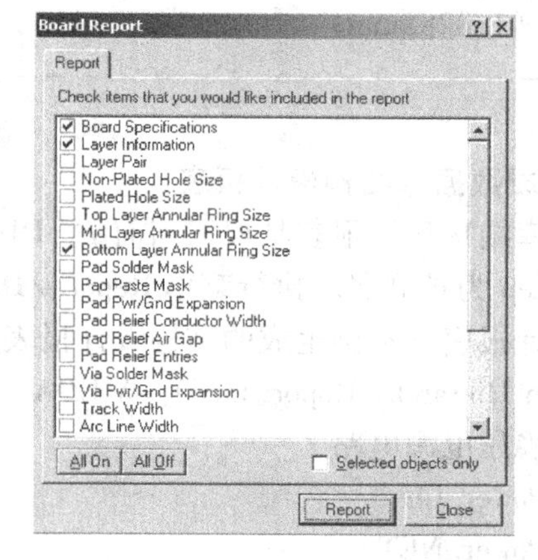

图 9-55　板报表对话框

3）单击 Report 按钮，即可生成包含了选中项内容的报告文件，以 .REP 为扩展名。

Power. PCB 生成的电路板信息报表的部分文档如下：

Specifications For Power. PCB

On 23-Mar-2006 at 16：43：00

Size Of board	3. 96 × 2. 98 sq in
Equivalent 14 pin components	3. 59 sq in/14 pin component
Components on board	20

Layer	Route	Pads	Tracks	Fills Arcs	Text
BottomLayer	0	53	0	0	0
Mechanical4	0	22	0	0	2
TopOverlay	0	108	0	8	42
KeepOutLayer	0	4	0	0	0
MultiLayer	46	0	0	0	0
Total	46	187	0	8	44

Bottom Layer Annular Ring Size	Count
27. 055mil（0. 6872mm）	2
46. 74mil（1. 1872mm）	10
46. 74mil（1. 1872mm）	14
48. 74mil（1. 238mm）	9
50. 74mil（1. 2888mm）	2

50.74mil (1.2888mm)　　　　5
72mil (1.8288mm)　　　　4

Total　　　　46

3. 生成数据库结构设计报表

数据库结构设计报表是根据当前的 . DDB 设计数据库文件的分级结构生成的报表文件，文件以 . Rep 为扩展名。执行菜单 Reports/Design Hierarchy 命令，在其中产生 PCB 文件相应的结构设计报表。本例生成的结构设计报表如下：

Design Hierarchy Report for D：\ EDA \ EDA. Ddb

串联稳压电源电路

　　Power. lib
　　Power. NET
　　Power. PCB
　　Power. Sch
　　Generated Power. Net
　　Generated Power. Rep
　　Power. DRC
　　Power. DMP
　　Power. REP

4. 生成网络状态报表

网络状态报表用于列出电路板中每一条网络的长度。要生成网络状态报表，可以执行菜单 Reports/Netlist Status 命令，产生相应的网络状态报表，文件以 . REP 为扩展名。

9.7.2 PCB 图的打印输出

下面以 Power. PCB 的打印输出为例，介绍 PCB 图的打印输出。

1. PCB 文件的打印预览

在 Protel 99 SE 中，要打印 PCB 图形，首先要生成一个打印预览文件（Preview * . PPC），然后在打印预览文件中设置打印格式。进入打印预览的具体操作如下：

1）激活需要打印的 PCB 文件（Power. PCB）。

2）执行菜单 File/Printer/Preview... 命令，或单击按钮，系统将会生成并打开 Preview Power. PPC，如图 9-56 所示。

在默认情况下，Preview * . PPC 文件是以 Multilayer Composite Print（叠层打印）的形式打开，即把 PCB 文件中用到的所有层都显示在预览区中。

2. 打印机设置

1）进入 Preview * . PPC 文件后，执行菜单 File/Setup Printer... 命令，系统将弹出图 9-57 所示的打印机设置对话框。

2）在 Printer 区中可选择打印机名；在 PCB Filename 区中显示所要打印的文件名；在 Orientation 区中可选择打印方向：Portrait（纵向）和 Landscape（横向）；在 Print What 选择下拉列表中可选择打印对象：Standard Print（标准形式）、Whole Board on Page（整块板打印

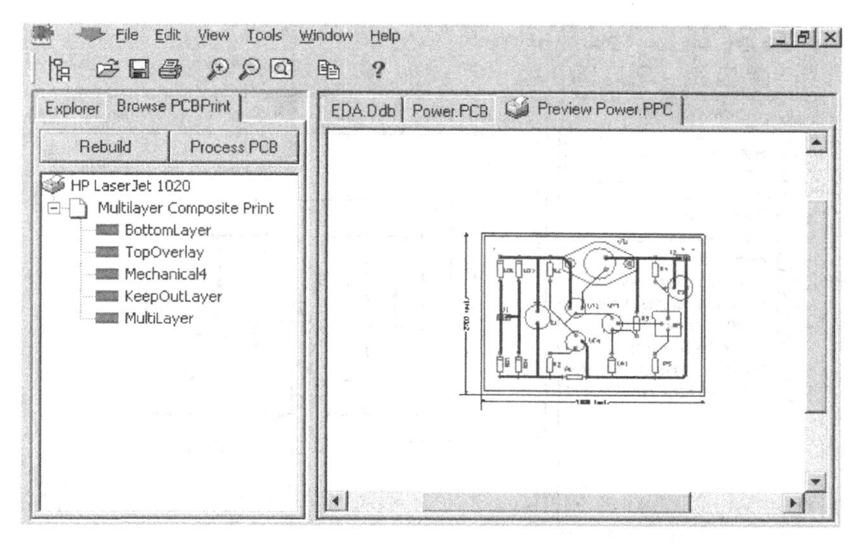

图 9-56　打印预览窗口

在一页上）和 PCB Screen Region（PCB 区域）；在 Margins 区中设置边界；在 Scaling 区中设置打印比例。

3）设置完毕后，单击 OK 按钮，完成打印机设置操作。

3. 打印格式

这里只介绍两种常用的打印格式。

1）叠层打印 PCB 图形。叠层 PCB 图形与计算机上进行 PCB 设计的效果是一致的，即在一张图样上将所有层都打印出来，用不同的颜色来表示各层的图形。这主要便于有彩色打印机的用户将 PCB 图形打印出来进行校对。默认情况下，Preview *.PPC 文件为叠层打印格式（如图 9-57 所示）。也可以通过执行菜单 Tools/Create Composite 命令，在弹出的对话框中单击 Yes 按钮实现。

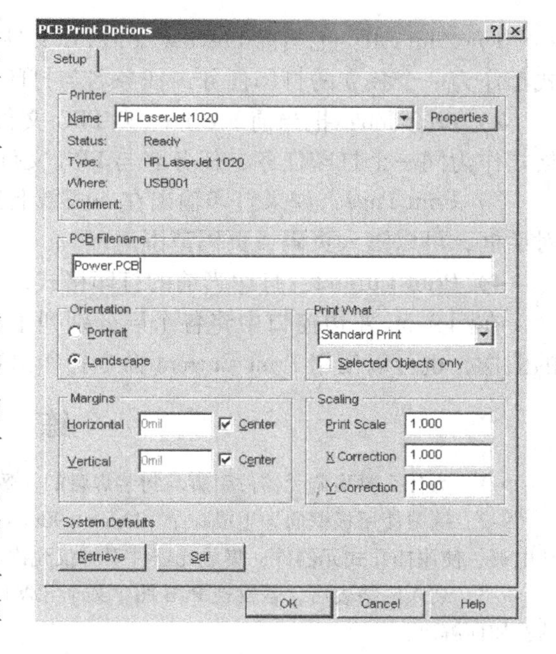

图 9-57　打印机设置对话框

2）分层打印 PCB 图形。分层打印格式也称为最终打印格式，它是将不同板层分别打印。

在 PCB 打印预览状态下，执行菜单 Tools/Create Final 命令，在弹出的对话框中单击 Yes 按钮即进入图 9-58 所示的分层打印窗口。

4. 打印输出

设置了打印机和打印格式后，便可以使用打印机进行打印输出了。在 File 菜单下有以下几个打印 PCB 图形的命令：

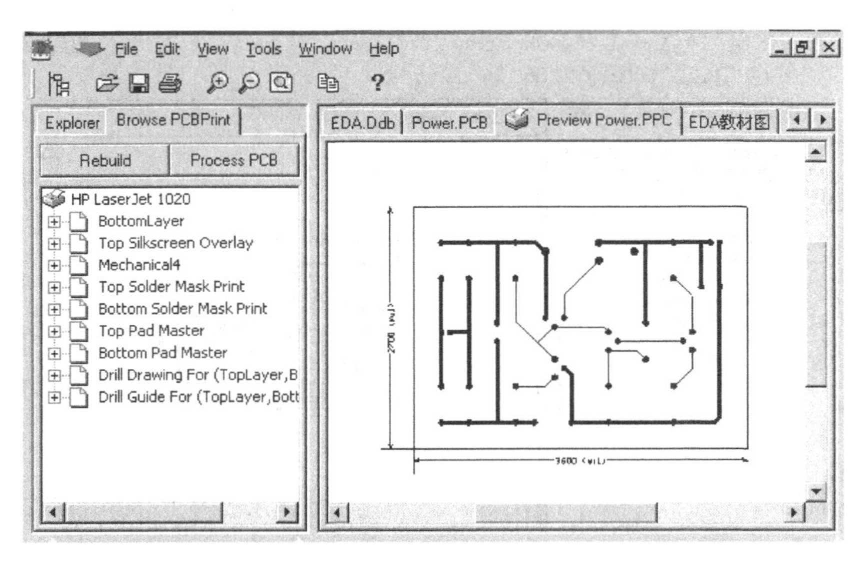

图 9-58　分层打印窗口

1）Print All：把当前 Preview ＊. PPC 文件中所有已设置的打印格式都打印。每种打印格式都作为一个独立的打印任务，任务名与打印格式名相同。

2）Print Job：把当前 Preview ＊. PPC 文件中所有已设置的打印格式都打印。所有打印格式作为同一个打印任务，任务名与 PPC 文件名相同。

3）Print Page：如果打印输出在一张纸上打不完，需要打印在几张纸上，就会出现一个对话框，可以键入页码或页码范围。

4）Print Current：打印当前的打印格式，即处于预览状态下的内容。

在图 9-58 左边窗口中将各个层分别列了出来，可以通过 Print All 命令分别打印出各层的图样，也可以使用 Print Current 命令打印出选中的板层。

练　习　9

9-1　为什么要强调元器件引脚与封装焊盘的一致性？如果发现不一致有哪些处理方法？

9-2　练习使用板框向导生成一个 120mm×90mm 的矩形板框。要求：只显示尺寸线标注，双层板，导孔电镀，使用插孔式元器件，集成元器件引脚仅允许一条走线。

9-3　装入网络表后，若发现 PCB 图中某个元器件的焊点上没有“飞线”连接，可能是什么原因造成的？如何解决？

9-4　在印制电路板设计时，已在工作区放置了若干元器件封装，但在屏幕上只能看见元器件的焊点而看不见元器件的外形轮廓，为什么？

9-5　某电路图要求设计成单面板或双面板，分别应必须打开哪些板层？

9-6　采用自动布局和自动布线功能完成图 2-49 所示的两管调频无线电传声器电路的单面 PCB 图。

9-7　完成数字时钟电路（如图 4-1 所示）的 PCB 设计，数字时钟 PCB 参考图如图 9-59 所示。要求：（1）板框尺寸 120mm×90mm；（2）双面板；（3）电源线和地线线宽为 0. 5mm（约 20mil），其他线宽为 0. 3mm（约 12mil）。

提示： 参照项目 8 的内容先自己制作 LED 数码管的封装。

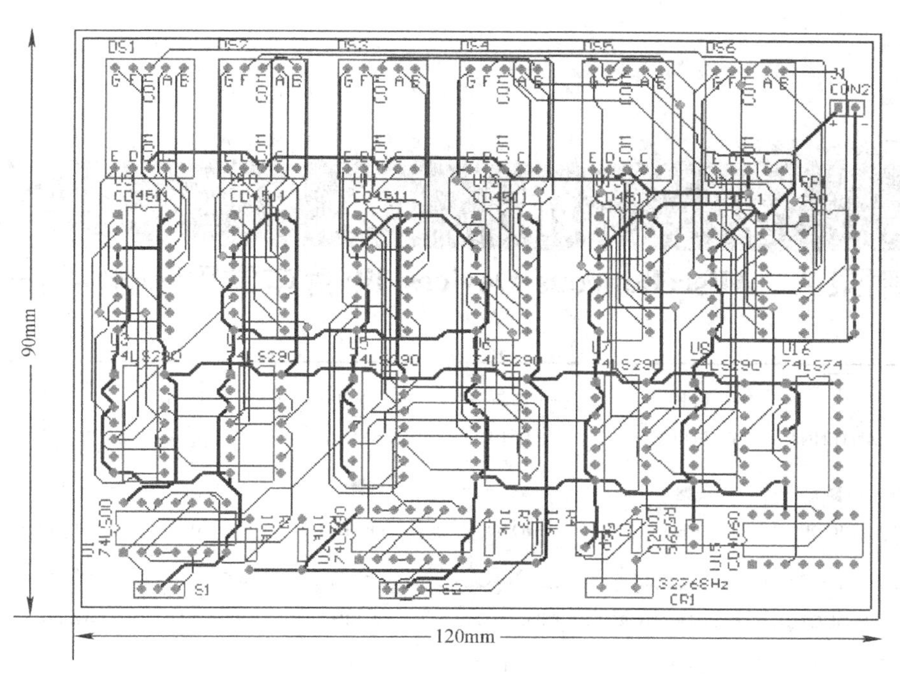

图9-59　数字时钟PCB图

附　录

附录 A　Miscellaneous Devices. lib 库中常用元器件符号

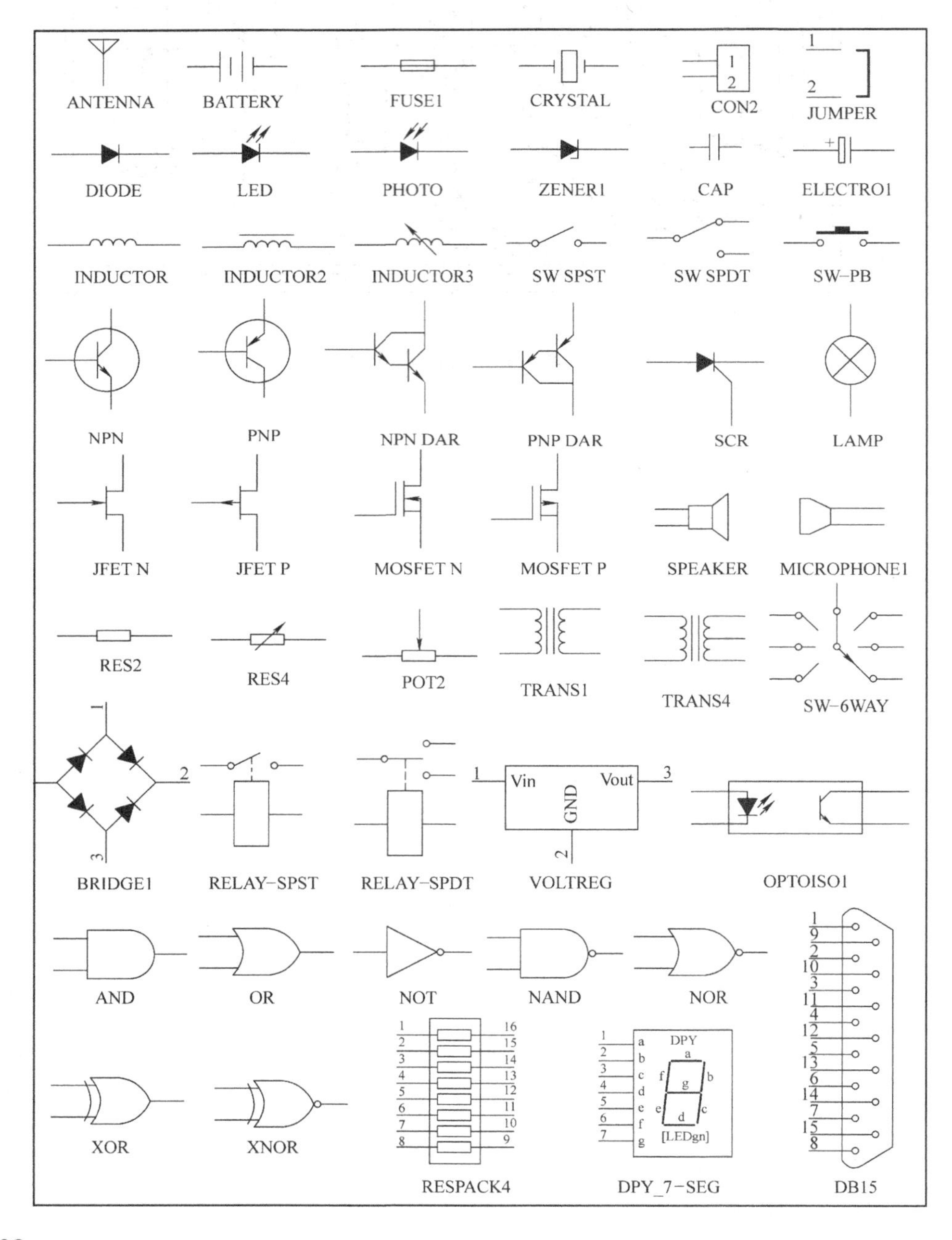

附录 B　PCB Footprints. lib 库中常用元器件封装

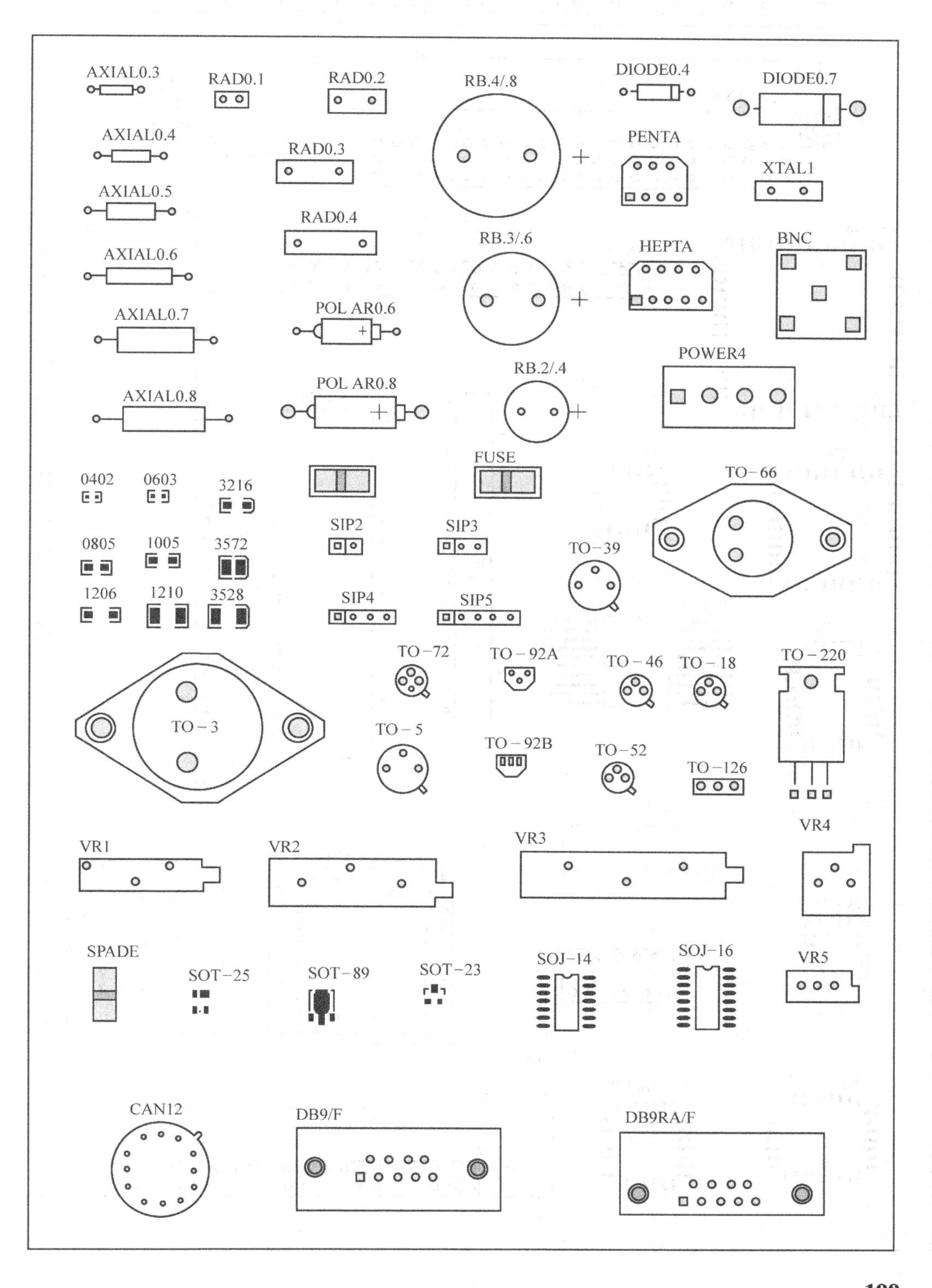

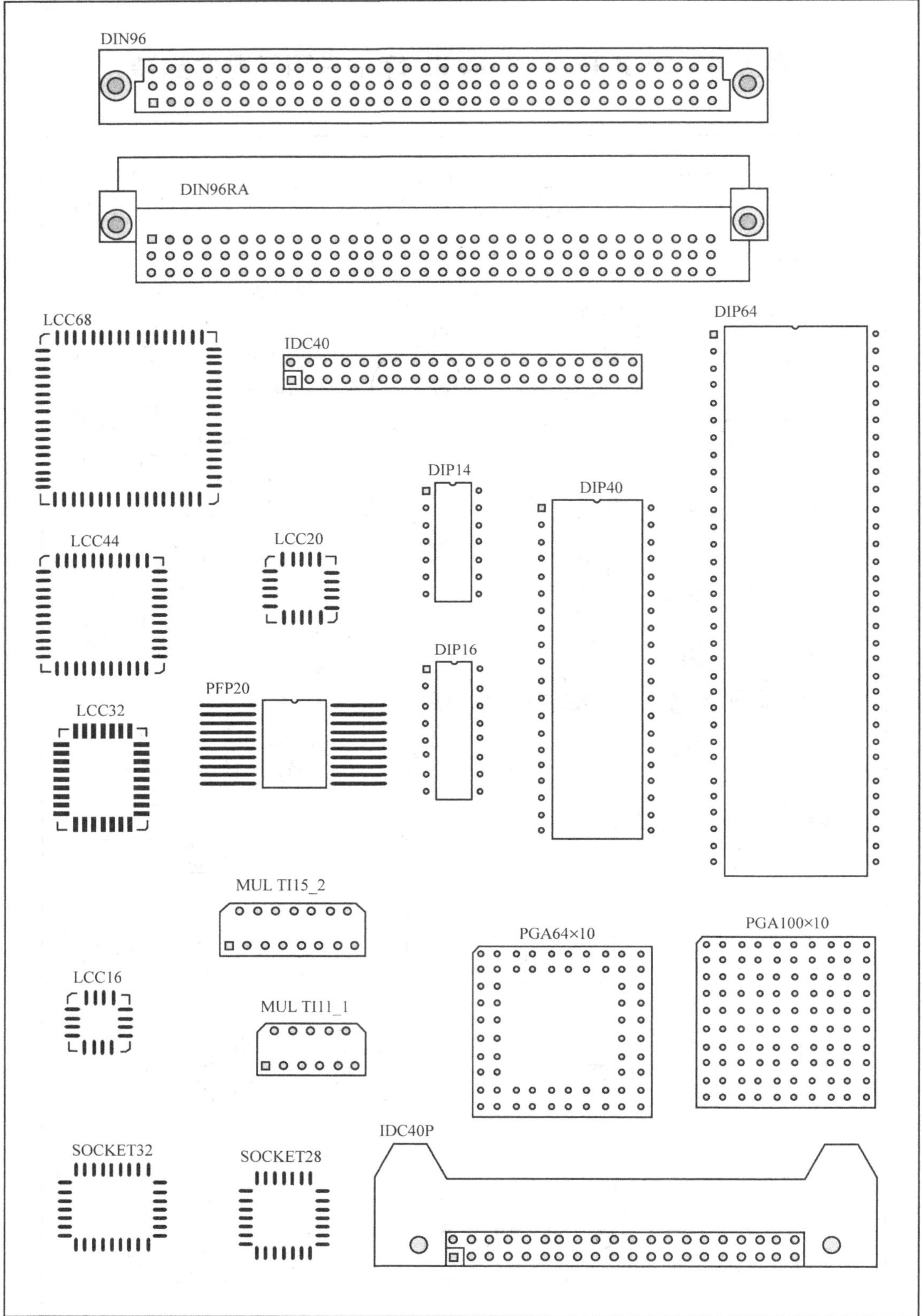
DIN96
DIN96RA
LCC68
IDC40
DIP64
DIP14
DIP40
LCC44
LCC20
DIP16
PFP20
LCC32
MUL TI15_2
PGA64×10
PGA100×10
LCC16
MUL TI11_1
IDC40P
SOCKET32
SOCKET28

附录 C　部分常用元器件符号对照表

名称	标准符号	曾用符号
与门	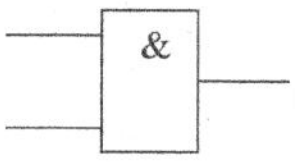 &	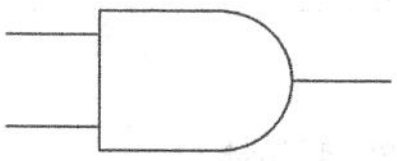
或门	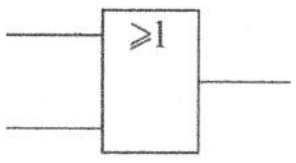 ≥1	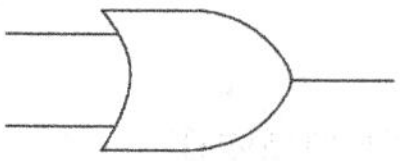
非门	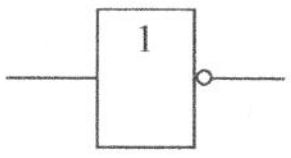 1	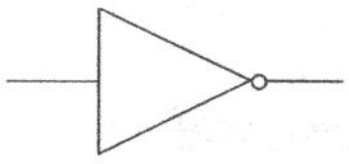
与非门	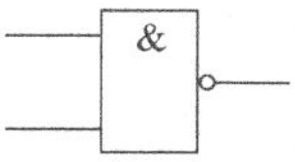 &	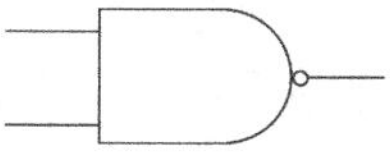
或非门	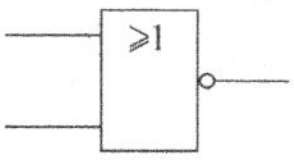 ≥1	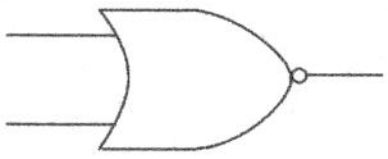
异或门	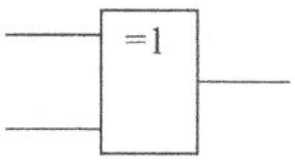 =1	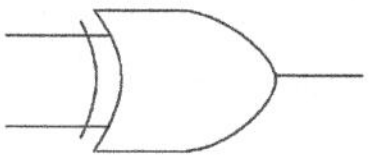
同或门	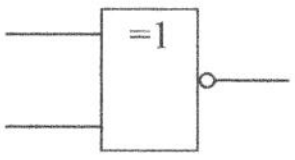 =1	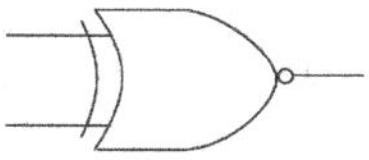
普通二极管	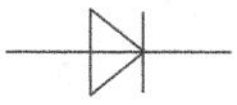	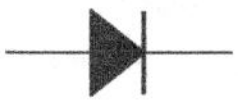
发光二极管	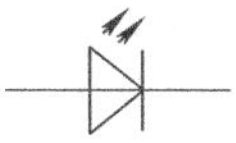	

（续）

名称	标准符号	曾用符号
光敏二极管		
NPN 型晶体管		
PNP 型晶体管		
极性电容器	+	+

参考文献

[1] 熊建云 . Protel 99 SE EDA 技术及应用 [M]. 北京：机械工业出版社，2007.

[2] 余宏生，吴建设 . 电子 CAD 技能实训 [M]. 北京：人民邮电出版社，2006.

[3] 王廷才，胡雪梅 . 电子线路辅助设计 Protel 99 SE [M]. 2 版 . 北京：高等教育出版社，2010.

[4] 胡烨，等 . Protel 99 SE 原理图与 PCB 设计教程 [M]. 北京：机械工业出版社，2009.

[5] 胡继胜 . 电子 CAD 技能与实训——Protel 99 SE [M]. 北京：电子工业出版社，2009.

[6] 吕建平，梅军进 . 电子线路 CAD [M]. 北京：北京大学出版社，2008.